태양광 발전시스템 설계 및 시공

일본태양광발전협회 지음 / 김광호 번역

BM 성안당

日本옴사·성안당공동출간

태양광 발전시스템
설계 및 시공

Original Japanese edition
Taiyoukou Hatsuden system no Sekkei to Sekou (Kaitei 4 Han)
Edited by Ippan Shadan Houjin Taiyoukou Hatsuden Kyoukai
Copyright © 2011 by Ippan Shadan Houjin Taiyoukou Hatsuden Kyoukai
published by Ohmsha, Ltd.

This Korean Language edition co-published by Ohmsha, Ltd. and Sung An Dang, Inc.
Copyright © 2013~2018
All rights reserved.

All rights reserved. No part of this publication may be reproduced, stored in a retrieval system, or transmitted, in any form or by any means, electronic, mechanical, photocopying, recording, or otherwise, without the prior written permission of the publisher.

이 책은 Ohmsha와 BM 주식회사 성안당의 저작권 협약에 의해 공동 출판된 서적으로, BM 주식회사 성안당 발행인의 서면 동의 없이는 이 책의 어느 부분도 재제본하거나 재생 시스템을 사용한 복제, 보관, 전기적·기계적 복사, DTP의 도움, 녹음 또는 향후 개발될 어떠한 복제 매체를 통해서도 전용할 수 없습니다.

개정 4판을 발행하면서

 이 책은 1996년에 초판이 발행된 이래로 15년 간 태양광발전시스템의 설계와 시공에 관한 실용서로, 많은 독자 분들에게 여러 조언을 받아 개정 및 증쇄를 하게 되었습니다.

 2006년에는 BIPV 등의 최신 정보나 관련 법규, JIS와의 정합성(整合性)을 조정하기 위해 개정 3판을 발행했습니다. 그 후 일본의 태양광발전시장은 유럽과 미국을 중심으로 세계규모로 폭발적으로 확대되고, 2010년 말 집계로는 약 37,000MW 도입되었습니다.

 이 양적확대에 따라 새로운 기술의 도입, 시장 환경의 변화, 또한 관련 규격·법규·기준의 개정 등으로 본서 내용의 대폭적인 재검토가 요망되어, 이에 맞게 개정 4판을 발행했습니다.

 본 개정작업은 태양광발전협회 내에 '기술서 개정 대책 본부'를 설치하여 각 멤버에게 담당 집필과 편집을 부탁했습니다. 또한 일부의 내용은 각 부분별로 나누어 작업을 하여 원고를 작성했습니다.

 자료를 제공해주신 태양광발전협회 회원 각사, 집필해주신 담당자분들에게는 진심으로 감사드립니다. 또한 개정 4판을 제작하는데 구판의 내용을 삭제한 부분도 있어, 당시의 집필자 분들에게는 사죄드립니다. 또한 본서의 편집 및 출판하는데 있어 협력해주신 주식회사 ohm사에 감사드립니다.

 이 책이 한국의 태양광발전시스템 설계 및 시공에 대해 모든 분들에게 크게 도움이 되어, 2020년의 도입목표 2,800만 kW를 달성하기 위해 기여할 것을 바랍니다.

태양광발전협회 (기술서 개정 대책 본부)

리더 **長尾岳彦**

이 책은 2011년 7월까지의 제정, 발행된 규격·기준·법령을 토대로 편집되어 있다. 향후의 개정, 신규 제정으로 내용이 변경될 가능성이 있으므로 항상 최신 정보를 찾아보길 바란다.

第 1 版 執筆者一覧（執筆順）

武岡明夫
小林哲三
箕輪俊夫
中村茂昭
大橋孝之
吉見哲夫
大槻和司
井田浩文
中村光博
中西繁博
西岡　哲
高倉　望
三好國司
森田好雄

改訂 2 版 執筆者一覧（執筆順）

今坂制意
上田敦史
大橋孝之
加藤孝宏
久保田英
倉嶋省造
坂井則和
田中俊哉
田沢健一
長尾岳彦
中西繁博
福原　正
水谷福男

改訂 3 版 執筆者一覧（執筆順）

石田信久
大田洋充
川田直樹
倉嶋省造
佐藤秀一
鈴木康則
高野　章
中嶋永昭
長尾岳彦
西澤博文
林　正和
福島秀雄
本村政勝

改訂 4 版　執筆者一覧

技術書改訂タスクフォース

　　岸 添 義 彦　（英弘精機株式会社）
　　梶 間 竜 二　（河村電器産業株式会社）
◎² 長 尾 岳 彦　（元旦ビューティー株式会社）
　　山 下 浩 徳　（京セラ株式会社）
　　鈴 木 康 則　（三洋ソーラーエナジーシステム株式会社）
◎¹ 渡 邉 百 造　（シャープ株式会社）
　　小 中 博 之　（住友電設株式会社）
○　杉 本 完 蔵　（ソーラーフロンティア株式会社）
　　八 田 真 吾　（日新電機株式会社）
　　鈴 木 竜 弘　（日東工業株式会社）
　　池 田 洋 二　（株式会社日立産機システム）
　　田 中 清 俊　（三菱電機株式会社）
□　亀 田 正 明　（太陽光発電協会：JPEA）

（◎¹ リーダー（2010 年度），◎² リーダー（2011 年度），○サブリーダー，□ JPEA 事務局）

執筆・編集分担

　　Chapter 1　鈴木康則
　　Chapter 2　長尾岳彦，山下浩徳
　　Chapter 3　田中清俊
　　Chapter 4　梶間竜二，鈴木竜弘，八田真吾，佐藤健介（(株) NTT ファシリティーズ）
　　Chapter 5　渡邉百樹，松尾隆寿（三洋電機（株）），岸添義彦
　　Chapter 6　小中博之，岸添義彦
　　Chapter 7　岸添義彦，JPEA 事務局
　　Chapter 8，付録　JPEA 事務局

執筆協力，資料提供 (掲載順)

　　口絵写真　（株）NTT ファシリティーズ，三洋電機（株），京セラ（株），三菱電機（株），シャープ（株），東京国際エアカーゴターミナル（株），（株）カネカ，昭和シェル石油（株），ホンダソルテック（株），三菱重工業（株），（株）イオン，（株）レンゴー，西日本旅客鉄道（株），東日本旅客鉄道（株），東電工業（株）
　　Chapter 2　黒田耕平，松尾隆寿，小鍛冶聡司，松山賢五
　　　　　　　発電量評価ワーキンググループ（JPEA）
　　Chapter 3　高密度連系部会（JPEA）
　　Chapter 4　（株）NTT ファシリティーズ，古河電池（株）
　　Chapter 7　英弘精機（株），三洋電機（株）

차례

Chapter 1
태양광발전시스템이란?

Section 1. 태양광발전의 개요 … 2
　태양광발전시스템의 구성 … 2
　태양광발전시스템의 종류 … 4
Section 2. 태양광발전시스템의 구성기기 … 7
　태양전지 모듈과 태양전지 어레이(array) … 7
　파워컨디셔너(인버터) … 9

Chapter 2
태양전지 모듈

Section 1. 태양전지 모듈이란? … 12
　태양전지의 원리 … 12
　태양전지 셀의 종류 … 12
　태양전지 모듈의 구조 … 14
　태양전지 모듈의 구성 … 15
Section 2. 태양전지 모듈의 전기적 특성 … 18
　태양전지의 출력 특성, $I-V$특성 … 18
　분광감도 특성 … 20
　핫스폿(hot spot)과 바이패스(by-pass) 다이오드 … 21
　그늘과 $I-V$특성 … 22
　광열화(光劣化), 어닐링(annealing) 효과 … 25
Section 3. 태양전지 모듈의 전기적 특성 … 26
　직병렬접속과 $I-V$특성 … 26
　역류방지 소자 … 27
Section 4. 태양전지 모듈의 강도 … 29
　태양전지 모듈의 강도 … 29
Section 5. 태양전지 모듈의 규격과 인증 … 30
　태양전지 모듈의 규격과 인증 … 30

Section 6. 태양전지 모듈의 설치분류 32
    시공·설치에 관한 분류의 정의 32

Chapter 3
파워컨디셔너(power conditioner)

Section 1. 파워컨디셔너의 개요 40
    파워컨디셔너의 기능 40
    파워컨디셔너의 회로방식 40
    트랜스리스식의 회로구성 41
    인버터의 원리 42
Section 2. 파워컨디셔너의 기본 동작 43
Section 3. 파워컨디셔너의 기능 45
    자동운전 정지기능 45
    최대전력 추종제어 45
    단독운전 방지기능 46
    자동전압 조정기능 48
    직류검출기능 48
    직류지락 검출기능 49
Section 4. 정전 시에서의 자립운전 시스템 50
Section 5. 계통연계 보호장치 51
    보호장치 설치 51
    신형 단독운전 검출 52
    계통 소요 시의 운전 계속 성능 53
Section 6. 파워컨디셔너의 종류와 선정 54
    파워컨디셔너의 사양 예 54
    주택용 파워컨디셔너(단상용) 선정 56
    산업용 파워컨디셔너 선정 57

Chapter 4
관련기기와 부품

Section 1. 접속함 60
    접속함 분류 60
    접속함 선정 61

접속함의 열에 대한 고려	62
시공 시 주의사항	63
Section 2. 교류측 기기	64
분전반	64
적산 전력량계	64
Section 3. 축전지	66
계통연계 시스템용 축전지 선정	68
독립형 전원 시스템용 축전지 선정	73
축전지 설치에 대해서	76
Section 4. 내뢰 대책	77
낙뢰에 대해서	77
낙뢰 서지(surge) 대책	78
피뢰소자 선정	79

Chapter 5
태양광발전시스템 설계

Section 1. 태양광과 일사	84
태양의 궤도와 좌표	84
Section 2. 발전량의 산출	88
발전량의 산출 순서	88
지역별 일조도의 소개	91
발전량 산출 사례(경사진 주택 지붕의 경우)	92
발전량 산출 사례(지상·편지붕의 경우)	94
일조와 그늘의 검토	96
태양고도와 방위각 검토	99
그늘 발생 시 손실에 대해서	100
Section 3. 주택용 시스템 설계	102
설계부터 시공까지의 흐름	102
사전조사(현지조사)	102
설계	103
설계·시공상의 유의점	106
방화대책	108
관련 법규	109

Section 4. 지상용·평지붕용 태양광발전 어레이 가대 설계 … 112
    설계조건 정리 … 112
    설계의 세목 … 115
    태양전지 어레이용 가대 설계 … 118
    태양전지 어레이용 가대의 강도계산 … 129
Section 5. 지상·평지붕 설치의 태양전지 어레이 기초부 설계 … 133
    기초의 구조선정 … 133
Section 6. 산업용 태양광발전시스템의 전기설계 … 136

Chapter 6
태양광발전시스템의 시공

Section 1. 시공순서와 주의사항 … 144
    산업용 시스템의 시공순서 및 관리 포인트 … 144
    안전대책 … 144
    양생·방호 … 146
Section 2. 반입작업 … 147
    반입(반출) 시의 주의사항 … 147
    중기(견인차) 규격 … 147
Section 3. 기초공사 … 148
    평지붕식 가대의 기초 … 148
    앵커 볼트(anchor volt) … 149
    설치기초 … 149
Section 4. 어레이 가대공사 … 150
    평지붕식 가대 … 150
    경사지붕(구배지붕)식 가대 … 151
Section 5. 기기설치 공사 … 153
    태양전지 모듈 설치 … 153
    주변기기 설치 … 153
Section 6. 전기배선공사 … 156
    케이블·배관의 선정 … 156
    배관·배선공사 … 157
    태양전지 어레이의 사전검사 … 158
    방화구획관통부의 처리 … 159

접지공사	159
뇌해대책	162
계측·표시 시스템	164
Section 7. 시운전 조정 및 검사	165
시운전 조정	165
준공검사	165
Section 8. 시공 관련 기준	167
Section 9. 주택용 시스템 시공	168
주택용 시스템의 시공순서	168
시공방법 선택	168
구체적인 시공방법	168

Chapter 7
태양광발전시스템의 보수점검과 계측

Section 1. 태양광발전시스템의 보수점검	176
시스템 완성 시 점검	176
일상점검	176
정기점검	176
Section 2. 점검방법과 시험방법	178
외관 검사	178
운전상황 확인	179
태양전지 어레이 출력 확인	179
절연저항의 측정	181
절연내압의 측정	184
접지저항의 측정	184
계통연계 보호장치의 시험	185
Section 3. 태양광발전시스템 계측	186
계측·표시에 필요한 기기	186
주택용 시스템의 경우	187
시험연구용 시스템의 경우	188
기상계측	189
표시장치	191

Chapter 8
태양광발전시스템 설치의 관계 법령과 절차

Section 1. 태양광발전시스템의 관계 법령 194
　　　　　전기사업법 관계 법령 194
　　　　　전기공작물 194
　　　　　사업용 전기공작물의 기술기준 적합 의무 196
　　　　　태양광발전시스템의 기술기준 적합 의무 196
　　　　　계통연계 기술요건 가이드라인에 대해서 198
　　　　　계통연계용 파워컨디셔너(인버터) 등의 인증제도 199
　　　　　태양전지 모듈의 인증제도(JETPV$_m$ 인증) 199
Section 2. 태양광발전시스템 설치 절차 200
Section 3. 전력회사와의 협의 202
　　　　　전력회사와의 사전협의와 계약 202
Section 4. 전기보안협회와 보안관리업무 위탁 계약 204
　　　　　전기주임기술자의 선임과 신고 204
　　　　　전기보안협회에 보안관리 위탁 205

Appendix
부록

Section 1. 전력품질확보와 관련된 계통연계 기술요건 가이드라인 및
　　　　　전기설비기술기준 해석 208
　　　　　전력품질확보에 관련된 계통연계 기술요건 가이드라인의 목차 208
　　　　　계통연계 기술요건 가이드라인(발췌) 209
　　　　　전기해석 : 제8장 분산형 전원의 계통연계설비(발췌) 2011년 7월 개정판 218
Section 2. 한국의 주요지점 일사량 데이터 230
Section 3. 태양전지 모듈의 폐기처리에 관한 법적 준수사항 239
Section 4. 태양광발전 용어 242

참고문헌 245
찾아보기 247

Chapter 1

태양광발전시스템이란?

태양광발전시스템은 여러 장소에서 여러 용도로 사용되고 있으며,
그 형태에는 계통연계형, 독립형 등 여러 종류가 있다.
여기에서는 태양광발전시스템의 개요 및 종류와
시스템을 구성하는 기기에 대해서 설명한다.

Section 1
태양광발전의 개요

태양광발전시스템의 구성

태양광발전시스템(이하, Photovoltaic Power Generating System을 생략하여 PV 시스템이라 함)에는 다음과 같이 종류가 다양하다. 여기에서는 PV 시스템의 개요를 알기 위해 일본에 가장 많이 보급되어 있는 주택용 태양광발전시스템 및 산업용 태양광발전시스템을 예로 들어 설명한다.

주택용 태양광발전시스템은 그림 1.1과 같이 지붕 위 등에 설치한 태양전지 어레이(태양전지 모듈, 가대(架台) 등을 포함), 실내외에 설치한 파워컨디셔너(인버터, 계통연계 보호장치 등을 포함), 이들을 접속하는 배선 및 접속함, 또한 교류 측에 설치하는 교류 측 개폐기(분전반 안쪽 등에 설치), 전력량계(매전용 전력량계) 등으로 구성되어 있다.

이 방식은 계통연계 시스템이라 불리며, 태양전지로 발전한 직류전력을 파워컨디셔너에서 교류전력으로 변환하여, 전력회사에서 공급하고 있는 전력계통의 교류전력과 합쳐 가정 내의 전기기기로 사용할 수 있도록 하고 있다.

그림 1.2는 산업용 태양광발전시스템의 개요를 나타내고 있다. 기본 구성은 주택용 태양광발전시스템과 같지만, 주택용이 전력회사의 단상 3선식 200V의 저압과 연계하는 것에 반해, 산업용은 구내에 수변전 설비를 가지고 3상 3선식 6,600V의 고압과 연계하는 시스템이 많다(단, 파워컨디셔너

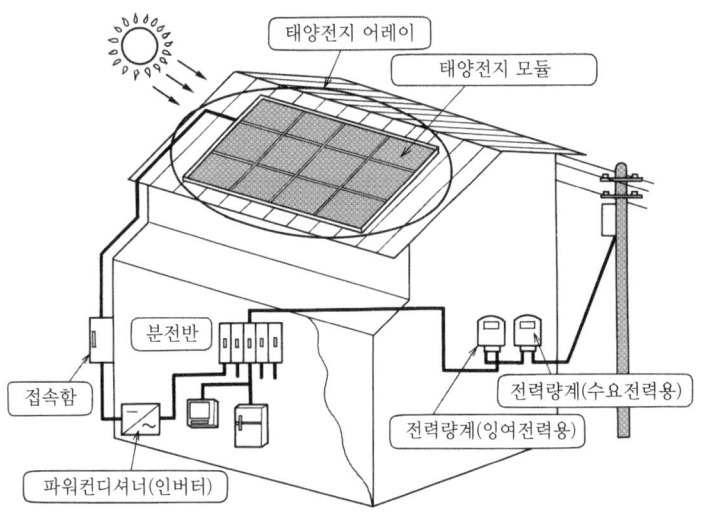

그림 1.1 주택용 태양광발전시스템

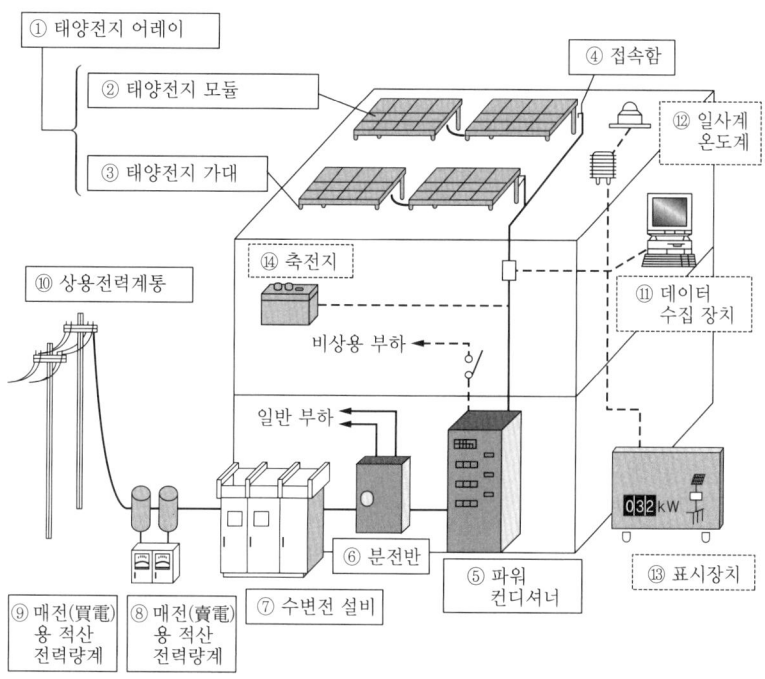

[주] 저압으로 연계하는 경우(⑦ 수변전 설비가 없고 직접 저압으로 연계 또는 ⑦ 수변전 설비 내부의 저압부로 간주하여 연계)와 고압으로 연계하는 경우가 있다.

그림 1.2 산업용 태양광발전시스템

는 3상 3선 200V에 접속). 또 산업용은 옵션으로 발전량이나 일사량 등을 계측하는 계측 시스템이나 현재의 발전량 등을 표시하는 표시장치 등을 설치하는 경우도 많다.

주택용 태양광발전시스템은 대부분이 3~5kW의 규모로 지붕에 설치하는 것이 일반적이지만, 산업용 태양광발전시스템의 규모는 수 kW에서 1,000kW를 넘는 것까지 있고 설치장소도 공장이나 빌딩 등의 건물 옥상, 벽면, 천창(天窓)이나 지상설치 등 용도에 따라 다양하게 도입되어 있다.

PV 시스템은 발전설비이며 화력발전소나 수력발전소와 같이 전기사업법에 따라 규제하고 있다. 이전에는 모든 PV 시스템이 자가용(自家用) 전기공작물로 취급되어 전기주임기술자 선임과 보안규정에 의한 정기점검이 필요했다. 하지만 같은 법이 1995년 12월에 개정이 시행되어, 일반 가정 등의 전기제품 등, 일반 전기공작물과 함께 설치하는 소출력(저압연계이며 20kW 미만) PV 시스템은 일반용 전기공작물로 취급해 전기주임기술자 선임이 불필요하여 정기점검 대신에 자주적인 점검을 하게 되었다. 또 전기공사에 대해서도 제2종 전기공사사 자격으로 시공할 수 있게 되었다. 또한 2011년 6월에 동법(同法) 시행규칙의 일부가 개정 및 시행되면서 '20kW'가 '50kW'로 완화되었다.

또 산업용 PV 시스템에서도 2004년 10월 「전기설비기술기준 해석」(이하, 전기해석이라 함)의 일부 개정이 시행되어 계통연계에 관련된 사항이 보다 명확해졌다. 전기사업법과 관련된 것은 Chapter 8을 참조하길 바란다.

태양광발전시스템의 종류

PV 시스템은 크게 상용계통과 연계하는 계통연계 시스템과 독립형 시스템으로 분류된다. 그림 1.3에 태양광발전시스템의 분류를 나타냈다. 계통연계 시스템에 대해서는 연계하는 상용전력의 전압에 따라 특별고압연계, 고압연계, 저압연계로 구분된다.

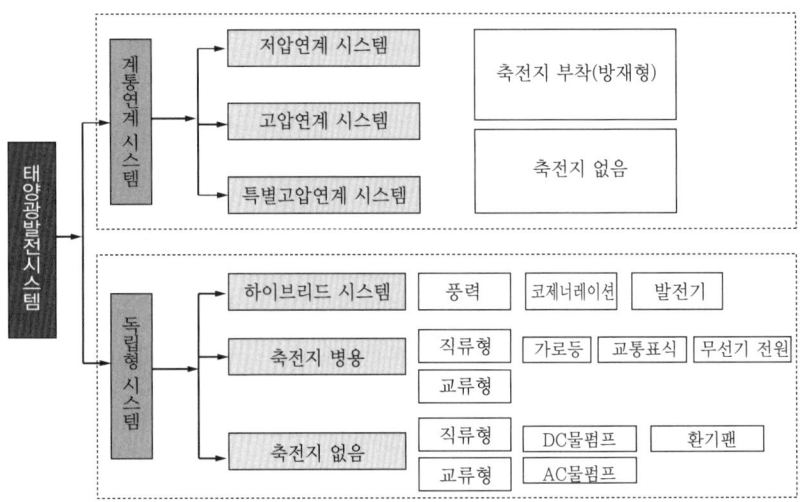

그림 1.3 태양광발전시스템의 분류

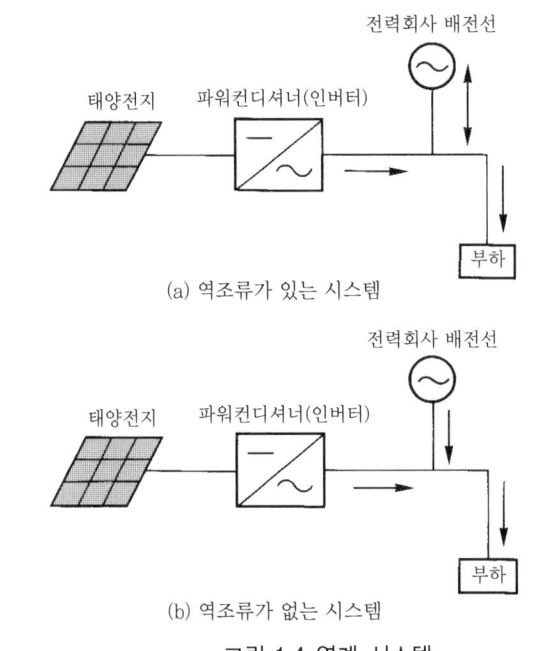

(a) 역조류가 있는 시스템

(b) 역조류가 없는 시스템

그림 1.4 연계 시스템

독립형 시스템에 대해서는 축전지 병용형과 축전지가 없는 시스템, 또한 풍력발전과 병용 등의 하이브리드형 시스템으로 분류된다. PV 시스템을 도입하는 경우에는 그 용도에 맞게 이들 중에서 적합한 시스템을 선택한다. 이하에서 대표적인 시스템의 형태를 설명한다.

● 계통연계 시스템

일본에서 채용하고 있는 PV 시스템의 대부분은 이 계통연계 시스템이다. 이 계통연계 시스템은 역조류가 있는 시스템과 역조류가 없는 시스템이 있으며(그림 1·4 참조),

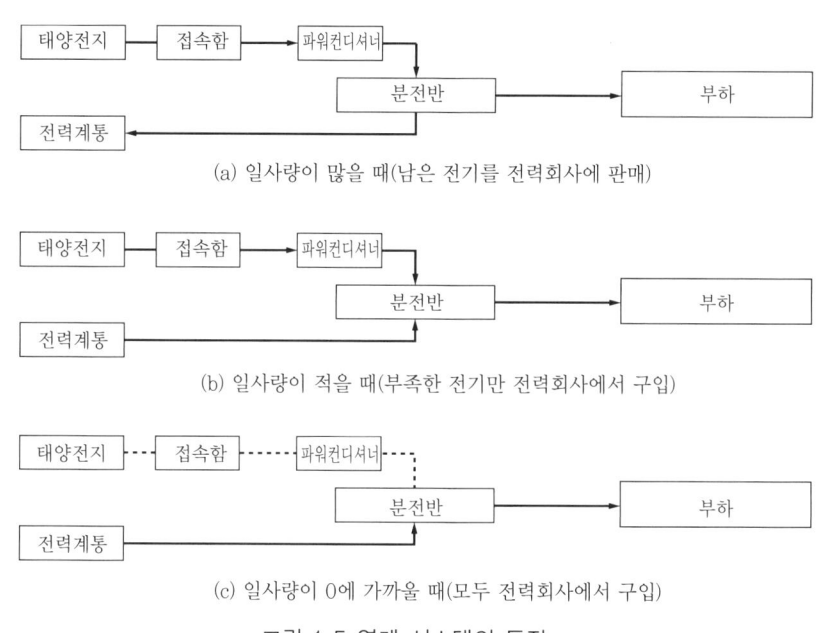

그림 1·5 연계 시스템의 동작

역조류가 있는 시스템은 PV 시스템에 잉여전력이 생긴 경우, 전력회사가 매입하는 제도를 이용하는 것이며 2009년 11월 잉여전력의 매입제도가 시행되었다. PV 시스템은 그 출력이 기후에 좌우되기 때문에, 주택 등에서 안정된 전력을 사용하기 위해 전력회사의 전력계통과 연계하여 운전한다.

이 역조류가 있는 계통연계 시스템의 동작을 그림 1.5에 나타냈다. 맑은 날 등 태양전지 출력이 시설(가정) 내의 소비전력보다 많이 발전해서 남은 경우에는 그 잉여전력을 전력회사의 배전선으로 역조류하여 전력회사가 매입할 수 있다. 흐린 날 등의 태양전지 출력이 시설 내의 소비전력에 대해 부족한 경우에는 전력회사의 배전선으로 부족한 양의 전력이 유입되도록 되어 있다. 야간 등 태양전지에서의 출력이 없는 경우에는 종래대로 전력회사에서 전력을 공급받는다. 또한 정전 시에는 전력회사와의 계통과 분리되어 비상용 부하(비상용 조명, 통신기기 등)에 전력을 공급시킬 수 있는 자립운전기능이 설치된 시스템도 많이 채용하고 있다.

역조류가 없는 시스템은 공장 등 시설 내의 전력수요가 항상 PV 시스템의 출력보다 크고, 역조류전력이 생길 가능성이 없는 경우에 채용하고 있다. 이 시스템에서는 전력회사로 PV 시스템의 잉여전력을 역조류시키는 것은 허락되지 않기 때문에 역방향의 전류가 조금이라도 생긴 경우 PV 시스템의 출력을 내리거나 운전을 정지하는 기능이 필요하다.

또 PV 시스템을 연계하는 전력계통의 전압 구분에 따라 저압연계, 고압연계 및 특별고압연계 등으로 분류되고, 그 분류에 따라 설치하는 보호장치 등의 연계 조건이 「전기해석(電技解釋)」에 정해져 있으므로 참조하길 바란다.

● 독립형 시스템

전력회사의 배전선과 연계하지 않는 시스템이다. 축전지가 있는 일반적인 구성은 그림 1.6과 같다. 이 시스템의 경우 사용가능한 전력량은 PV 시스템의 발전량 이하로 제한되며, 야간이나 우천 시 PV 시스템의 발전량을 기대할 수 없는 경우에 대비해서 축전지를 접속하여 전력을 축적해두어야 한다.

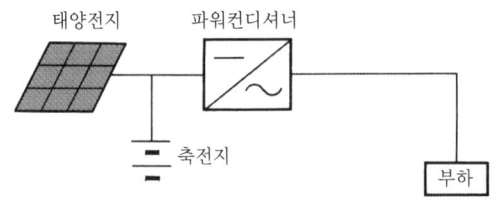

그림 1.6 독립형 시스템

이 시스템은 전력회사의 배전선에서 먼 산간마을이나 외딴 섬 등에서 많이 사용되고 있었지만, 최근에는 방재용 가로등, 방재무선시스템 등으로도 채용되고 있다. 또 이 시스템은 전자계산기용 등의 1W 미만인 것부터 도로정보표시판 등 수십 W에서 수십 kW의 시스템까지 다양한 종류의 시스템이 실용화되어 있다. 축전지가 없는 시스템은 태양전지가 발전하고 있을 때만 사용용도가 있는 마루 밑 등의 환기용 팬, 공원의 분수설비 등에 사용되고 있는 수중펌프용 등의 시스템이 실용화되고 있다. 또 최근 풍차가 설치된 가로등 및 다른 자연에너지와 조합한 하이브리드형 시스템도 등장하고 있다.

Section 2
태양광발전 시스템의 구성기기

PV 시스템을 구성하는 주요기기에 대한 그 기능과 목적 등에 대해서 간단하게 설명한다. 자세한 내용은 Chapter 3~5를 참조하길 바란다.

● 태양전지 모듈과 태양전지 어레이

여기에서는 가장 도입량이 많은 실리콘계의 태양전지 모듈을 예로 들어 설명한다. 우선, 태양전지는 태양의 광에너지를 전기에너지로 변환하는 기능을 가진 최소단위인 '태양전지 셀'이 기본이다. 태양전지 셀은 10~15cm각 판상의 실리콘에 pn접합을 형성한 반도체의 일종이다. 태양전지 셀 그 자체로는 발생전압이 약 0.5V로 낮기 때문에 직렬로 접속하여 모듈로 이용한다.

● 태양전지 모듈

태양전지 모듈은 수십 장의 태양전지 셀을 내후성 패키지에 넣어 구성되어 있다. 태양전지 모듈 속에서 태양전지 셀을 연결시켜 소정의 전압 및 출력을 얻을 수 있게 한다. 태양전지 모듈의 변환효율은 단결정 실리콘 태양전지가 15~17%, 다결정 실리콘 태양전지가 13~15%, 아몰퍼스 실리콘 태양전지가 6~10%, 그리고 화합물 태양전지(CIS, CIGS 등)가 11~12%이다.

● 태양전지 어레이(array)

태양전지 모듈을 강재(鋼材) 등을 이용해서 지붕이나 지상에 설치한 전체를 태양전지 어레이라 한다. 그림 1.7에 태양전지 셀, 태양전지 모듈, 태양전지 어레이의 관계를 나타냈다. 태양전지 어레이는 몇 장의 태양전지 모듈을 직렬 및 병렬로 접속하여 필요한 직류전압과 발전전력을 얻을 수 있게 구성되어 있다.

태양전지 어레이를 구성하는 데는 태양전지 모듈을 집합하여 지붕 등에 튼튼하게 고정하기 위해 금속제 가대가 사용되고 있다. 태양전지 어레이의 면적은 예를 들면, 3kW의 태양전지 모듈을 설치하는 데는 약 20~30m^2의 면적이 필요하다.

또 PV 시스템의 용량은 표준 태양전지 어레이 출력(태양전지 모듈의 최대출력 합계)으로 나타낸다. PV 시스템의 출력은 방사강도(일사강도)의 영향을 크게 받고 또한 태양전지 모듈 내의 태양전지 셀의 온도에 영향을 받기 때문에 일사강도가 1kW/m^2에서 셀 온도가 25℃인 표준 조건일 때의 최대출력을 표준 태양전지 어레이 출력으로 표시한다.

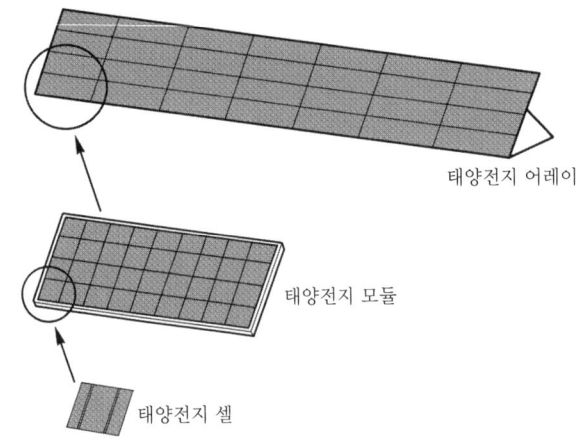

그림 1.7 태양전지 어레이

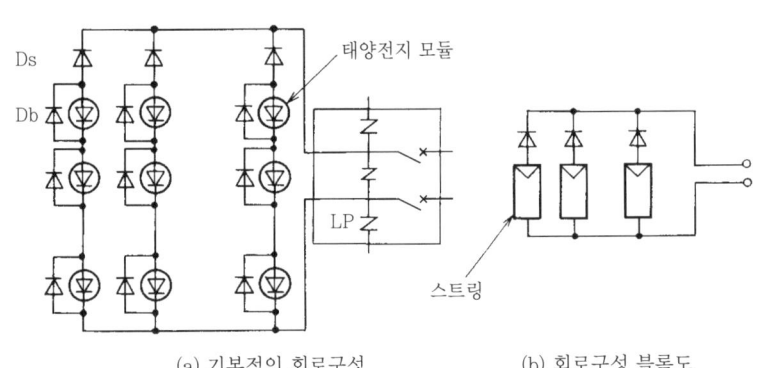

(a) 기본적인 회로구성   (b) 회로구성 블록도

[주] Ds : 역류방지 소자   Db : 바이패스 소자   LP : 피뢰소자

그림 1.8 태양전지 어레이의 전기회로

● 태양전지 어레이의 전기적 구성

태양전지 어레이의 전기적인 회로구성은 그림 1.8과 같다. 태양전지 모듈의 집합체인 스트링, 역류방지 소자(Ds), 바이패스 소자(Db), 접속함 등으로 구성되어 있다. 여기에서 스트링이란, 태양전지 어레이가 소정의 출력전압을 만족시키도록 태양전지 모듈을 직접 접속한 한 덩어리의 회로를 말한다. 각 스트링은 역류방지 소자를 통해 접속한다.

역류방지 소자는 태양전지 모듈에 다른 태양전지회로나 축전지로부터 전류가 돌아서 들어가는 것을 저지하기 위해 설치하는 것이며, 바이패스 소자는 모듈을 구성하는 태양전지 셀이 그늘에서 발전하지 않는 경우 그 태양전지 셀에 흐르는 전류를 바이패스(by-pass)하여 태양전지 셀이 파손되는 것을 방지하는 목적으로 설치한 것이다.

접속함은 여러 개의 스트링에서 발전한 직류전력을 하나로 합쳐 파워컨디셔너에 공급하는 반(盤)이다. 주택용에서는 대부분 접속함 1대로 공급하지만, 산업용은 규모가 크기 때문에 여러 대의 접속함이 사용되는 경우가 있다. 그 경우 접속함과 파워컨디셔너 사이에 여러 접속함에서 배선을 하나로 합쳐 파워컨디셔너로 공급하기 위한 집전함(직류)을 설치하는 경우가 있다.

● 파워컨디셔너(인버터)

파워컨디셔너는 일반적으로 직류를 교류로 변환하는 인버터와 사고 등의 경우에 계통을 보호하는 계통연계 보호장치로 구성되어 있다. 인버터는 태양전지 어레이에서 발전한 직류전력을 전력회사에서 공급되는 전력과 같은 전압과 주파수의 교류전력으로 변환한다. 또한 파워컨디셔너의 주요 부분은 인버터이기 때문에 파워컨디셔너를 인버터라고 하는 경우도 있다.

파워컨디셔너에서 공급되는 전력과 전력회사에서 공급되는 전력과의 관계는 다음과 같다. 예를 들면, 주택 내에서 1kW의 전력을 사용하고 있을 때 파워컨디셔너에서 공급되는 전력이 3kW라면, 잉여 2kW는 전력회사의 배전선으로 역조류해서 전력회사가 매입할 수 있다. 반대로 주택 내의 전력수요가 인버터로 공급되는 전력보다도 많은 경우에는 부족한 전력이 전력회사의 배전선으로부터 유입되어 보충된다.

연계보호장치 부분은 전기해석의 「제8장 분산형전원의 계통연계설비」로 규정되어 있는 안전장치로서 작동한다. 이 연계보호장치는 주파수의 상승 및 저하 검출, 과부족전압의 검출을 비롯해 전력회사의 배전선 정전 검출(단독 운전 검출)에 따라 PV 시스템을 계통에서 분리하는 등의 안전장치로 작동한다. 연계보호장치는 인버터에 내장되는 것이 일반적이지만 별도로 설치되는 경우도 있다.

또한 만약에라도 고장 시에는 태양전지의 직류분이 전력회사의 배전선으로 유입되지 않도록 해야 한다. 이전에는 절연변압기(트랜스)를 파워컨디셔너 출력과 주택 내 배선과의 사이에 설치하거나 전력변환부에 내장시켰지만, 최근에는 10kW 이하의 파워컨디셔너에서는 트랜스리스 방식을 다수가 상용하고 있다.

파워컨디셔너에서 교류로 변환된 전력은 주택용에서는 분전반으로, 산업용에서는 분전반 또는 수변전 설비로 접속된다. 산업용으로 여러 대의 파워컨디셔너를 사용하는 경우, 분전반과의 사이에 여러 파워컨디셔너에서 공급되는 배선을 하나로 합치기 위해 집전함(교류)을 설치하는 경우가 있다.

Chapter **2**

태양전지 모듈

태양전지 모듈은 지금까지 결정 실리콘계의 태양전지 셀이 널리 사용되고 있었지만, 최근에는 새로운 소재를 이용한 태양전지가 등장했다. 여기에서는 태양전지 모듈의 개요와 각종 태양전지 모듈에 대해 설명한다.

태양전지 모듈이란?

태양전지의 원리

태양전지는 태양전지에 입사한 광에너지를 직접 전기에너지로 변환하는 발전소자다. 기본적인 태양전지 셀의 구조는 그림 2.1과 같다.

태양전지의 재료는 일반적으로 실리콘 등의 반도체가 사용되고 전기적 성질이 다른 n형과 p형, 이 2가지를 연결한 구조로 되어 있다. 태양전지에 빛이 닿으면 그 광에너지는 태양전지 내에 흡수된다. 이에 전자(마이너스)와 정공(플러스)이 생기고 마이너스 전자는 n형으로, 플러스 정공은 p형으로 많이 모인다.

이 때문에 태양전지의 표면과 뒷면에 부착한 전극에 전구 등의 부하를 연결하면 전류가 흐른다. 이것이 태양전지의 원리다.

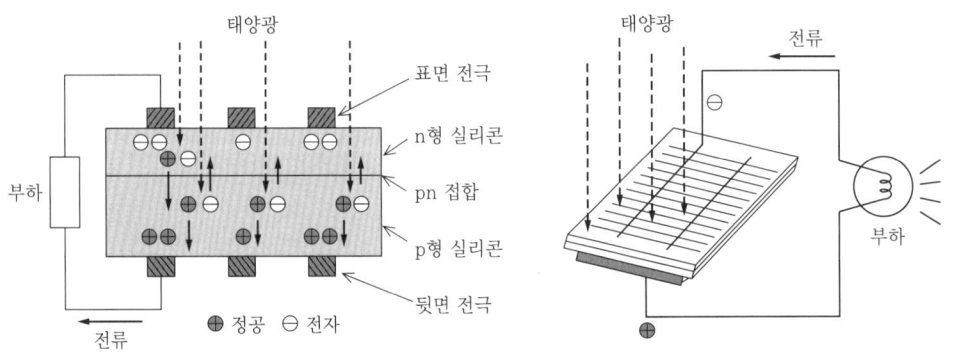

그림 2.1 태양전지 셀의 구조

태양전지 셀의 종류

태양전지 셀은 그 소재의 종류, 재료의 두께, 구조 등에 따라 분류된다. 현재 주로 보급되어 있는 종류는 결정 실리콘계이지만, 용도나 설치환경에 따라 각각의 특징을 살린 종류의 태양전지를 이용하고 있다.

태양전지 셀의 분류를 그림 2.2에 나타냈다. 또 표 2.1에는 최근 시판되고 있는 주된 태양전지 셀의 종류를 나타냈다.

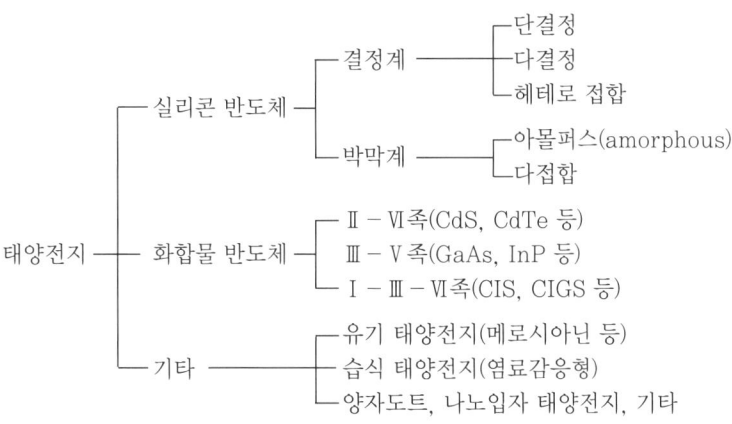

그림 2.2 태양전지의 분류

표 2.1 태양전지 셀의 종류

종류			특색	모듈 변환효율[%]	셀 외관
실리콘계	결정계	단결정	실리콘의 원자가 규칙적으로 배열된 구조이며, 변환효율이 높은 태양전지를 만들 수 있다. 제품의 역사가 길고 풍부한 실적을 올렸다.	15~17	
		다결정	단결정 실리콘이 다수 모여 생긴 태양전지. 단결정에 비해 변환효율은 낮지만 저렴하게 제조할 수 있다.	13~15	
		헤테로 접합	결정계 기판에 아몰퍼스 실리콘층을 형성한 고효율 태양전지. 변환효율이 높고 특히 주택 등 한정된 장소에서의 설치가 뛰어나다.	16~19	
	박막계	아몰퍼스	실리콘 원자가 불규칙하게 모인 태양전지. 얇아도 발전할 수 있다(결정계의 약 1/1,000). 또 유리나 필름기판 상에 제조가 가능. 파장감도는 단파장 측에 있다.	6~7	
		다접합	다른 파장감도 특성을 가진 2개 이상의 발전층을 겹친것. 이 때문에 단접합보다 발전효율이 향상하고 있다. 아몰퍼스과 미결정(박막 다결정)을 조합한 탠덤 구조가 주류. 트리플 구조도 있다.	8~10	
화합물계	CIS/CIGS계		구리(Cu), 인슘(In), 셀렌(Se), 이 3가지의 원소를 주성분으로 한 태양전지. CIGS는 갈륨(Ga)을 더하고 있다. 지금까지 형태의 실리콘 결정계 태양전지와는 전혀 다른 구조이다.	11~12	
	기타		다른 원소를 조합한 구조의 태양전지이며 GaAs, CdTe 등이 있다.		

태양전지 모듈의 구조

태양전지 모듈의 구조는 주로 이하와 같이 구분된다.

● 슈퍼스트레이트(super straight) 타입

(a) 결정 실리콘 타입

태양전지 셀 사이를 리드 프레임으로 연결하고 내후성(耐候性)에 뛰어난 충진재로 밀봉하여, 수광면을 내충격성이 강한 커버글라스와 이면의 내후성 필름으로 끼워 넣은 구조(그림 2.3)

(b) 박막 실리콘 타입

커버글라스에 투명전극, 태양전지 셀, 표면전극을 층층이 쌓아 충진재와 내후성 필름으로 밀봉한 구조(그림 2.4)

(c) CIS/CIGS 타입

유리기판에 전극, 태양전지 셀을 층층이 쌓아 충진재로 밀봉하고 수광면의 커버글라스와 이면의 내후성 필름으로 끼워 넣은 구조(그림 2.5)

● 서브스트레이트(sub straight) 타입

수광면 측에 투광성 필름 등을 이용하여 강도는 이면의 기판이 가지게 한 구조(그림 2.6)

● 강화유리 타입

양면에 유리를 사용하여 빛을 투과시킨 구조(그림 2.7)

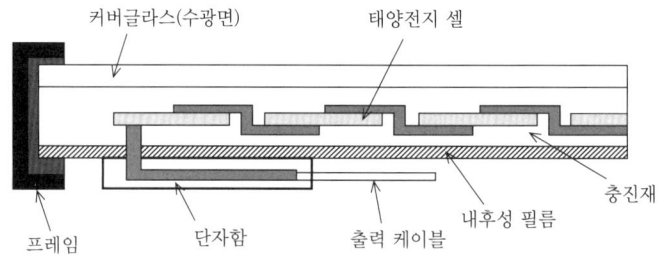

그림 2.3 슈퍼스트레이트 타입 : 결정 실리콘

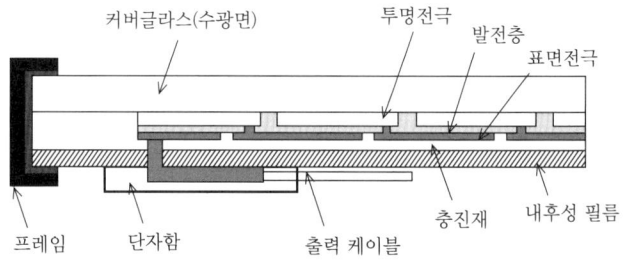

그림 2.4 슈퍼스트레이트 타입 : 박막 실리콘

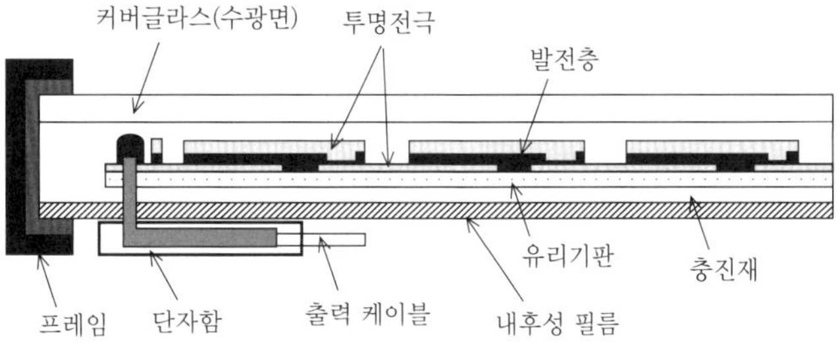

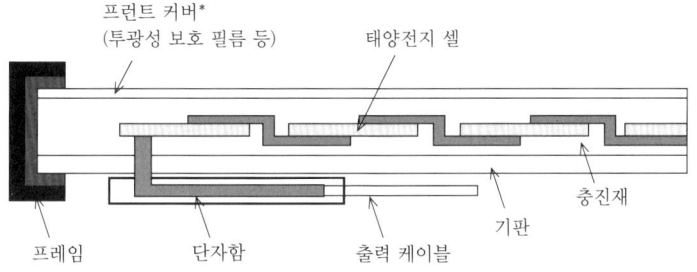

그림 2.5 슈퍼스트레이트 타입 : CIS/CIGS

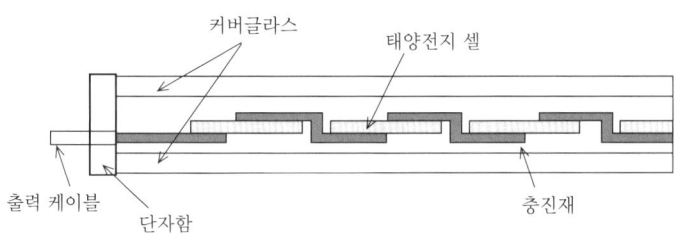

* 프런트 커버(수광면재) : 태양전지 모듈의 수광면 측의 판재. 일반적으로 광 투과율이 높은 재료로 밀봉재 및 태양전지 셀을 보호하는 역할을 한다.

그림 2.6 서브스트레이트 타입

그림 2.7 강화유리 타입

태양전지 모듈의 구성

프런트 커버

프런트 커버에는 90% 이상의 투과율을 확보하면서 높은 내충격성이 있는 약 3mm 두께의 백판 열처리 유리 등을 일반적으로 사용하고 있다.

그 품질관리를 위해 「결정계 태양전지 모듈의 환경 시험방법 및 내구성 시험방법(JIS C 8917), 아몰퍼스 태양전지 모듈의 환경 시험방법 및 내구성 시험방법(JIS C 8938)」으로 우박시험 등이 규정되어 있다. 우박시험에서는 빙구(氷球)로 인한 충격의 기계적 강도를 시험하도록 규정되어 있지만, 질량 227±2g, 직경 약 38mm의 강속구를 높이 1m에서 낙하시키는 간이시험으로 대체되는 경우가 있다.

● 프레임

알루마이트 내식처리를 한 알루미늄 표면에 아크릴 도장을 한 프레임재를 일반적으로 사용한다. 긴 방향의 구조는 크게 중공(中空)과 ㄷ자형으로 분류된다. 장착을 한 리브의 대부분은 안쪽에 장착하지만 바깥쪽으로 나온 예도 있다. 특히 주택용 모듈에서는 고정기구와 짝이 되도록 연구하거나 서로 이웃한 모듈 사이에서 중첩할 수 있도록 연구하고 있다. 이같이 세부 구조는 모듈에 따라 다르다.

● 설치 구멍

모듈을 가대 등에 설치하기 위해 ϕ6.0~9.7mm의 설치 구멍이, 긴 방향 프레임에는 3~4개씩, 총 6~8개 정도 되어 있다. 이 밖에 ϕ4.0~6.5mm의 설치용 구멍, 배선용 구멍이 있다.

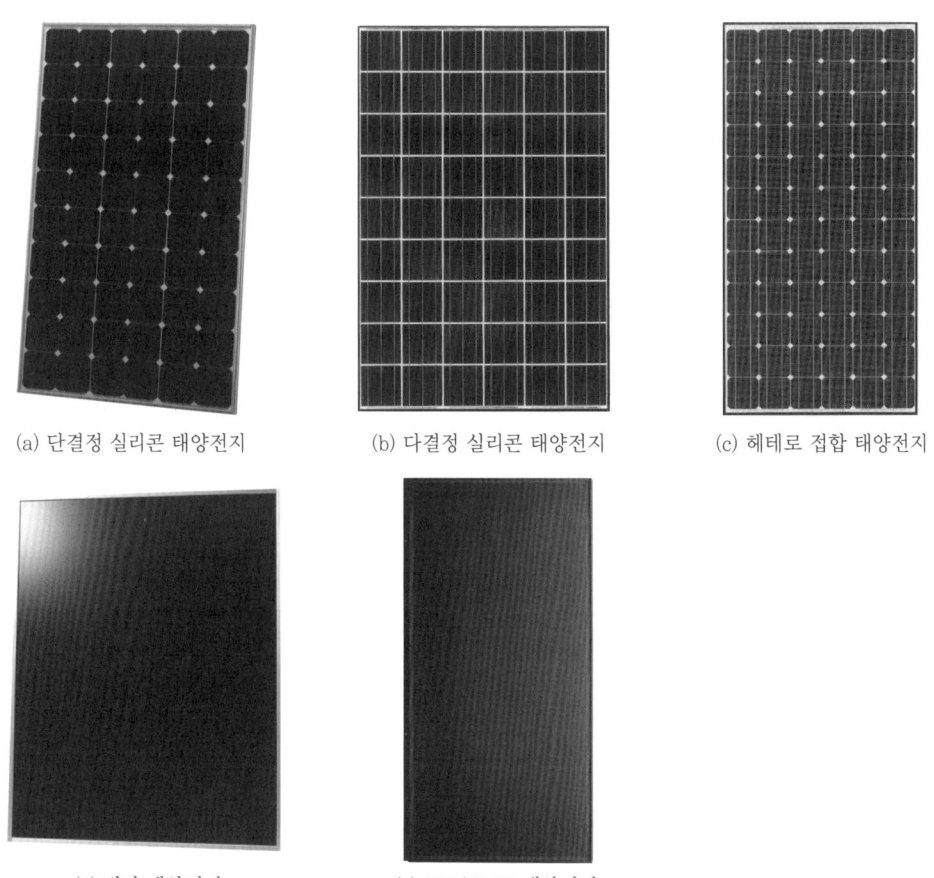

(a) 단결정 실리콘 태양전지　(b) 다결정 실리콘 태양전지　(c) 헤테로 접합 태양전지

(d) 박막 태양전지　(e) CIS/CIGS 태양전지

그림 2.8 태양전지 모듈 외관(예)

● 단자함

일반적으로는 수지계의 단자함 및 모듈에서 출력을 연결하는 리드선(절연전선)이 하나로 되어있다. 또 리드선(절연전선)의 앞쪽 끝에는 전용 방수 커넥터(connector)가 부착되어 있으며, 타 모듈이나 외부 케이블과의 연결이 가능하게 되어 있다.

● 리드선(절연 케이블)

리드선에는 일반적으로 가교 폴리에틸렌 절연 비닐시스 케이블(CV 케이블)을 이용하고 있다. 최근에는 친환경 에코 케이블을 사용하기 시작했다. 사이즈는 각 회사의 모듈 출력에 따라 다르다. 또 리드선의 극성표시는 케이블의 플러스(+), 마이너스(−)의 마크 표시, 케이블 색에 따른 표시나 단자함으로의 표시 등이 있다. 한편 케이블 색에 따른 표시는 회사마다 각각 다르기 때문에 주의해야 한다.

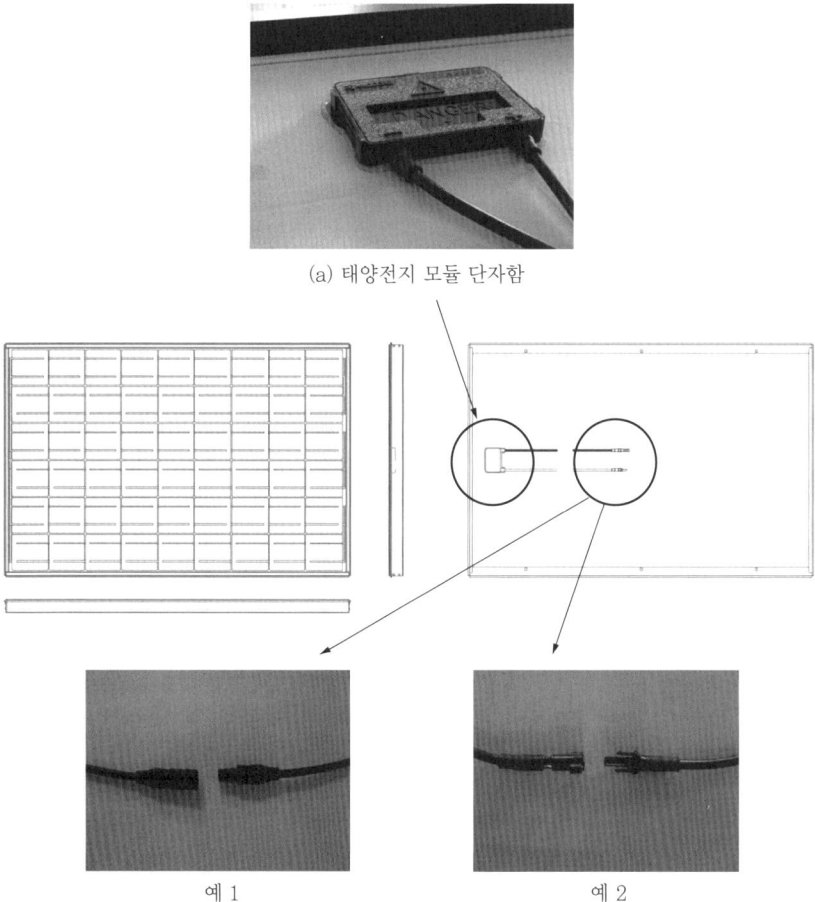

(a) 태양전지 모듈 단자함

예 1   예 2

(b) 태양전지 출력 리드선용 커넥터

그림 2.9 단자함 및 리드선

Section 2

태양전지 모듈의 전기적 특성

● 태양전지의 출력 특성, $I-V$ 특성

태양전지 모듈에 광에너지가 입사하면 광전변환으로 전기가 발생한다. 이 전기출력의 특성을 전류전압특성($I-V$특성이라고도 함)으로 그림 2.10에 나타냈다. 그림 속에 나타난 각 점은 기준상태에서 각각 다음의 의미를 가지고 있다.

 최대출력(P_{max})   : 최대출력 동작전압(V_{mpp})×최대출력 동작전류(I_{mpp})
 개방전압(V_{oc})   : 태양전지의 양극 간을 개방한 전압
 단락전류(I_{sc})   : 태양전지의 양극 간을 단락한 상태에서 흐르는 전압류
 최대출력 동작전압(V_{pmax}) : 최대출력 시의 동작
 최대출력 동작전류(I_{pmax}) : 최대출력 시의 동작

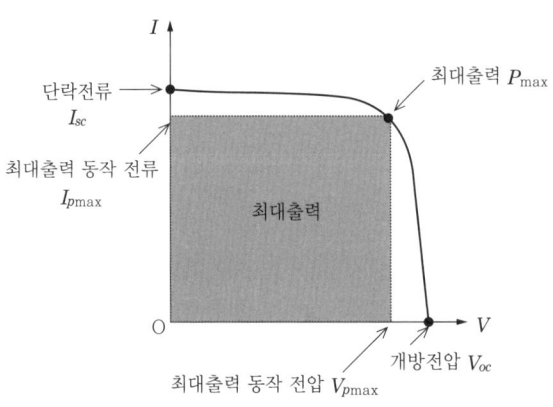

그림 2.10 태양전지 모듈의 $I-V$특성곡선

태양전지의 출력은 주로 입사하는 빛의 강도(방사조도)[kW/m²]와 태양전지의 온도[℃]에 따라 변화한다. 이 변화방법은 태양전지의 종류에 따라 다르다. 여기에서는 결정 실리콘, 아몰퍼스 실리콘, CIS/CIGS의 태양전지의 특성에 대해 소개한다.

태양전지의 출력은 방사조도에 비례하여 증가하고, 태양전지 온도에 대해서는 온도상승에 따라 저하하는 특성을 가진다.

● 결정 실리콘 태양전지

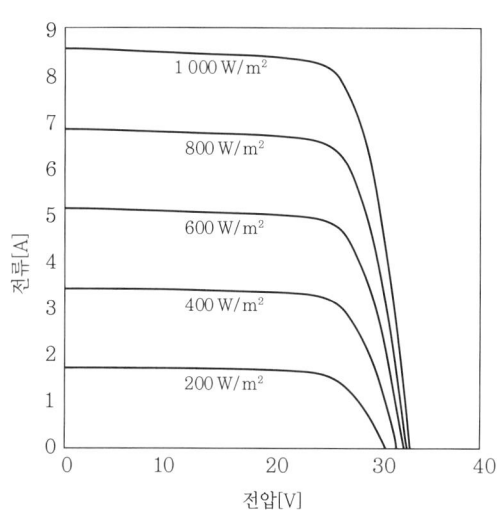

그림 2.11 태양전지 모듈의 방사조도 특성(예)

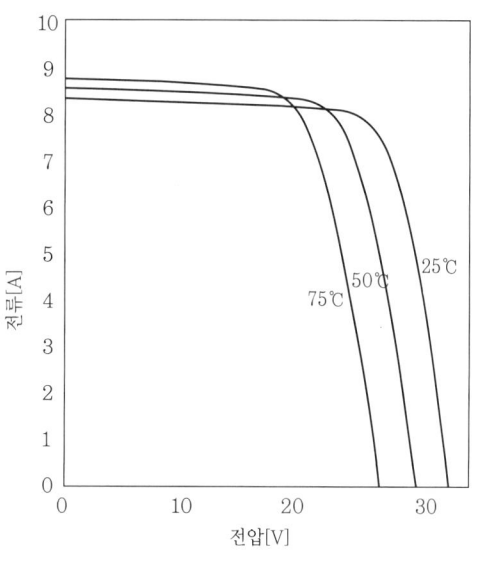

그림 2.12 태양전지 모듈의 온도 특성(예)

● 아몰퍼스 실리콘 태양전지

아몰퍼스 실리콘 태양전지 모듈은 일반적으로 결정 실리콘 태양전지 모듈에 비해 고전압, 저전류인 경향이 있다.

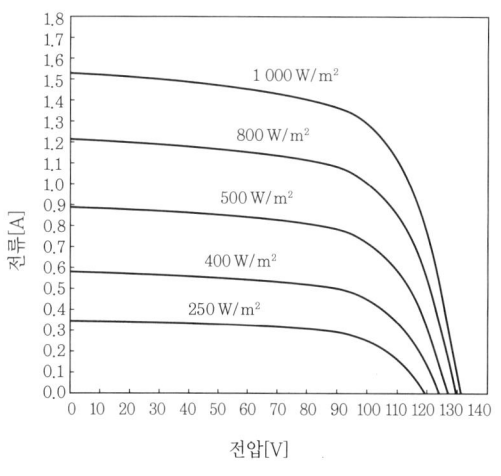

그림 2.13 태양전지 모듈의 방사조도 특성(예)

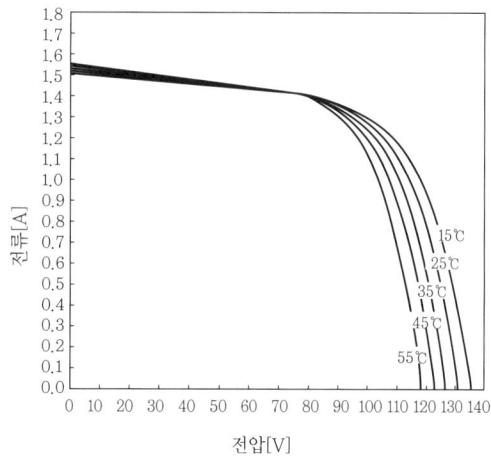

그림 2.14 태양전지 모듈의 온도 특성(예)

CIS/CIGS 태양전지

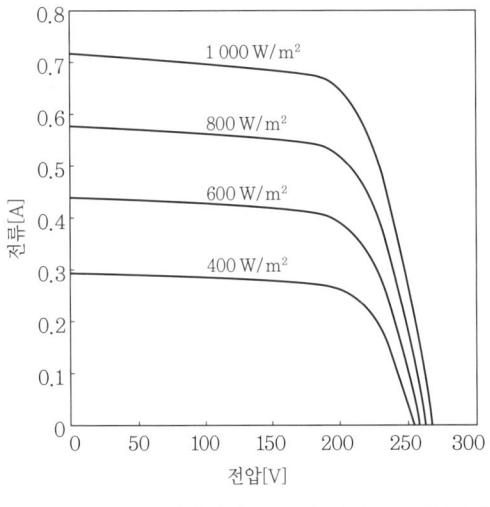

그림 2.15 태양전지 모듈의 방사조도 특성(예)

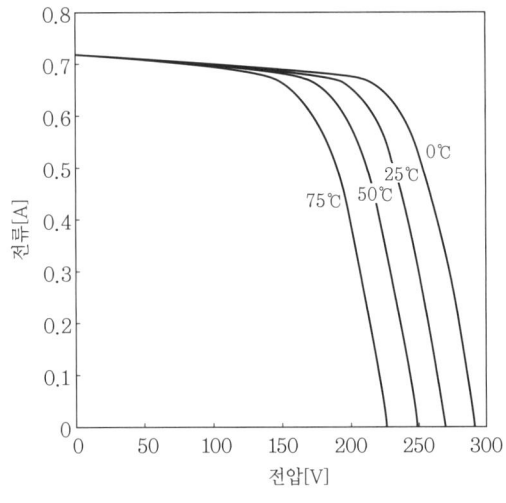

그림 2.16 태양전지 모듈의 온도 특성(예)

분광감도 특성

태양전지는 입사하는 빛의 파장에 따라 발전 특성이 바뀐다. 이 입사 단색광에 대한 단락전류를 표시한 것을 분광감도 특성이라 한다. 분광감도 특성은 태양전지 셀의 재료나 구조에 따라 변화한다. 그림 2.17에 각종 태양전지의 분광감도 특성을 나타냈다.

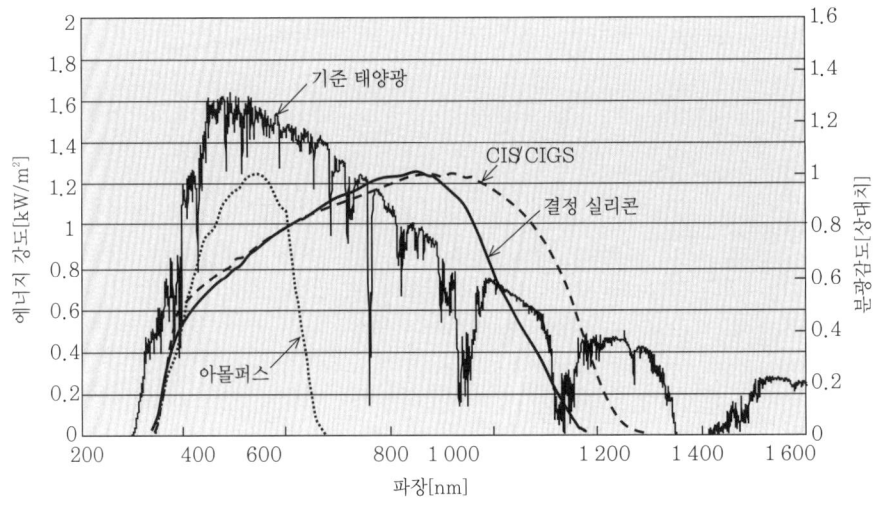

그림 2.17 태양전지의 분광감도 특성

핫스폿(hot spot)과 바이패스(by-pass) 다이오드

 높은 건물이나 나무, 태양전지 표면 유리의 티끌 등으로 태양전지 모듈 일부의 태양전지 셀에 그늘이 지거나 태양전지 셀에 결함 또는 특성 열화(劣化)가 발생한 경우, 그 태양전지 셀에는 직렬 접속되어 있는 다른 태양전지 셀의 모든 전압이 인가되어 발열한다. 이 부분을 **핫스폿**이라 한다. 이를 방지하기 위해 보통 태양전지 모듈에는 태양전지 셀의 여러 개 단위로 태양전지 셀의 전류와 반대 방향에 **바이패스 다이오드**가 병렬로 설치되어 있다. 그림 2.18에 태양전지가 그늘이 졌을 때의 바이패스 다이오드와 그늘의 관계를 나타냈다. 그늘이 진 부분은 태양전지 셀의 저항이 높아지기 때문에 바이패스 다이오드에도 전류가 흐른다.

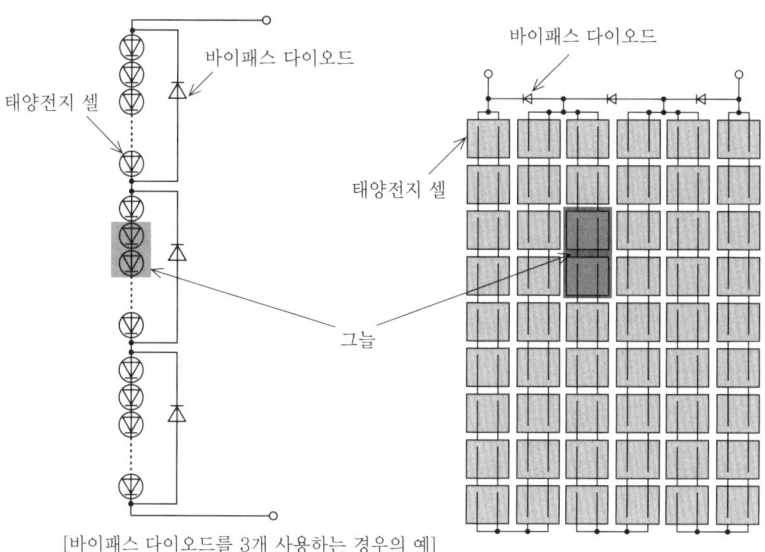

[바이패스 다이오드를 3개 사용하는 경우의 예]

그림 2.18 태양전지 모듈의 전기회로(결정계 태양전지 모듈의 예)

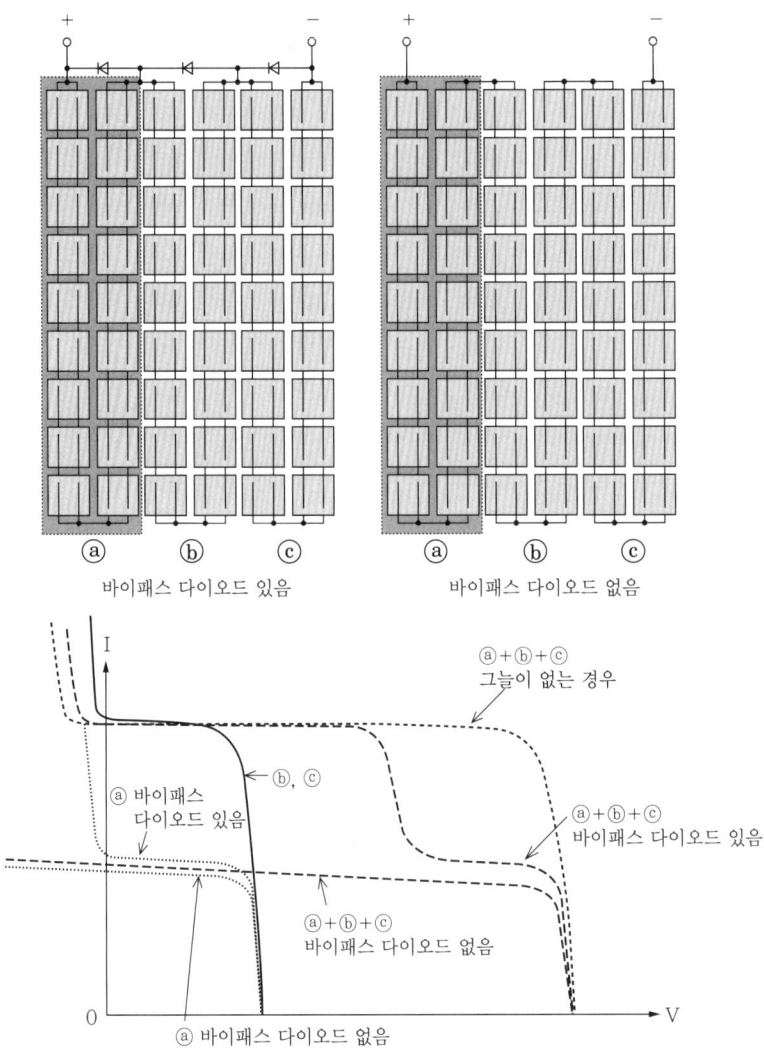

그림 2.19 태양전지 모듈의 $I-V$특성(그늘이 진 경우)

    태양전지 모듈에 그늘이 진 경우 바이패스 다이오드가 있는 경우와 없는 경우의 $I-V$특성을 그림 2.19에 나타냈다. 태양전지 모듈의 ⓐ부분이 그늘이 진 경우 바이패스 다이오드가 없으면 태양전지가 그늘이 진 부분에 전류가 제한되어 출력이 크게 저하된다.

그늘과 $I-V$특성

태양전지 모듈의 그늘

    앞에서 설명했듯이 태양전지 모듈에 부분적으로 그늘이 지면 태양전지 모듈의 출력은 저하된다. $I-V$특성이 어떻게 변화하는지를 그림 2.20에 나타냈다. 여기에서는 태양전지 모듈 1장에 3개의 바이패스 다이오드가 포함되어 있는 모듈을 예로 든다.

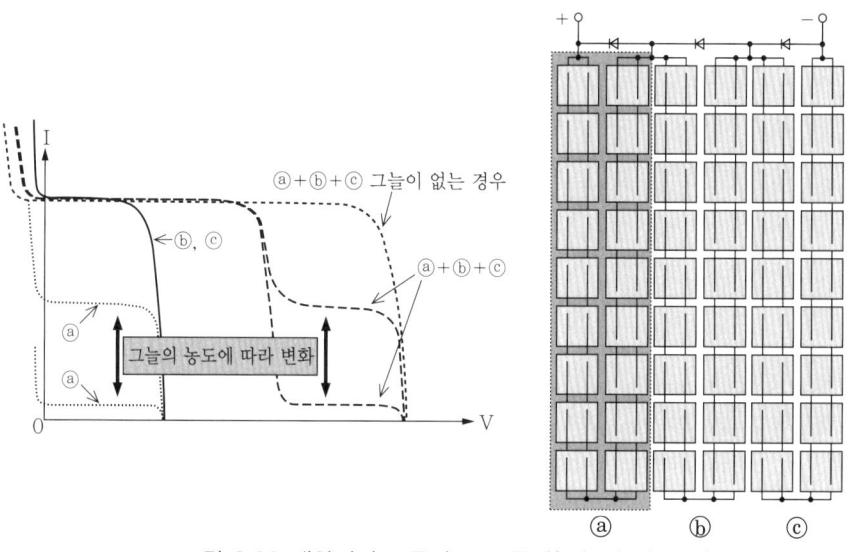

그림 2.20 태양전지 모듈의 $I-V$특성(그늘이 진 경우)

태양전지 모듈의 ⓐ부분이 그늘이 진 경우, 주로 전류치가 저하된다. ⓑ, ⓒ부분이 그늘이 없는 경우 ⓐ, ⓑ, ⓒ부분의 합성한 태양전지 모듈 $I-V$ 특성은 차이를 가진 특성이 된다. 바이패스 다이오드가 있기 때문에 이 경우에는 태양전지 그늘 면적과 거의 같은 정도의 출력이 저하된다.

● 태양전지 모듈의 그늘(박막계)

박막계 태양전지 모듈이 부분적으로 그늘이 진 경우, $I-V$특성이 어떻게 변화하는지를 그림 2.21에 나타냈다. 여기에서는 태양전지 모듈 1장에 1개의 바이패스 다이오드가 포함되어 있는 모듈을 예로 든다. 그림 2.21에 나타난 태양전지 모듈의 경우 모듈 내의 모든 태양전지 셀이 직렬로 접속되어 있다. 태양전지 셀의 일부가 그늘이 진 경우, 그늘이 진 면적만큼의 출력이 그늘 농도에 비례하여 저하된다.

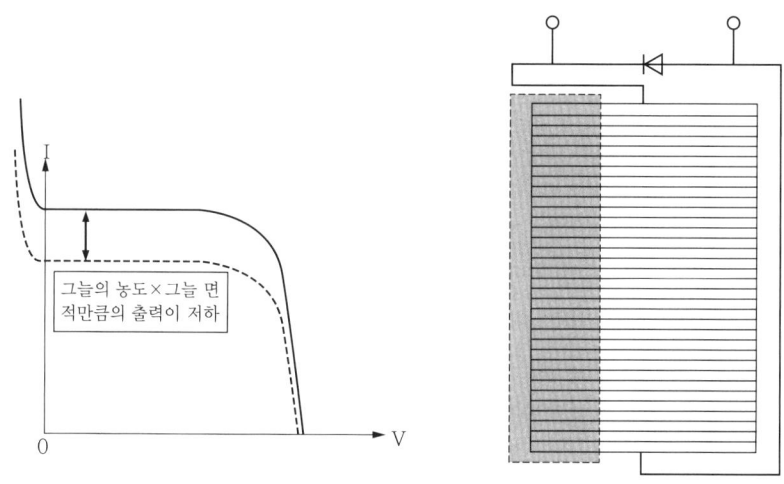

그림 2.21 박막계 태양전지 모듈의 $I-V$ 특성(그늘이 진 경우)

● 태양전지 어레이의 그늘

(a) 스트링에 따라 그늘이 진 경우

태양전지 모듈의 그늘 면적에 비례하여 $I-V$ 특성의 전류가 감소한다.

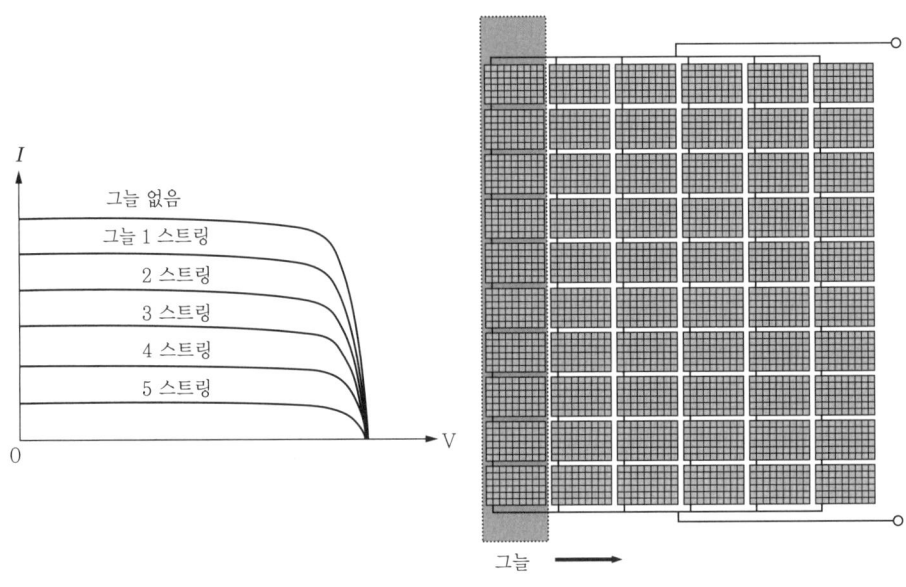

그림 2.22

(b) 모든 스트링의 일부가 그늘이 진 경우

태양전지 어레이의 전압이 감소하기 때문에 연결되는 파워컨디셔너가 동작하지 않게 된다.

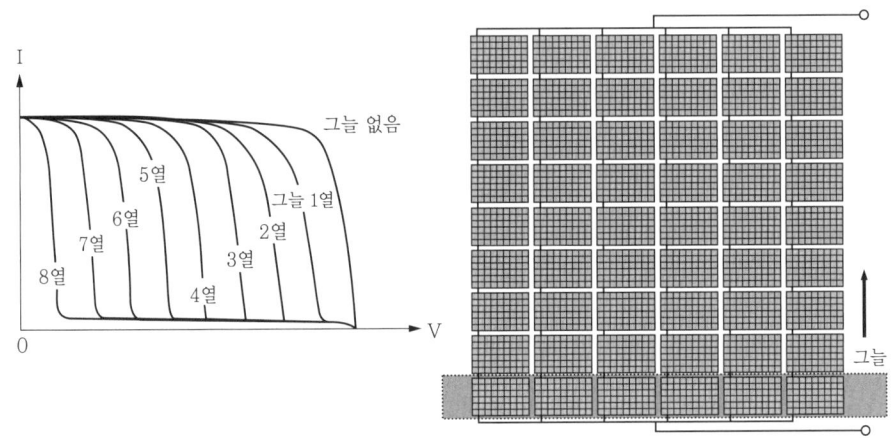

그림 2.23

광열화(光劣化), 어닐링(annealing) 효과

박막 태양전지의 광열화, 어닐링 효과

아몰퍼스 실리콘계(박막) 태양전지에는 광조사에 의해 출력이 저하하는 현상(Staebler-Wronski 효과)이 존재한다. 이 때문에 공장 출하 시에 비해 광조사량에 비례하여 일정한 비율로 출력이 저하한다. 한편 광열화는 열 어닐링에 의해 회복하는 특성이 있으며, 모듈 온도가 높은 경우 일정한 비율로 성능이 향상(회복)된다. 실외 환경에서는 이 2가지의 상반된 특성이 계절의 변화와 함께 나타나며, 일반적으로 '여름철에는 출력이 높고, 겨울철에는 출력이 낮다'는 계절적인 변동 특성을 나타낸다. 그림 2.24에 경과한 년수와 태양전지 출력의 관계를 나타냈다.

또 JIS(IEC 규격)에 입각한 일정 조건에서 초기의 광열화를 실시하는 것을 '안정화(安定化)'라 하며, 박막 태양전지 모듈의 공칭 최대출력은 이 안정화 이후의 성능을 나타내고 있다.

CIS/CIGS 광조사(光照射) 효과

CIS/CIGS 태양전지는 실외에 설치하여 실제로 태양광선을 쬐는 것으로 최대출력이 증가하는 경향이 있다. 이를 광조사 효과라 한다.

그림 2.25에 조사된 일사량과 태양전지 출력의 관계를 나타냈다.

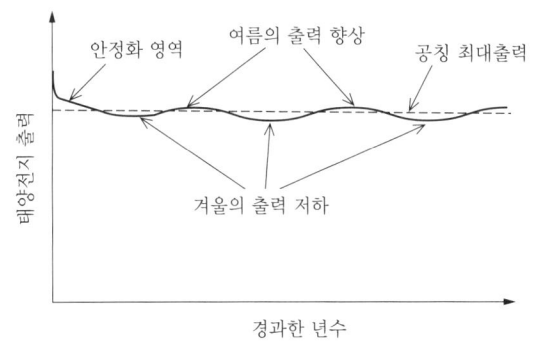

그림 2.24 박막 태양전지 출력 추이의 예

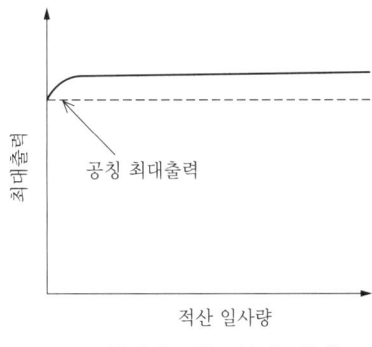

그림 2.25 광조사 효과(예)

태양전지 모듈의 전기적 특성

직병렬 접속과 $I-V$ 특성

태양광발전시스템에서 태양전지 모듈을 사용하는 경우에는 원하는 전압과 전류를 만들기 위해 태양전지 모듈을 직렬 또는 병렬로 접속한다. 그때의 $I-V$ 특성을 이하에 나타냈다.

● 직렬 접속인 경우
$I-V$ 특성 상, 전류가 같은 점에서의 전압가산이 된다(그림 2.26).

● 병렬 접속인 경우
$I-V$ 특성 상, 전압이 같은 점에서의 전류가산이 된다(그림 2.27).

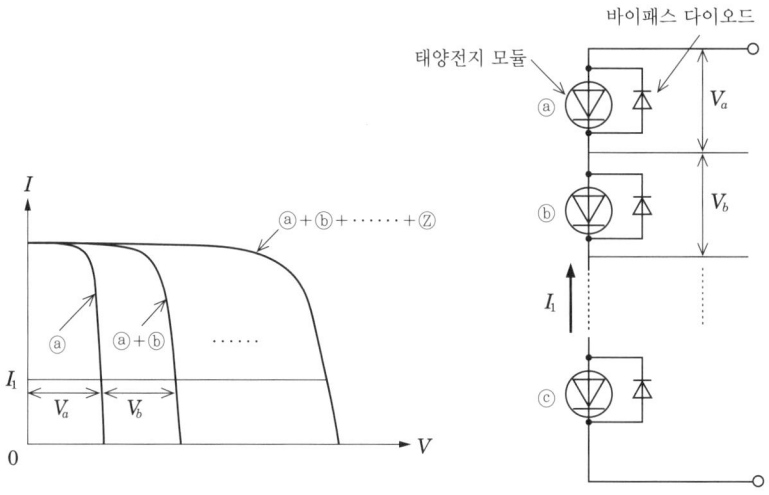

그림 2.26 태양전지의 직렬 접속

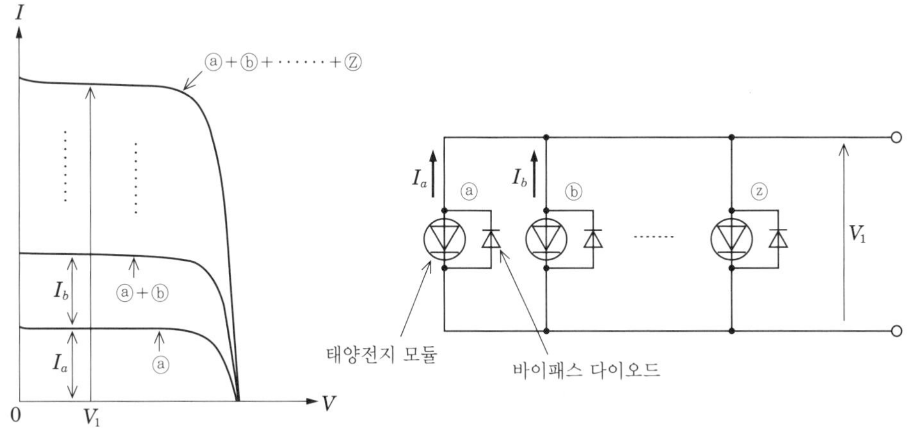

그림 2.27 태양전지의 병렬 접속

역류방지 소자

역류방지 소자는 태양전지 모듈에 다른 태양전지 회로나 축전지에서 전류가 돌아 들어가는 것을 저지하기 위해 설치하는 것으로 일반적으로 다이오드를 사용한다. 이 역류방지 소자는 접속함 내에 설치하는 것이 통례이지만 태양전지 모듈의 단자함 내에 설치하는 경우도 있다.

태양전지 모듈은 나뭇잎 등이 떨어져 앉거나 근접한 구조물 등으로 그늘지게 되면 발전량이 저하된다. 이때 태양전지 어레이나 스트링의 병렬회로를 구성하고 있다고 하면, 태양전지 어레이의 스트링 사이에 출력전압의 불균형이 생겨 출력전류의 분담이 변화한다. 이 불균형 전압이 일정한 수치

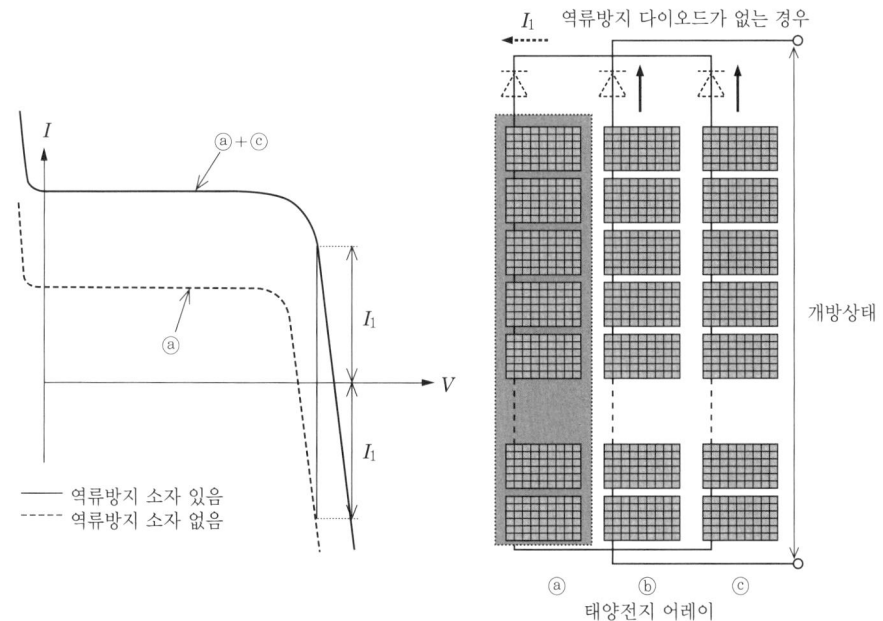

그림 2.28 역류방지 소자가 없는 경우

이상이 되면, 다른 스트링에서 전류를 공급받아 본래와는 반대인 방향으로 전류가 흐른다. 역류방지 소자가 없는 경우의 $I-V$ 특성을 그림 2.28에 나타냈다. ⓐ군에 그늘이 지면 ⓑ+ⓒ군에 비해 ⓐ군의 전압이 낮기 때문에, ⓑ+ⓒ군의 동작전압이 ⓐ에 더해져 ⓐ에 I_1의 역전류가 흐른다. 이 역전류를 방지하기 위해 각 스트링마다 역류방지 소자를 설치한다.

또 태양전지 어레이의 직류 출력 회로에 축전지가 설치되어 있는 경우, 야간 등 태양전지가 발전하지 않는 시간대에 태양전지는 축전지에게 있어서 부하가 된다. 이 축전지의 방전은 태양 광선이 회복하거나 축전지의 용량이 없어질 때까지 계속되어, 축적한 전력이 쓸데없이 소비된다. 이를 방지하는 것도 역류방지 소자의 역할이다.

역류방지 소자는 설치할 회로에 최대전류를 흐르게 할 수 있어야 하며 동시에 사용회로의 최대 역전압에 충분히 견딜 수 있어야 한다. 또 설치하는 장소에 따라 소자의 온도가 높아질 것이 예상되는 경우에는 바이패스용 다이오드의 선정과 마찬가지로 카탈로그 등으로 확인한 뒤에 선정해야 한다.

Section 4
태양전지 모듈의 강도

● 태양전지 모듈의 강도

 태양전지 모듈은 실외에서 장기간 비바람에 노출되어 있으므로, 그 강도에 대한 신뢰성이 중요하다. 이 때문에 태양전지 모듈의 사양에는 내풍압 등을 기재하도록 되어 있다. 시험방법은 JIS로 정해져 있으며「결정계 태양전지 모듈의 환경 시험방법 및 내구성 시험방법」(JIS C 8917),「아몰퍼스 태양전지 모듈의 환경 시험방법 및 내구성 시험방법」(JIS C 8938)으로 규정되어 있다[*1].

 바람으로 인한 하중을 견디기 위해 내풍압 시험은 송풍기와 압력함을 이용한 장치로 시행하지만, 간이적으로 건조모래를 태양전지 모듈 위에 올리는 시험으로도 괜찮다. 우박으로 인한 충격에 견디기 위한 우박시험은 아이스 볼을 이용해서 시험을 시행하지만, 간이적으로 강구(鋼球 단단한 쇠)를 1m의 높이에서 떨어뜨려 강도를 확인하는 방법도 허가되어 있다.

 태양전지 모듈 설치 시의 기계적 강도에 견디기 위한 내구성 시험은 비틀림 시험으로 태양전지 모듈을 강체 틀에 고정하여 한쪽 끝을 일정량 변화시켜 문제가 없는 것을 확인하고 있다.

 또 태양전지 모듈 인증을 취득하기 위한 규격으로서,「태양전지 모듈의 안전성 적합 인증 – 제2부 : 시험에 관한 요구)」(JIS C 8992-2)에서는 파괴 시의 파괴 방식 등을 규정하는 것으로 태양전지 모듈의 안전성을 확보하고 있다.

[*1]「결정계 태양전지 모듈의 환경 시험방법 및 내구성 시험방법」(JIS C 8917), 아몰퍼스 태양전지 모듈의 환경 시험방법 및 내구성 시험방법」(JIS C 8938)의 시험내용은 각각「지상에 설치하는 결정 실리콘 태양전지(PV) 모듈 설계의 적격성 확인 및 형식 인증을 위한 요구사항」(JIS C 8990),「지상에 설치하는 박막 태양전지(PV) 모듈 설계 적격성 확인 및 형식 인증을 위한 요구사항」(JIS C 8991)으로 이행될 예정이다.

Section 5

태양전지 모듈의 규격과 인증

● 태양전지 모듈의 규격과 인증

● 태양전지 모듈의 규격

일본에서의 태양전지 모듈에 관한 규격은 일본공업규격(Japanese Industrial Standard)으로 제정되어 있으며, 주로 사단법인 일본전기공업회(JEMA)에서 심의하고 작성하고 있다.

JIS에는 태양전지 셀·모듈, 어레이, 시스템, BOS(Balance of System)[*2] 등의 규격이 있으므로 관계되는 규격은 확인해두는 것이 좋다.

표 2.2 각국의 주요 인증기관

국가	인증기관(NCB)	마크
일본	JET (Japan electrical safety&environment technology laboratories)	
미국	Underwriters laboratories inc.	
독일	TÜV Rheinland	
독일	VDE	

[*2] 태양광발전시스템의 구성기기 중, 태양전지 모듈을 제외한 가대, 개폐기, 축전지, 파워컨디셔너, 계측기 등의 주변기기 총칭

● 태양전지 모듈의 인증제도

일본에서의 태양전지 모듈의 인증제도는 2005년 4월에 개시되었다.

당초에는 사단법인 전기안전환경연구소(JET)만 이 인증기관으로 인정되었지만, 최근에는 UL JAPAN, TÜV Rheinland(주), VDE GLOBAL SERVICES JAPAN 등이 일본에서 시험하고 인증하고 있다.

Section 6
태양전지 모듈의 설치분류

● 시공·설치에 관한 분류의 정의

건축물에 설치하는 태양전지는 설치부위, 설치방식, 부가기능 등의 차이에 따라 분류된다. 이하에 설치분류와 각각의 설치방식의 특색, 설치 이미지도, 시공사진을 소개한다.

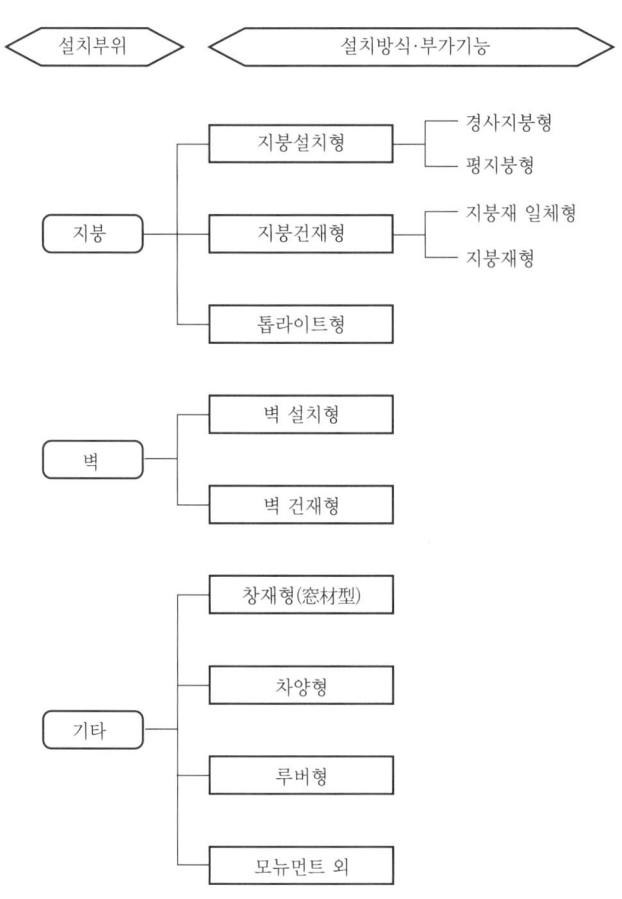

설치부위	지붕
설치방식	지붕설치형 - 경사지붕형

특색

① 지붕재(기와, 착색 슬레이트, 금속 지붕 등)에 전용 지지기구와 가대를 설치하고 그 위에 태양전지를 설치하는 타입
② 주로 주택용 설치공법으로 각 모듈 회사의 표준사양으로 되어 있다.

설치 이미지도

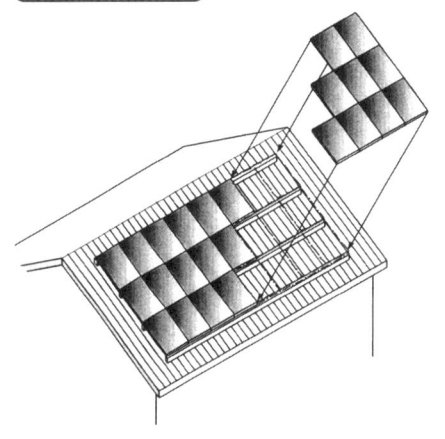

시공사진

설치부위	지붕
설치방식	지붕설치형 - 평지붕형

특색

① 아스팔트 방수, 시트 방수 등의 방수층 위에 철골 가대를 연결하고 태양전지를 설치하는 타입
② 설치공법으로 각 모듈 회사의 표준사양으로 되어 있다.
③ 주로 청사나 학교 건물 옥상에 설치된 사례가 많다.

설치 이미지도

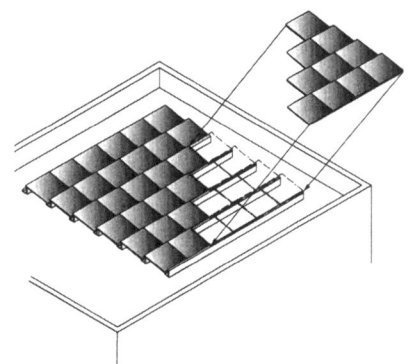

시공사진

설치부위	지붕
설치방식	지붕건재형 - 지붕재 일체형

특색

① 지붕재(금속 지붕, 평판기와 등)에 태양전지를 포함한 타입
② 주변 지붕재와 같은 형상을 하고 있으므로 지붕에 일체감이 있으며 건축 디자인의 아름다움이 살아있다.
③ 지붕의 여러 기능(방수성, 내구성 등)을 겸비하고 있는 건재이다.

설치 이미지도

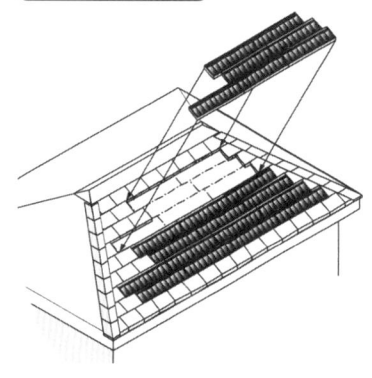

시공사진

설치부위	지붕
설치방식	지붕건재형 - 지붕재형

특색

① 태양전지 모듈 자체가 지붕재로서의 기능을 가지고 있는 타입
② 주변 지붕재(기와, 슬레이트 등)와의 배합이 가능
③ 주로 신축 주택용에서 설치되어 있는 사례가 많다.

설치 이미지도

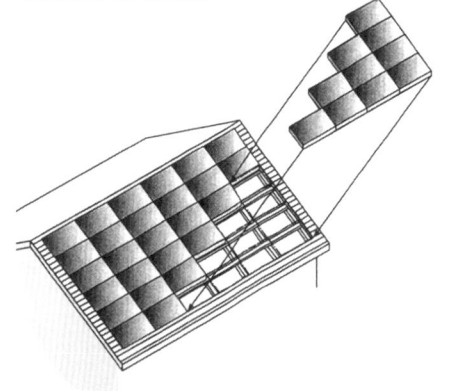

시공사진

설치부위	지붕
설치방식	톱라이트형

특색

① 톱라이트의 유리 부분에 강화유리 태양전지를 포함한 타입
② 톱라이트로서의 채광과 동시에 셀에 의한 차폐효과도 있다.
③ 셀의 배치에 따라 개구율(開口率)을 바꿀 수 있다.

설치 이미지도

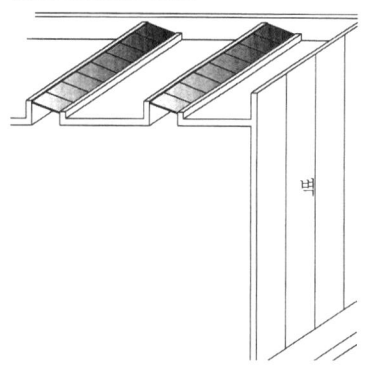

시공사진

설치부위	벽
설치방식	벽 설치형

특색

① 벽에 가대(지지금속물) 등을 설치하고, 그 위에 태양전지 모듈을 설치하는 타입
② 중고층 건물의 벽면 등에 효과적으로 이용이 가능하다.

설치 이미지도

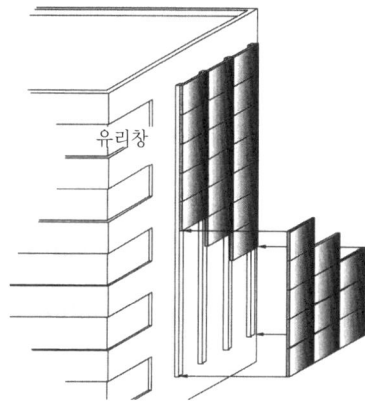

시공사진

설치부위	벽
설치방식	벽 건재형

특색

① 태양전지가 벽재로서 기능하는 타입

② 셀의 배치에 따라 개구율을 바꾸는 것이 가능하다.

③ 알루미늄 새시 등, 지지공법을 여러 가지 선택할 수 있다.

④ 주로 커튼 월(curtain wall) 등에 포함되어 있다.

설치 이미지도

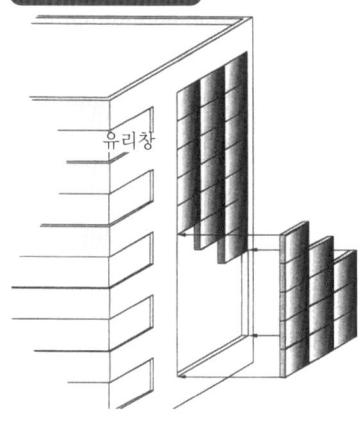

시공사진

설치부위	기타
설치방식	창재형

특색

① 유리창의 기능(채광성, 투시성)을 가진 타입

② 셀의 배치에 따라 개구율을 바꿀 수 있다.

설치 이미지도

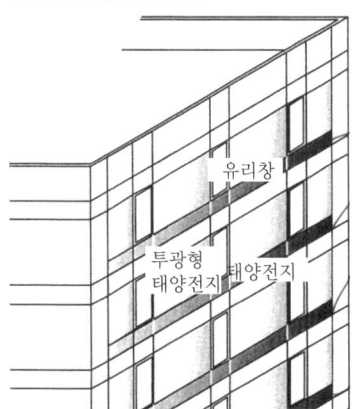

시공사진

설치부위	기타
설치방식	차양형, 루버형, 난간형, 모뉴먼트 외

시공사진

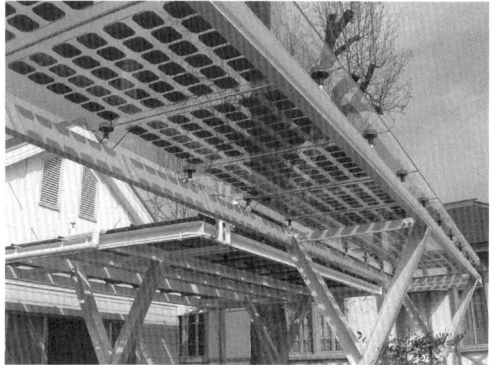

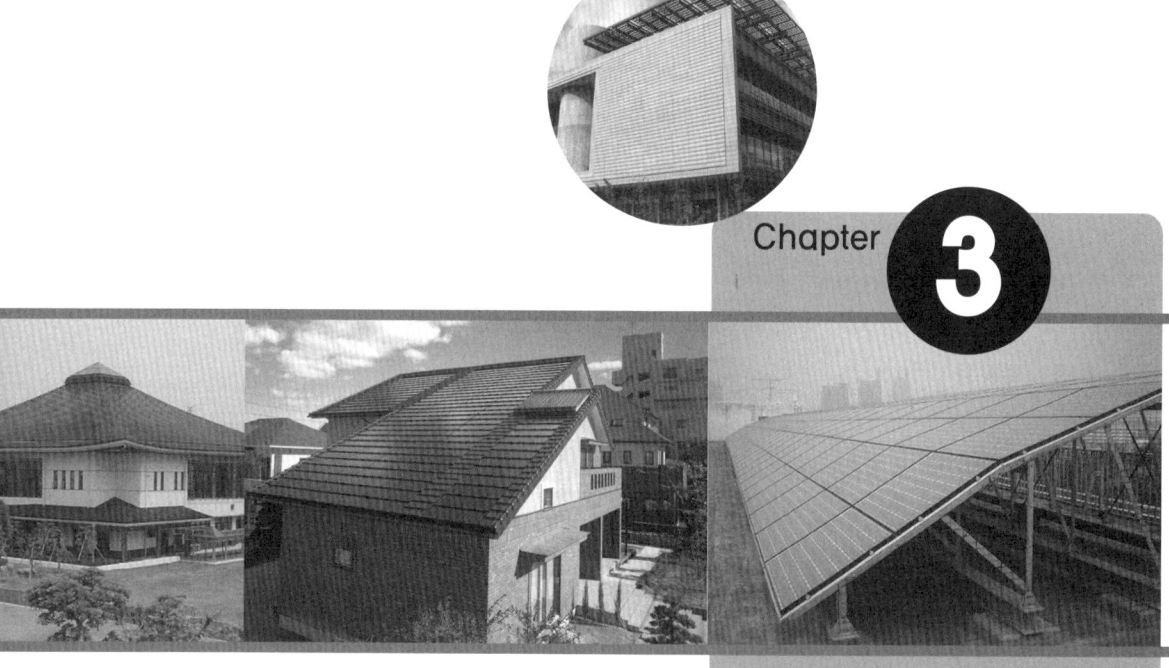

Chapter **3**

파워컨디셔너
(Power Conditioner)

파워컨디셔너는 태양전지의 직류 출력을 교류로 변환하여 전력을 공급하는 인버터부와 계통 측 이상 등이 생겼을 때에 장치를 안전하게 정지시키는 계통연계 보호장치부로 구성되어 있다.
계통연계용 파워컨디셔너를 중심으로 그 회로방식이나 동작원리, 최대전력 추종제어나 단독운전 방지회로 등의 각종 기능에 대해 설명한다. 또 재해 시 대응하는 자립운전 시스템, 계통연계 보호장치에 대한 개요를 설명한다.

Section 1
파워컨디셔너의 개요

여기에서는 파워컨디셔너의 개요를 설명한 후, 파워컨디셔너의 주된 기능인 인버터의 동작원리에 대해 설명한다.

● 파워컨디셔너의 기능

파워컨디셔너는 태양전지에서 출력된 직류전력을 교류전력으로 변환하고, 교류계통에 접속된 부하설비에 전력을 공급함과 동시에 잉여전력을 전력계통으로 역조류하는 장치이다. 또 제어기능도 갖추고 있다. 이 제어기능은 태양전지의 발전력을 최대한 확보할 수 있도록 해 준다. 동시에 파워컨디셔너는 전력계통과 접속하여 운전하기 때문에 「전력품질확보에 관련된 계통연계 기술요건 가이드라인」 및 「전기설비기술기준 해석」의 기준을 만족시키는 기능을 가지고 있다.

전력계통은 단상 2선, 단상 3선, 3상 3선(△ 및 Y 결선)식 등이 있으며, 파워컨디셔너도 전력계통에 맞추어 단상용, 3상용이 시판되고 있다.

● 파워컨디셔너의 회로방식

파워컨디셔너의 회로방식은 아래와 같이 크게 3종류로 나뉘며 모두 실용화되어 있다(그림 3.1 참조).
① 상용주파 변압기 절연방식
② 고주파 변압기 절연방식
③ 트랜스리스식

상용주파 변압기 절연방식은 인버터 회로에서 상용주파수 교류를 만들고, 상용주파수의 변압기를 이용하여 절연과 전압변환을 한다. 내뢰성이나 소음에 강하지만 상용주파 변압기를 이용하기 때문에 중량이 무겁다. 고주파 변압기 절연방식은 소형이고 가볍지만 회로가 복잡해진다. 트랜스리스식은 소형이고, 가볍고, 신뢰성도 높지만 전력계통과는 절연되어 있지 않아 직류지락 검출기능 등의 보호장치가 필요하다.

상용주파 변압기 절연방식 이외는, 교류계통에 직류분이 유출될 우려가 있기 때문에 직류분 검출기능을 설치하여 전력계통에 악영향을 끼치지 않도록 하고 있다.

	회로도	설명
1. 상용주파 변압기 절연방식	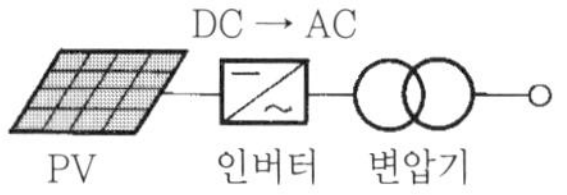 PV — 인버터(DC→AC) — 변압기	태양전지의 직류출력을 상용주파 교류로 변환한 후 변압기로 절연한다.
2. 고주파 변압기 절연방식	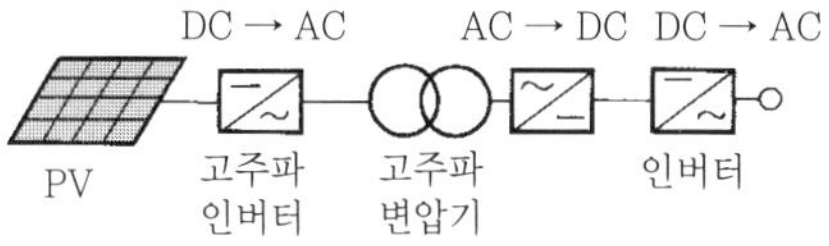 PV — 고주파 인버터(DC→AC) — 고주파 변압기(AC→DC) — 인버터(DC→AC)	태양전지의 직류출력을 고주파 교류로 변환한 후, 소형 고주파 변압기로 절연한다. 그 후 일단 직류로 변환하고 다시 상용주파 교류로 변환한다.
3. 트랜스리스식	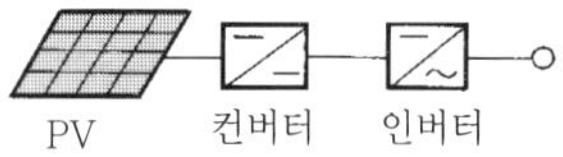 PV — 컨버터 — 인버터	태양전지의 직류출력을 DC-DC 컨버터로 승압하고, 인버터로 상용주파 교류로 변환한다.

그림 3.1 파워컨디셔너의 회로방식

● 트랜스리스식의 회로구성

비용, 사이즈, 중량 및 효율면에서 우월하며 주류인 트랜스리스식의 회로 예를 그림 3.2에 나타냈다. 이 방식에서는 태양전지의 직류전압을 트랜스리스 인버터가 필요로 하는 전압까지 승압하는 컨버터와 직류전력을 교류전력으로 변환하는 인버터 및 계통연계 보호릴레이 기능을 가진 제어회로로 구성된다. 또한 계통과 연계하기 위한 기계적 개폐기를 설치하여 비상 시에는 계통에서 인버터를 전기적으로 분리할 수 있는 방식으로 되어 있다.

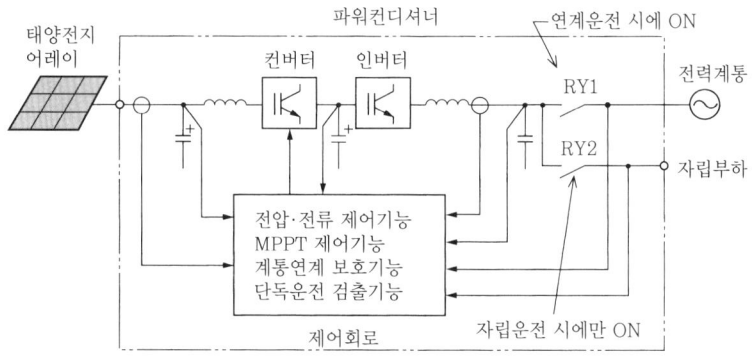

그림 3.2 트랜스리스식 파워컨디셔너의 회로구성

인버터의 원리

인버터는 IGBT나 파워 MOSFET 등의 반도체 스위칭 소자를 여러 개 조합하여 회로를 구성하고, 그 스위칭 소자를 정해진 순서대로 ON, OFF를 반복하여 직류전력을 교류로 변환한다. 그림 3.3은 단상 2선식 또는 단상 3선식에 이용되는 회로구성의 예다. 그림에서 ①구간에서는 Q_1과 Q_4가 ON, Q_2, Q_3이 OFF되어 있으며, 이때의 교류출력은 +전압이 공급된다. 또 ③구간에서는 Q_1과 Q_4가 OFF, Q_2와 Q_3이 ON되어 있고, ①구간과는 반대로 교류출력에 −전압이 공급된다. 또 ②나 ④구간에서는 0V전압으로 할 수도 있다. 이와 같은 단순한 동작으로도 직류전압에서 교류로 변환할 수 있지만, 출력 파형은 단형파가 되어 고조파가 많이 포함되기 때문에 실용적이지는 않다.

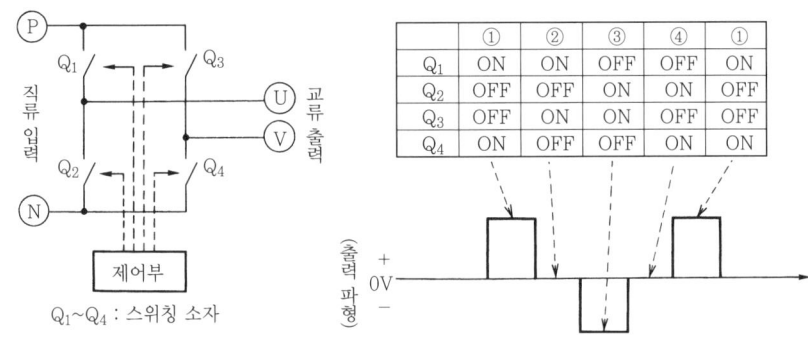

그림 3.3 인버터의 원리

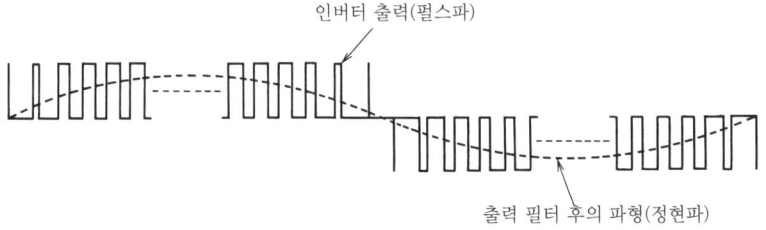

그림 3.4 인버터의 출력 파형

이 때문에 고주파 PWM(Pules Width Modulation) 기술을 사용하여, 교류 파형의 양 끝에 가까운 전압이 낮은 부분에서는 펄스 폭을 좁게 한다. 중앙의 전압이 높은 부분에서는 펄스 폭을 넓게 하도록 반사이클 사이에 몇 번이나 같은 방향으로 ON, OFF 동작을 시행하여 그림 3.4와 같은 펄스의 예(유사 정현파)를 만든다. 이를 간단한 필터로 파선과 같은 부드러운 교류로 만든다.

Section 2

파워컨디셔너의 기본 동작

여기에서는 전력계통에 연계하는 파워컨디셔너가 태양전지에 의해 발전된 전력을, 어떤 식으로 계통 측에 송출하는지 설명한다. 전력계통에 연계한 파워컨디셔너는 낮은 수위의 물을 끌어올리는 펌프와 같은 동작을 하고, 태양전지로 발전된 전력을 상류의 계통으로 넣도록 동작한다. 실제로는 전력계통전원 측과 동기(同期)하여, 전력계통 측 전압과 필터를 통과하기 전 파워컨디셔너 출력전압의 위상차를 조정해서 전력의 양과 흐르는 방향을 조정하고 있다. 파워컨디셔너 측의 전압위상을 전력계통 측에서 진행하면, 전력계통 측으로 전력을 보낼 수 있다. 반대로 전력계통 측보다 지연시키면, 직류 측에 축전지가 있는 경우에는 전력계통 측에서 축전지를 충전하도록 파워컨디셔너 측으로 전력을 보낼 수 있다.

이 동작은 발전기의 병렬운전과 비슷하며 2개의 발전기 A, B가 병렬운전하고 있는 경우에, 발전기 A축 입력을 증대하여 발전기 A의 전압위상을 진행하는 것으로, 발전기 A의 부하분담이 많아지게 할 수 있는 것과 같은 원리이다.

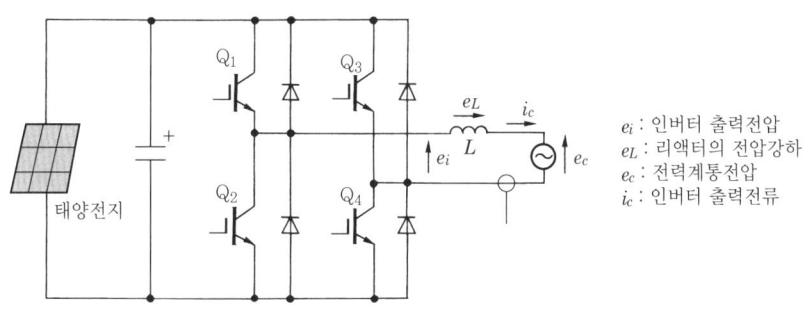

그림 3.5 전류제어전압형 인버터의 기본회로

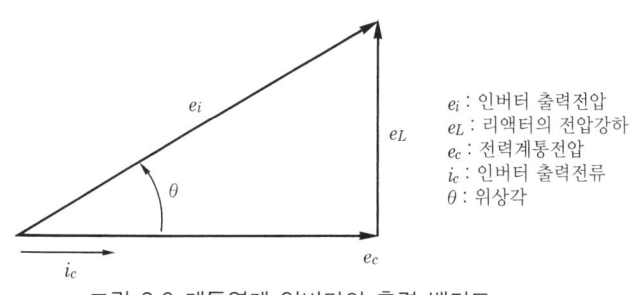

그림 3.6 계통연계 인버터의 출력 벡터도

여기에서 파워컨디셔너의 주된 기능인 인버터의 출력전력 조정방법에 대해서 그림 3.5의 전류제어전압형 인버터를 예로 들어 자세히 설명한다. 인버터는 전력계통전압을 항상 감시하고 있고 출력을 증가시키고 싶은 경우에는 종전보다도 게이트 점호시간을 앞당겨, 그 결과로 인버터 출력전압의 위상을 전력계통전압보다 전진위상이 되도록 동작한다. 구체적으로는 오차신호의 위상을 전진하여, 그림 3.6과 같이 전력계통전압과 인버터 출력전압의 위상각 θ를 크게 만드는 것으로 출력전력을 증대시킨다.

그림 3.6에 나타낸 벡터도는 인버터의 출력전압 및 출력전류와 전력계통전압과의 관계를 나타내고 있다. 리액터 L은 연계 리액터라 불리는 것으로 PWM 파형 출력의 평활 리액터의 기능도 겸비하고 있다. 이 벡터도로도 알 수 있듯이, 인버터의 출력전류 i_c는 계통전압 e_c와 항상 동상(同相)이 되도록 제어되어, 리액터의 전압강하 e_L은 출력전류 i_c에 대해 항상 90° 위상이 앞서도록 동작한다. 이 그림을 참조하여 우선 인버터의 출력전력 P를 구한다.

$$P = e_c \cdot i_c \tag{3.1}$$

또, 리액터 L의 임피던스를 ωL로 만들면

$$i_c = \frac{e_L}{\omega L} \tag{3.2}$$

이 되고, 그림 3.6의 벡터도로 인해

$$e_L = e_i \cdot \sin \theta \tag{3.3}$$

이므로, 식 (3.1)에 식 (3.2), (3.3)을 대입하면

$$P = \frac{e_c \cdot e_i \cdot \sin \theta}{\omega L} \tag{3.4}$$

가 된다. 이렇게 e_c와 e_i와의 위상각 θ를 제어하면 출력전력을 제어할 수 있다는 걸 알 수 있다.

또 최대전력 추종제어에 있어서도 여기에서 설명한 것과 마찬가지로 최대전력점을 감시하면서 위상각 θ를 변화시켜, 항상 태양전지출력이 최대가 되도록 자동제어를 하고 있다.

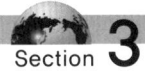

파워컨디셔너의 기능

파워컨디셔너는 직류를 교류로 변환하는 것만 아니라 다음과 같이 태양전지의 성능을 최대한으로 이끌어내기 위한 기능, 이상 시나 고장 시를 위한 보호기능 등도 갖추고 있다.
① 기후에 따라 변동하는 태양전지의 출력을 최대한 효과적으로 유도하기 위한 자동운전 정지기능, 최대전력 추종제어기능
② 전력계통 보호를 위한 단독운전 방지기능, 자동전압 조정기능
③ 전력계통이나 파워컨디셔너에 이상이 생겼을 때 안전하게 해열하거나 인버터를 정지하는 기능이다. 여기에서는 주요한 기능에 대해 설명한다.

● 자동운전 정지기능

파워컨디셔너는 새벽, 일출과 함께 일사강도가 증대하여 출력을 유도할 수 있는 조건이 되면 자동적으로 운전을 개시한다. 일단 운전을 시작하면 태양전지의 출력을 스스로 감시하고 자동적으로 운전한다. 일몰 시에는 출력의 유도가 가능한 동안은 운전을 계속하고 일몰 시에 운전을 정지한다. 흐린 날이나 비가 내리는 날에도 운전을 계속할 수 있지만, 태양전지 출력이 작아지고 파워컨디셔너 출력이 거의 0이 되면 대기상태가 된다.

● 최대전력 추종제어

태양전지의 출력은 일사강도나 태양전지 표면온도에 따라 이동한다. 이들 변동에 대해 태양전지의 동작점이 항상 최대출력점을 추종하도록 변화시켜, 태양전지에서 최대출력을 유도하는 제어를 최대전력 추종(MPPT : Maximum Power Point Tracking)제어라 한다.

MPPT 제어는 파워컨디셔너의 직류동작전압을 일정시간 간격으로 약간씩 변동시켜, 그 때의 태양전지 출력전력을 계측하여 지난번과 비교하고, 항상 전력이 커지는 방향으로 파워컨디셔너의 직류전압을 변화시키는 것으로 태양전지에서 최대출력을 유도한다. MPPT 제어의 하나의 예를 그림 3.7에 나타냈다.

예를 들면, A점에서 작동하고 있을 때 동작전압을 V_1에서 V_2로 변화시키면 동작점은 B점이 되고, 출력전력은 P_1에서 P_2로 변화하여 출력전력이 커진다. 다음에 다시 V_2에서 V_1으로 돌아가면 동작점은 A점으로 돌아가 출력전력은 P_1으로 돌아간다.

이 변화에 따라 출력전력은 V_1보다 V_2 쪽이 커지는 것을 알 수 있으므로 동작전압은 V_2로 변화시킨다. 또 D점에서 동작하고 있는 경우에는 같은 동작으로 동작전압이 V_4보다 V_3일 때가 출력전력이 크기 때문에 동작전압을 V_3로 변화시킨다. 이 같은 동작을 연속하여 시행하면 동작점을 태양전지의 최대 전력점에 유지시킬 수 있다.

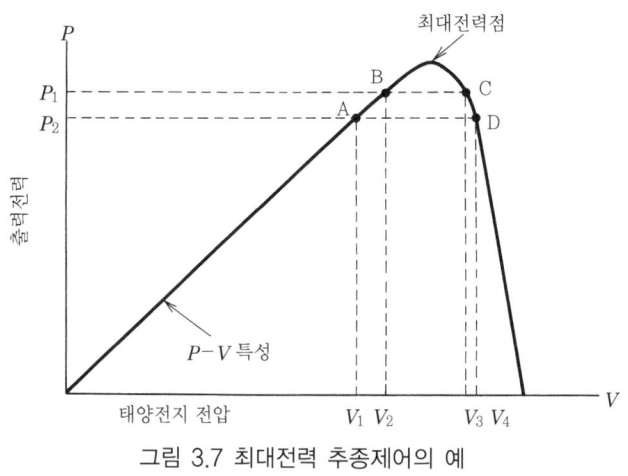

그림 3.7 최대전력 추종제어의 예

단독운전 방지기능

태양광발전시스템이 전력계통에 연계되어 있는 상태로 전력계통 측에 정전이 된 경우, 부하전력이 파워컨디셔너의 출력전력과 동일한 경우에는, 파워컨디셔너의 출력전압·주파수가 변화하지 않고, 전압·주파수 계전기에서는 정전을 검출할 수 없다. 그 때문에 계속해서 태양광발전시스템에서 계통으로 전력이 공급될 가능성이 있다. 이 같은 운전상태를 단독운전이라 한다.

단독운전이 발생하면 전력회사의 배전망에서 전기적으로 끊겨 있는 배전선에 태양광발전시스템에서 전력이 공급되어 보수점검자에게 위해를 끼칠 우려가 있다. 이 때문에 태양광발전시스템의 운전을 정지할 필요가 있지만, 단독운전상태에서는 앞서 설명한 것과 같이 전압계전기(OVR, UVR), 주파수계전기(OFR, UFR)로는 보호할 수 없다. 그 대책으로 단독운전 방지기능을 설치하여 안전하게 정지할 수 있도록 되어 있다.

파워컨디셔너에는 수동적 방식과 능동적 방식의 단독운전 방지기능이 내장되어 있다. 수동적 방식이란 연계운전에서 단독운전으로 이행했을 때의 전압파형이나 위상 등의 변화를 파악하여 단독운전을 검출하려고 하는 것이며, 능동적 방식이란 항상 인버터에 변동요인을 주어 연계운전 시에는 그 변동요인이 출력에 나타나지 않고 단독운전 시에는 나타나게 하여 이상을 검출하는 것이다. 표 3.1에 각 방식의 개요를 나타냈다.

수동적 방식으로 가장 많이 사용되고 있는 전압위상도약 검출 방식 및 기능적 방식을 하나의 예로 무효전력 변동방식에 대해 설명한다.

● 수동적 방식 - 전압위상도약 검출 방식

전력계통에 연계하는 파워컨디셔너는 항상 역률 1로 운전되어, 전압과 전류는 거의 동상이고 유효전력만 공급하고 있다. 단독운전상태가 되면 그 순간부터 무효전력도 포함해서 공급해야 하기 때문에 전압위상이 급변한다.

표 3.1 단독운전 방지기능의 개요

(1) 수동적 방식(검출시한 0.5초 이내, 보유시한 5~10초)

종별	개요
1. 전압위상도약 검출 방식	단독운전 이행 시의 파워컨디셔너 출력이 역률 1 운전에서 부하의 역률로 변화하는 순간의 전압위상의 도약을 검출한다. 단독운전 이행 시에 위상변화가 발생하지 않을 때는 검출할 수 없다. 오동작이 적으며 실용적이다.
2. 제3차 고조파 전압 급증 검출방식	단독운전 이행 시 변압기의 여자전류 공급에 따른 전압 변형의 급증을 검출한다. 부하가 되는 변압기와의 조합때문에 오동작 확률이 비교적 높다.
3. 주파수 변화율 검출방식	주로 단독운전 이행 시에 발전전력과 부하의 불평형에 의한 주파수의 급변을 검출한다.

(2) 능동적 방식(검출시한 0.5~1초)

종별	개요
1. 주파수 시프트방식	파워컨디셔너의 내부 발진기에 주파수 바이패스를 주어 단독운전 시에 나타나는 주파수 변동을 검출한다.
2. 유효전력 변동방식	파워컨디셔너 출력에 주기적인 유효전력변동을 주어 단독운전 시에 나타나는 전압, 전류 또는 주파수 변동을 검출한다. 항상 출력이 변동할 가능성이 있다.
3. 무효전력 변동방식	파워컨디셔너 출력에 주기적인 무효전력변동을 주어 단독운전 시에 나타나는 주파수 변동 등을 검출한다.
4. 부하변동방식	파워컨디셔너 출력과 병렬로 임피던스를 순시적 또는 주기적으로 삽입하여 전압 또는 전류의 급변을 검출한다.

이때 전압위상의 급변을 검출하는 것이 전압위상도약 검출방식이다. 본 방식에서는 계통에 접속되어 있는 변압기의 돌입전류 등으로 오동작하지 않도록 주의해야 한다.

● 능동적 방식 - 무효전력변동방식

파워컨디셔너의 출력전압 주기를 일정기간마다 변동시키면 보통 때는 전력계통 측의 백파워(back power)가 크기 때문에 출력주파수는 변화하지 않고 무효전력의 변화로 나타난다. 단독운전에서는 일정하게 주파수 변화로 나타나기 때문에, 이 주파수의 변화를 재빨리 검출하여 단독운전 판정을 한다. 오동작을 방지하기 위해 주기를 변동시켰을 때만 출력 변동을 검출하는 방법인 것이다.

자동전압 조정기능

태양광발전시스템을 계통에 접속하여 역조류 운전을 한 경우, 전력 역송을 위해 수전점의 전압이 상승하고 전력회사의 운용범위를 넘을 가능성이 있다.

이를 피하기 위해, 자동전압 조정기능을 설치하여 전압이 상승하는 것을 방지하고 있다. 자동전압 조정기능에는 다음의 2가지 방법이 있다. 단, 용량이 적은 것은 전압이 상승할 가능성이 극히 적으므로 이 기능을 생략할 수 있다.

진상무효전력제어

전력계통에 연계하는 파워컨디셔너는 전력계통전압과 출력전류의 위상을 동상으로 하고 보통 때는 역률 1로 운전하고 있다. 연계점의 전압이 상승하여 진상무효전력제어에서 설정한 전압 이상이 되면, 역률 1의 제어를 해소하고 인버터의 전류위상을 계통전압보다 앞으로 진행시킨다. 그에 따라 전력계통 측에서 유입하는 전류가 지연전류가 되고, 연계점의 전압을 내리는 방향으로 작용한다. 나아간 전류의 제어는 역률 0.8까지 실시되고, 이에 따른 전압상승의 억제효과는 최대 2~3% 정도이다.

출력제어

진상무효전력제어에 따른 전압억제가 한계에 달하고, 그래도 전력계통전압이 상승하는 경우에는 태양광발전시스템의 출력을 제한하여 연계점의 전압 상승을 방지하도록 동작한다. 특히 배전선의 전압이 높은 경우에는 출력제어가 동작하고 발전량이 저하되기 때문에 주의해야 한다.

직류검출기능

파워컨디셔너는 반도체 스위치를 고주파에서 스위칭 제어하고 있기 때문에, 소자의 불규칙함 등에 따라 그 출력에는 조금씩 직류분이 중첩한다. 상용주파수 절연변압기를 내장하고 있는 파워컨디셔너에서는, 직류분이 절연변압기에 의해 저지되기 때문에 전력계통 측으로 유출하는 경우는 없지만, 고주파 변압기 절연방식이나 트랜스리스식에서는 파워컨디셔너 출력이 직접 계통으로 접속되기 때문에 직류분이 존재하면 주상변압기의 자기포화 등 전력계통 측에 악영향을 준다.

이를 피하기 위해 고주파 변압기 절연방식이나 트랜스리스식의 파워컨디셔너에서는 출력전류에 중첩하는 직류분이 정격교류출력전류의 1% 이하로 필히 유지시키고 있으며, 직류분을 억제하는 직류제어기능과 함께, 만일 이 기능에 장해가 생긴 경우, 파워컨디셔너를 정지시키는 보호기능이 내장되어 있다.

● 직류지락 검출기능

트랜스리스식의 파워컨디셔너에서는 태양전지와 전력계통 측이 절연되어 있지 않기 때문에 태양전지의 지락에 대한 안전대책이 필요하다. 보통 수전점(분전반)에는 누전차단기가 설치되어 있고 실내 배선이나 부하기기의 지락을 감시하고 있지만, 태양전지에서는 지락이 발생하면 지락전류에 직류성분이 중첩하여, 통상 누전차단기로는 보호할 수 없는 경우가 있다. 따라서 파워컨디셔너 내부에 직류지락검출기를 설치하여 검출하고 보호해야 한다. 이 기능의 검출 레벨로는 100mA 정도로 설정되는 경우가 많다.

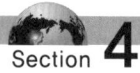

정전 시에서의 자립운전 시스템

　전력계통 측 부하 외에 자립운전부하에 전력을 공급할 수 있는 태양광발전시스템의 전력계통에 정전이 발생하면, 전력계통 측 부하를 분리하여 전력공급을 정지시킨 후, 자립운전 측 부하에 전력을 공급할 수 있는 시스템을 자립운전 시스템이라 한다.

　태양광발전시스템은 가동부가 없고, 연료 냉각수를 보급할 필요도 없기 때문에 재해로 인한 정전 시의 전력공급에 힘을 발휘한다. 자립운전 시스템에는 태양전지출력에 상당하는 전력만을 부하에 공급하지만 축전지가 없는 시스템과 야간이나 우천 시에도 전력공급에 기여할 수 있는 축전지가 부착된 시스템이 있다.

　축전지가 없는 시스템에서는 일사변동의 영향을 쉽게 받기 때문에 전력을 공급할 수 없는 경우가 있으므로 주의해야 한다. 한편 축전지가 부착된 시스템은 일사변동의 영향을 받지 않기 때문에 재해 시의 백업전원으로 사용할 수 있다.

　주택용으로는 자립운전출력은 있지만 축전지가 없는 시스템이 일반적이다.

Section 5

계통연계 보호장치

● 보호장치 설치

전력계통에 연계해서 운전하고 있는 태양광발전시스템에서 계통 측이나 인버터 측에 이상이 발생했을 때는 이를 검지하여, 신속하게 인버터를 정지해서 계통 측의 안전을 확보해야 한다. 그 때문에 전기설비기술기준 해석에서 계통연계 보호장치(또는 동등한 기능을 가진 회로)의 설치를 의무화하고 있다. 계통연계 보호장치는 일반적으로 파워컨디셔너에 내장되어 있는 경우가 많다.

역조류가 있는 저압연계시스템에서는 과전압 계전기(OVR), 부족전압 계전기(UVR), 주파수 상승 계전기(OFR), 주파수 저하 계전기(UFR)를 설치해야 하며, 또한 고압연계에서는 지락과전압 계전기(OVGR) 설치가 필요하다. 고압연계에서의 보호계전기를 설치하는 장소는 지락과전압 계전기(OVGR)를 제외하고, 실질적으로 파워컨디셔너의 출력점에서도 좋다. 보호계전기의 표준 조정치와 조정시간을 표 3.2에 나타냈다. 또 지락과전압 계전기(OVGR)는 고압전력계통의 지락사고(주로 트랜스의 고저압 혼촉)를 검출해야 하기 때문에, 고압 측에 콘덴서형 계기용 변압기 CVT*를 설치해야 한다.

계통연계 보호장치에 대해서는 전력회사와 사전에 협의할 사항으로 되어 있으며 충분한 협의 후에 결정해야 한다. 또 권말부록 1에 「전력품질확보에 관련된 계통연계 기술요건 가이드라인」 및 「전기설비기술기준 해석」을 발췌하여 게재하고 있으므로 참조하길 바란다.

표 3.2 보호계전기의 조정치 예

종별	조정치	조정시간[s]	보호동작
1. UVR	80V(160V)	1	연계차단, 대기
2. OVR	115V(230V)	1	연계차단, 대기
3. UFR	48.5Hz/59.0Hz	1	연계차단, 대기
4. OFR	51.0Hz/61.0Hz	1	연계차단, 대기
5. 복귀 타이머	150초/300초		전력복구 후 대기상태 유지

[주] 조정치의 ( ) 안은 200V용

---

* 이제까지 영상전압 검출장치 ZPD라 칭하였지만 2010년에 변경되었다. 일본전기공업회규격 JEM 1115 : 2010「배전반·제어반·제어장치 용어 및 문자기호」참조. 또 ZVT라 칭하는 경우도 있다.

신형 단독운전 검출

태양광발전시스템을 대량 도입할 때 현재 실용화되어 있는 단독운전 검출방식에서는 고속성, 확실성 등에 과제가 있어 새로운 방식을 검토하고 있다.

이 신형 단독운전 검출방식은 여러 대 연계 시에 구할 수 있는 다음 4개의 조건을 만족하고 있다.

① 고속으로 검출할 것
② 능동신호가 서로 간섭하지 않을 것
③ 전력계통에 악영향을 주지 않을 것
④ 불필요한 동작을 하지 않을 것

이 방식에서는 주파수 변화율에서 더 한층 주파수 변화를 조장하도록 급준(急峻)하게 무효전력을 주입하여 고속으로 단독운전을 검출하고 있다. 계통의 주파수 변화를 기준으로 판단하고 있을 뿐만 아니라 여러 대 연계 시에도 상호 간섭하는 경우가 없다. 또 주파수 변화율이 작을 때는 무효전력의 주입량을 적게 만드는 것으로 계통에 주는 영향을 억제하고 있다. 또한 완전히 발전기와 부하의 무효전력이 평행한 단독운전에서는 주파수 변화율이 작기 때문에, 단독운전 시에 발생하는 고주파 전압과 전력계통 기본파 전압의 변화에 의해 지연무효전력을 차례로 주입하여 주파수를 변화시키는 것으로, 평행 상태에서도 고속으로 단독운전을 검출할 수 있다.

이 방식을 기초로 계통연계 규정이 개정되어 일본전기공업회(JEMA)에서 표준규격으로 검토할 계획이 있다. 또 전기안전환경연구소(JET)의 계통연계 보호장치 등의 시험방법 통칙도 및 계통연계 규정의 개정과 함께 재검토할 계획이다.

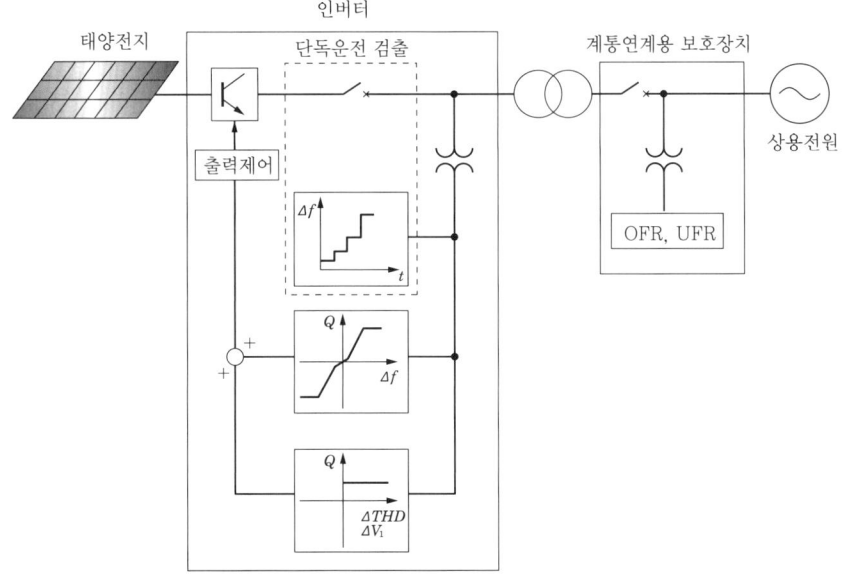

그림 3.8 신형 단독운전 검출장치의 구성 예

● 계통 소요 시의 운전 계속 성능

태양광발전시스템 보급이 진행되면서 전력계통에 광역, 대량으로 연계된 경우에는 전력계통의 소요에 의해 태양광발전시스템이 보호장치 등의 동작으로 일제히 정지하면 전력계통의 전력품질에 큰 영향을 줄 우려가 있다. 이 때문에 전력계통 소요 시에도 안정된 운전을 요구하고 있으며, 그 운전의 계속 성능에 대해서 규격화[*1]를 검토하고 있다.

이 성능은 FRT(Fault Ride Through)라 하며 전압 저하에 관한 요건과 주파수 변화에 관한 요건이 있다. 전압 저하에 관한 요건은 그림 3.9와 같이 1초 이내의 전압 저하에 대해 잔전압에 맞게 운전 계속 범위와 전압이 복귀한 경우의 파워컨디셔너 출력의 복귀조건이 정해져 있다. 이런 경우 잠정 요건과 최종 요건이 정해져 있다[*2].

또 주파수 변화에 관한 요건은 표 3.3과 같은 변화 이내라면 운전을 계속하는 것을 요구하고 있다.

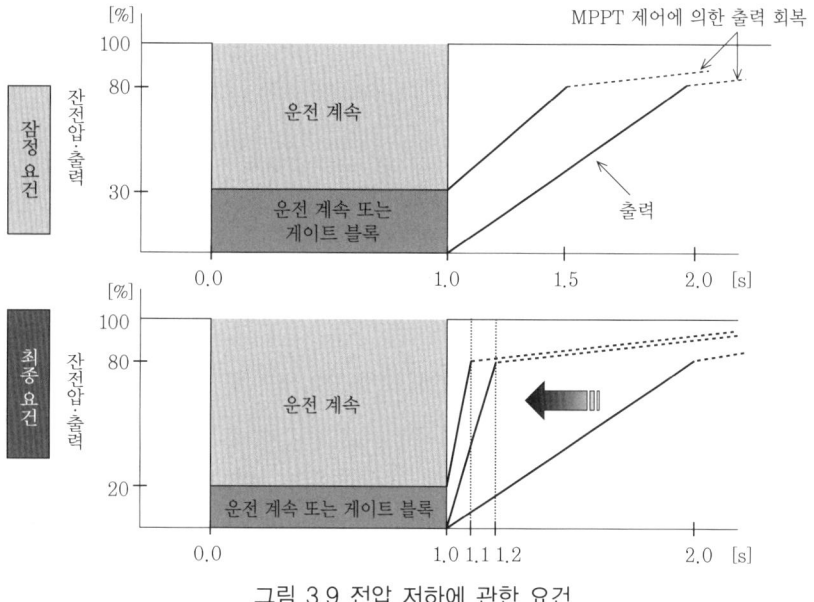

그림 3.9 전압 저하에 관한 요건

표 3.3 주파수 변화에 관한 요건

스텝 상변화 (狀變化)	50Hz 계통	+0.8Hz, 3 사이클 계속
	60Hz 계통	+1.0Hz, 3 사이클 계속
램프 상변화	50Hz 계통	+2Hz/s, 상한 51.5Hz
		-2Hz/s, 하한 47.5Hz
	60Hz 계통	+2Hz/s, 상한 61.8Hz
		-2Hz/s, 상한 57.0Hz

*1 전력품질 확보에 관한 계통연계 가이드라인 및 계통연계 규정이 개정될 예정이다.
*2 잠정 요건은 2013년도, 최종 요건은 2016년도까지 도입될 예정이다.

Section 6
파워컨디셔너의 종류와 선정

파워컨디셔너의 사양 예

일반적으로 사용하고 있는 파워컨디셔너의 사양서를 이하의 표 3.4, 3.5에, 외형도를 그림 3.10~3.13에 나타냈다. 일반적으로 파워컨디셔너를 선정하기 위해서는 다음의 항목에 유의한다.

태양전지 어레이의 출력전압과 출력용량을 확인한다. 일조의 강도나 모듈의 온도 등에 따라 어레이의 출력은 변화하기 때문에 설치방향, 설치구배, 기상조건 등을 고려하는 것이 매우 중요하다. 또 파워컨디셔너의 입력 특성에 맞게 태양전지 모듈의 어레이 구성을 고려하는 것도 중요하다.

(a) 설치장소

주택용 시스템에서는 실내외를 불문하고 벽걸이식이 주류로 되어 있다. 설치 환경 온도에 따라 발전량을 강하시키는 경우가 많기 때문에 실내에 설치할 때는 자기발열 등으로 환경 온도가 잘 올라가지 않는 장소에 하고, 실외에 설치할 때는 직사일광이 잘 닿지 않는 장소에 설치해야 한다. 산업용 거치형 대형 파워컨디셔너는 여름철 고온이나 습기로 이슬이 맺히는 것을 피하기 위해 공조설비를 추가하는 경우가 있다.

표 3.4 주택용 파워컨디셔너의 사양 예

		주택용 5.5kW	주택용 4.0kW
설치장소		실외용	실내용
접속함 기능		있음	없음
입력 회로 수		4회로(멀티스트링 방식)	1회로
정격 입력 전압		DC 250V	DC 250V
입력 운전 전압 범위		DC 80V~DC 380V	DC 70V~DC 380V
최대 입력 전압		DC 420V	DC 380V
정격 출력 전압		연계운전 시 : AC 202V 자립운전 시 : AC 101V	AC 202V
정격 출력 주파수		50/60Hz	50/60Hz
정격 출력	연계	5.5kW	4.0kW
	자립	1.5kW	1.5kW
전력변환효율		94.0%	94.5%
상수(相數)		단상 2선(단상 3선에 접속)	단상 2선(단상 3선에 접속)
절연방식		고주파 트랜스	트랜스리스 방식
외형치수(폭×깊이×높이)		666×201×429mm	490×156×270mm
질량		27kg	14kg

표 3.5 산업용 파워컨디셔너의 사양 예

	산업용 10kW	산업용 100kW	산업용 250kW
설치장소	실내·실외	실외	실내
접속함 기능		없음	없음
입력 회로 수	7회로	1회로	6회로
정격입력 전압	DC 300V	DC 400V	DC 400V
입력운전 전압범위	DC 200V~500V	DC 320~600V	DC 320V~600V(700V)
최대입력 전압	DC 500V	DC 600V	DC 600V(700V)
정격출력 전압	AC 202V	AC 202V	AC 420/440V
정격출력 주파수	50/60Hz	50/60Hz	50/60Hz
정격출력 연계	10kW	100kW	250kW
정격출력 자립	-	-	-
전력변환효율	92%(접속함 기능 포함)	94.5% 이상	95.0%
상수(相數)	3상 3선식	3상 3선식	3상 3선식
절연방식	트랜스리스식	상용주파수 절연 트랜스	상용주파수 절연 트랜스
외형치수(폭×깊이×높이)	700×320×600mm	1,000×900×2,000mm	1,200×1,200×2,000mm
질량	60kg	1,110kg	2,000kg

그림 3.10 주택용 단상 파워컨디셔너(5.5kW)

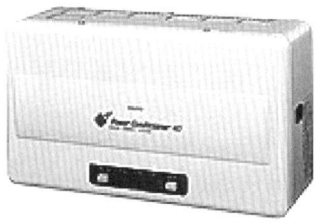

그림 3.11 주택용 단상 파워컨디셔너(4.0kW)

그림 3.12 산업용 3상 파워컨디셔너(10kW)

그림 3.13 산업용 3상 파워컨디셔너(250kW)

(b) 입력 회로 수 파워컨디셔너의 입력운전 전압범위나 최대입력 전류치 범위 내에 설정한 스트링을 파워컨디셔너에 접속하고 그 스트링의 접속 가능한 회로 수를 나타내고 있다. 1회로 사양의 파

워컨디셔너에 복수의 스트링을 접속하는 경우에는 접속함이나 스트링 컨버터(어레이 컨버터)를 통해 전압을 조정한 후 파워컨디셔너에 접속한다.

(c) **입력운전 전압범위·최대입력 전압** 온도 조건을 가미한 뒤에 각 스트링의 개방전압이 파워컨디셔너의 최대입력 전압 이하가 되도록 하고, 또 최대입력 전류치 이하가 되도록 스트링 구성을 설정해야 한다. 또한 각 어레이의 구동전압이 입력운전 전압범위에 들어오도록 설정해야 한다.

(d) **자립운전** 만일의 장시간 정전 시 등, 전력 측을 분리해서 운전하고 싶을 때에 전용 콘센트에서 전력을 공급할 수 있는 기능이며 일반적으로는 일조가 있을 때만 급전이 가능하다.

(e) **전력변환효율** 입력정격·정격출력·실온(25℃) 시의 전력변환효율을 나타낸다. 일반적으로 절연기능의 유무 등 회로구성의 상위(相違)나 주변온도 등의 조건으로 좌우된다.

(f) **절연방식** 전력계통 측과 태양광발전시스템 측과의 절연유무와 절연방법을 나타낸다(Section 1. 참조).

주택용 파워컨디셔너(단상용) 선정

그림 3.14는 박공지붕에 설치한 시스템의 예이다. 그림에서는 개방전압 30.6V의 태양전지 모듈을 8장 직렬로 접속하여 그것을 2병렬로 하는 시스템을 구성했다. 이에 따라 태양전지의 용량은 3.04kW가 된다. 이같이 태양광발전시스템에서는 태양전지의 출력전압을 파워컨디셔너의 입력운전 전압범위 내로 하기 때문에 태양전지의 직렬 장수, 병렬 장수를 선정해야 한다.

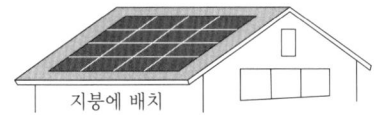

공칭 최대전력	190W
공칭 개방전압	30.6V
공칭 최대출력 전압	24.8V
공칭 최대동작 전류	7.66A

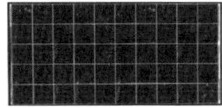

접속함의 주된 사양

최대입력 전력	DC 380V
최대입력 전류	8.4A/회로
회로수	3회로

파워컨디셔너의 주된 사양

정격출력 전압	4kW
입력회로 수	1회로
입력운전 전압범위	DC 50~380V

	모듈 장수	공칭 최대전력
스트링 1	8장	1,520W
스트링 2	8장	1,520W
합계	16장	3,040W

그림 3.14 주택용 태양광발전시스템 설치 예

그림에서는 태양전지 어레이의 공칭 개방전압은 244.8V, 공칭 최대출력 전압은 198.4V가 되고, 태양전지의 온도조건을 고려해도 태양전지의 출력전압은 파워컨디셔너의 입력운전 전압범위 DC 50V~380V의 범위 내에 설계되어 있다.

한편 태양전지 모듈을 설치하는 경우는 직렬 접속한 모듈을 동일 일사조건에서 사용하는 것이 원칙이며, 이를 소홀히 하면 일사조건이 가장 나쁜 모듈로 다른 모듈이 끌려들어가 맨 끝에 발전량이 저하되는 경우가 있다. 예를 들면 박공지붕의 경우에서 동서면(東西面)에 태양전지 모듈을 설치하는 경우 1스트링 8직렬 중, 지붕의 동면에 4장, 서면에 4장 설치하여 그것을 직렬로 접속하는 설치는 피해야 한다.

산업용 파워컨디셔너 선정

파워컨디셔너의 최대전력 추종범위는 산업용이 200~600V 정도로 선정되는 경우가 많다. 따라서 태양전지 어레이의 출력전압도 이 범위 내가 되도록 직렬 및 병렬 수를 선정해야 한다.

파워컨디셔너의 입력 회로 수의 제한 등으로 별도로 접속함을 설치해야 하는 경우, 어레이의 설치 조건, 파워컨디셔너의 정격전력을 생각해 접속함을 선정해야 한다.

또 산업용 태양광발전설비의 경우에는 접속함에서 파워컨디셔너까지의 거리가 긴 경우가 있고, 그 경우 전압강하를 막기 위해 접속함에서 집전하여, 선경이 큰 전선으로 송전하는 것이 효율이 저하하는 것을 효과적으로 방지한다.

접속함의 정격전압은 300~500V 정도, 1회로마다 최대입력 전류는 8~10A 정도, 입력 회로 수는 4~16회로 정도로 선정되는 경우가 많다.

산업용 대용량 태양광설비 등으로 접속함이 여러 대 필요한 경우, 접속함에서의 출력을 집전하기 위해 집전함이 필요하다.

집전함에서의 출력은 대전류가 되는 경우가 많으며, 송전선이 두껍기 때문에 파워컨디셔너와 집전함을 동렬반(同列盤)으로 구성하여, 버스 바(bus bar)로 송전하는 경우도 많다.

파워컨디셔너는 태양광발전시스템을 구성하는 중요한 전자기기이며, 충분히 검토하여 사용하기 편리한 기기를 선정해야 한다. 다음에 선정할 때의 확인해야 할 점을 나타냈다.

● 종합적인 확인
- 연계하는 전력계통 측(전원 측)과 전압이나 전기방식이 일치하는가?
- 설치는 용이한가?
- 비상재해 시에 자립운전이 가능한가? 축전지 부착 운전은 가능한가?(정전 시에도 사용하고 싶을 때)
- 수명이 길고 신뢰성이 높은 기기인가?
- 보호장치 설정이나 시험이 간단한가?
- 발전량을 간단하게 알 수 있는가?

- 서비스 네트워크는 만족스러운가?

● 태양광의 유효 이용에 대해
- 전력변환효율이 높을 것
- 최대전력 추종제어(MPPT)에 의한 최대전력을 유도할 수 있을 것
- 야간 등 대기 손실이 적을 것
- 저부하 시의 손실이 적을 것

● 전력품질·공급안정성
- 소음 발생이 적은 것
- 고주파 발생이 적은 것
- 기동·정지가 안정되어 있는 것

칼럼   다입력 파워컨디셔너에 대해서

그림 3.15에서는 1회로의 파워컨디셔너에 2병렬 입력을 하기 위해 접속함을 이용하고 있다. 이 때문에 파워컨디셔너로의 입력전압을 갖추기 위해 스트링마다 태양전지 모듈의 직렬 장수를 맞추어 스트링의 출력전압을 갖추고 있다. 하지만 태양전지 배치에 따라서는 스트링 전압을 갖추기가 곤란한 경우가 있다. 이 같은 경우는 스트링마다 승압 회로를 설치한 스트링 컨버터를 설치해서 파워컨디셔너로의 입력전압을 갖출 수 있다. 배선은 복잡해지지만 동면이나 서면의 일조도 1대의 파워컨디셔너로 공급할 수 있게 된다. 단, 이 경우 전력 변환효율은 양자의 곱으로 강하한다.

이 스트링 컨버터를 내장하고 있는 파워컨디셔너를 다입력 파워컨디셔너라 한다. 이 방식의 파워컨디셔너는 각 스트링마다의 전압을 파워컨디셔너 외부에서 조정할 필요가 없기 때문에 배선시공이 간단해질 뿐만 아니라 각 스트링마다 최대전력 추종제어(MPPT)를 할 수 있다.

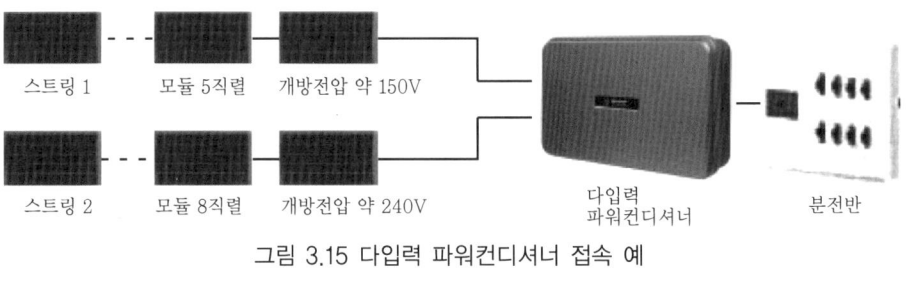

그림 3.15 다입력 파워컨디셔너 접속 예

Chapter 4

관련기기와 부품

태양광발전시스템은 태양전지 어레이나 파워컨디셔너 외에도 시스템을 구성하는 데에 여러 관련기기나 부품을 사용하고 있다. 역류방지 소자, 피뢰소자, 그것을 수납한 접속함, 교류 측의 기기 등이 그것이다. 이들은 시스템을 구성하는 기기 사이에서 중계의 역할을 하고 시스템 보호나 기능 유지, 시스템 운전, 보수를 용이하게 한다. 또 독립 전원 시스템이나 계통연계 시스템에서도 자립운전기능을 가진 시스템의 경우 축전지를 설치하는 경우가 있다. 이번 장에서는 이들 기기나 부품의 역할, 사용 장소 및 설계, 시공 시에 주의해야 할 사항을 설명한다.

Section 1

접속함

접속함이란 복수의 태양전지 모듈로 발전한 직류 전력을 하나로 합쳐, 파워컨디셔너에 공급하기 위한 반(盤)이다.

또 회로를 분리하고 점검 작업을 용이하게 한다. 태양전지 어레이가 고장이 나도 정지범위를 가능한 적게 하는 등, 보수 및 점검도 쉽게 도와주는 역할도 한다.

내부기기의 주된 구성은 ① 입력용 직류개폐기, ② 역류방지 소자, ③ 출력용 단자대, 개폐기 또는 차단기, ④ 피뢰소자 등의 기기를 기판에 설치하는 것이 일반적이다(그림 4.1, 4.2 참조).

● 접속함 분류

접속함은 크게 주택용과 산업용으로 분류할 수 있다.

구성부품은 거의 같지만 전압 차이에 따라 부품 선정이나 절연거리 등의 구조적인 차이가 있기 때문에 용도에 맞게 선정해야 한다.

(a) 주택용 접속함

주택용 태양광발전시스템에 적합한 접속함으로 정격전압 DC 300V(개방전압 DC 450V) 이하에서 사용되는 것을 말한다.

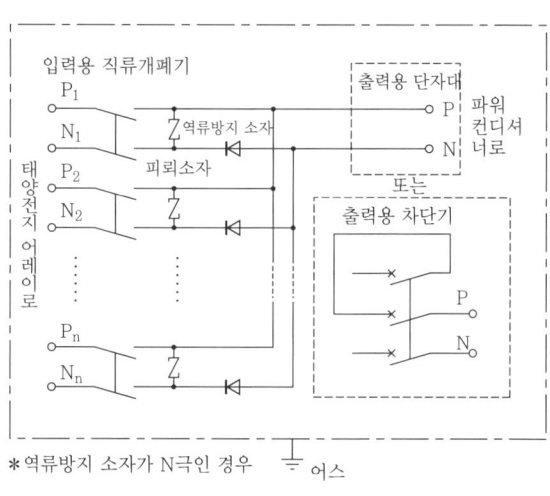

그림 4.1 주택용의 예

(b) 산업용 접속함

산업용 태양광발전시스템에 적합한 접속함으로 최근 태양전지 스트링의 고(高)전압화에 대응하기 위해 사용되고, 정격전압 DC 400V(개방전압 DC 600V) 이하에서 사용할 수 있는 것을 말한다.

또 출력용으로 직류차단기를 사용할 경우, 500V에서 600V의 직류전압에 대응하기 위해 3극이나 4극의 직류차단기를 사용하여 그림 4.3과 같이 배선한 것이 있다(그림 4.2는 3극의 직류차단기의 사용 예)

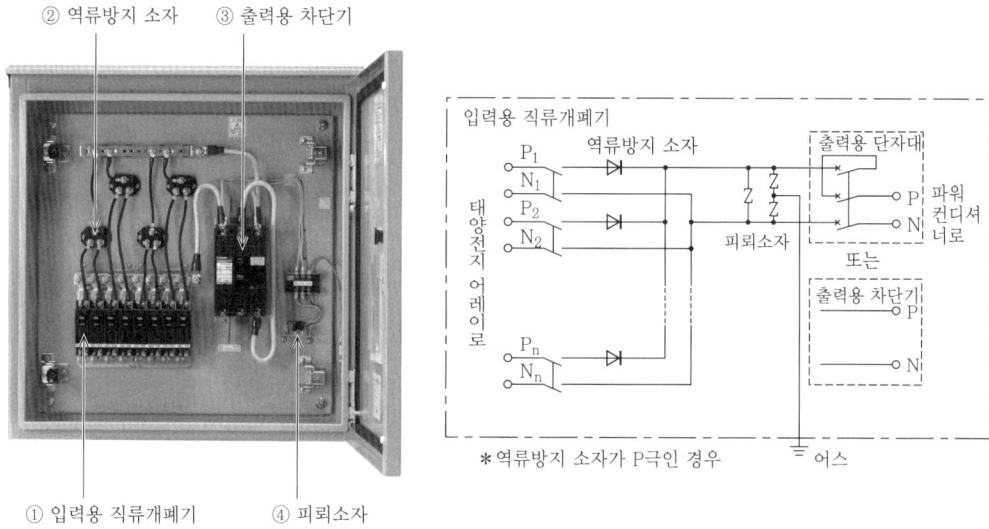

그림 4.2 산업용의 예

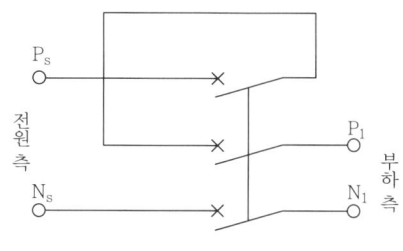

그림 4.3 직류차단기의 3점 접속

● 접속함 선정

접속함을 선정할 때는 태양광발전시스템의 사양이나 발전전력을 충분히 고려해야 한다. 특히 태양전지에서 출력되는 전압이나 전류는 설치장소의 기상상황 등에 따라 변화하기 때문에 그 최대치를 허용할 수 있는 성능의 접속함을 선정해야 한다.

또 그들 전기적 성능 이외에도 설치환경에 있었던 보호구조나 보수 및 점검을 고려한 선정도 필요하다. 다음 페이지에 선정 시 특히 고려해야 할 점에 대해 기술한다.

● 전압에 대해서

접속함의 전압 성능에는 '정격전압', '최대입력 전압'이 있다. 기본적으로는 태양광발전시스템의 정격전압(태양전지의 공칭 최대출력 동작전압 또는 파워컨디셔너의 정격입력 전압)과 접속함의 정격 전압을 맞춰야 한다. 또 태양전지의 최대출력 전압(또는 개방전압)이 접속함의 최대입력 전압을 넘지 않도록 접속함을 선정하는 것도 중요하다.

● 전류에 대해서

접속함의 통전 전류 성능에는 '정격입력 전류'가 있다. 이것은 접속함에 안전하게 통전할 수 있는 전류치이며, 입력전류의 최대치이기 때문에 태양전지에서 발전되는 어떠한 전류치도 이 수치를 넘지 않도록 선정해야 한다.

● 보호구조에 대해서

접속함의 설치 장소는 태양전지 어레이의 가대나 근방의 건물 벽면 등, 실외에 노출된 상태에서 배치되는 경우가 많다. 그 때문에 빗물이나 티끌 등이 반(盤) 내에 들어가 그것이 원인이 되는 문제를 미연에 방지하기 위한 보호를 고려해야 한다.

선정에 있어서는 JIS C 0920의 보호 등급 IP 44 이상인 것을 선정하는 것이 바람직하다.

● 보수 및 점검에 대해서

접속함은 태양전지 어레이의 점검 시, 회로마다 작업을 할 수 있다. 태양전지 어레이가 고장이 나도 정지범위를 가능한 적게 하는 등 보수 및 점검의 편의성을 고려하여 입력 측에는 개폐기를 사용하고 있는 것을 선정하는 것이 바람직하다.

● 접속함의 열에 대한 고려

● 캐비닛의 재질에 대해서

접속함의 역류방지 소자는 일반적으로 다이오드를 사용한다. 다이오드의 발열은 케이스 배면부에 부분적으로 발생하기 때문에, 각 부분의 열밀도가 커져 다이오드 자체의 온도는 아주 높아진다. 접속함 내의 온도는 이 영향을 받아 상승한다. 또 실외에 설치하는 경우에는 직사일광의 영향으로 실내에 비해 10~20℃ 정도 접속함 내의 온도가 상승할 우려가 있다.

이러한 이유 때문에 발열대책으로 열전도율이 높은 금속제 캐비닛을 선정하는 것이 바람직하며, 만일 접속 불량 등의 이상발열로 인한 발화가 발생하더라도 파급을 최소한으로 멈추는 효과도 기대할 수 있다.

● 캐비닛의 도장색(塗裝色)에 대해서

직사일광이 닿는 장소에 설치하는 경우에는 베이지색이나 아이보리색 등 옅은 색의 도장색을 선정하며, 일사(日射)의 영향을 경감하는 것과 동시에 캐비닛 사이즈의 확대 등, 온도상승의 경감을 고려해야 한다. 특히 짙은 색을 선택하는 경우나 소형 사이즈를 검토하는 경우에는 회사에 확인할 것을 권장한다.

● 보수 및 점검에 대해서

태양광발전시스템은 일사에 크게 좌우되기 때문에 하루 동안 접속함에 흐르는 전류는 급격하게 변동한다. 거기에 맞추어 접속함 내의 온도도 변동하기 때문에 도전 접속부 등은 팽창 및 수축을 반복하게 된다. 이 때문에 접속부 확인이나 나사를 다시 조이는 등 정기적인 보수점검을 하며 안전유지에 힘써야 한다.

● 시공 시 주의사항

접속함은 태양전지 어레이의 가대나 근방의 건물 벽면에 설치되는 경우가 많은 점을 고려해 볼 때, 물의 침입으로 인한 문제나 녹 발생 등에 충분히 주의해야 한다.

기준품으로 시판되고 있는 것에는 전선 인입부의 가공이 되어있지 않기 때문에 구멍 가공 등을 한 후에는 도장(녹방지) 처리를 충분히 한다. 또 실외에 설치하는 경우의 인입부 가공은 반드시 캐비닛 하부에 하며 입출선부에는 코킹(caulking) 처리를 한다. 캐비닛 설치를 위한 구멍 가공도 같은 처리가 필요하다.

또 염해가 예상되는 장소에 설치하는 경우 접속함을 선정하는 단계에서는 스테인리스제 캐비닛으로 하는 등의 고려도 필요하다.

Section 2

교류측 기기

● 분전반

　분전반은 계통연계하는 시스템의 경우에 파워컨디셔너의 교류출력을 계통에 접속할 때 사용하는 차단기를 수납한다. 주택에서는 대부분의 경우, 이미 분전반이 설치되어 있기 때문에 태양광발전시스템의 정격출력 전류에 적당한 차단기가 있으면 그것을 사용한다. 이미 설치한(이하, 기설이라 함) 분전반에 여유가 없는 경우에는 별도 분전반을 준비하지만, 기설 분전반 근방에 설치하는 것이 바람직하다.

　태양광발전시스템용으로 설치하는 차단기는 역접속 가능형 누전차단기일 필요가 있다. 단 이미 설치된 분전반의 계통 측에 역접속 가능형 누전차단기가 이미 설치되어 있으면 그럴 필요는 없다.

　또 단상 3선식 계통에 연계하는 경우라서 부하의 불평형으로 인해 중성선에 최대 전류가 발생할 우려가 있을 때는, 수전점에서 3극에 과전류 트립소자를 가진 차단기(3p-3E)를 설치해야 한다.

● 적산전력량계

　적산전력량계는 역조류가 있는 계통연계 시스템에서 역조류한 전력량을 계측하여, 전력회사에 판매하는 전력요금을 산출하는 상거래를 위한 계량기이며, 계량법에 따른 검정을 받은 적산전력량계를 사용해야 한다.

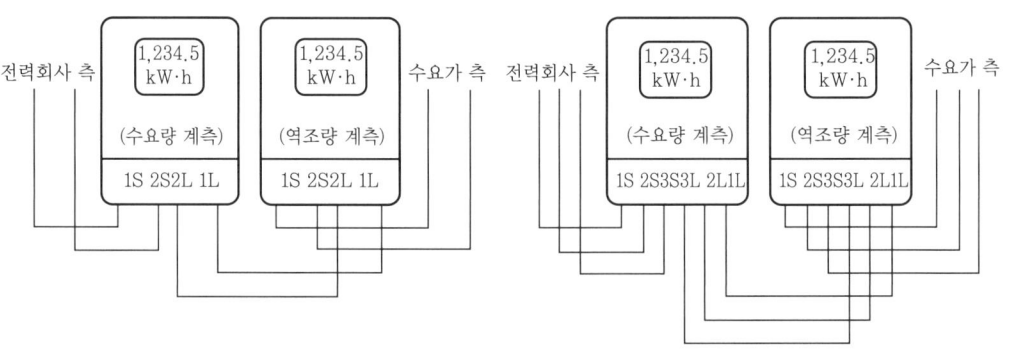

(a) 단상 2선식인 경우　　　　　　(b) 단상 3선식 또는 3상 3선식인 경우

그림 4.4 적산 전력량계의 접속도

또 역조류한 전력량만을 분리하여 계측하기 위해 역전 방지 장치가 있는 것을 사용한다. 또 종래 전력회사가 이용하는 수요전력 계량용의 적산전력량계, 역조류가 있는 계통연계 시스템을 설치할 때는 전력회사가 역전 방지 장치에 있는 적산전력량계로 변경하게 된다.

역조류 계량용 적산전력량계는 전력회사가 설치하는 수요전력 계량용인 적산전력량계에 인접하게 설치한다. 적산전력량계는 실외를 하던지, 실내용인 것을 창문이 있는 실외용 수납함 속에 설치한다. 역조류 계량용 적산전력량계는 그림 4.4와 같이 수요전력 계량용과는 반대로 수요가 측을 전원 측으로 접속한다.

또 역조류 계량용 전력량계의 비용 부담은 각 전력회사와도 수요가부담(需要家負擔)으로(2011년 3월 현재) 되어 있지만, 전력회사와의 사전협의 신청 등을 가능한 빠른 시기에 하고 이들 사항을 확인할 것을 장려한다.

Section 3

축전지

계통연계 시스템에 축전지를 부가하는 것으로 재해 시의 전력공급, 발전전력 급변 시의 버퍼, 전력저장, 피크 시프트 등 시스템의 적용범위를 확대할 수 있고, 부가가치의 경제성 향상을 도모하는 것이 가능해진다.

미래에 다수의 태양광발전시스템이 계통에 연계되었을 때의 계통전압 안정화를 위해서도 축전지 활용을 기대하고 있다.

해상이나 산간지대 등 상용전원이 없는 곳에서 활용되는 독립형 전원 시스템에 대해서는 거의 모든 시스템에 축전지가 설치되어 발전량이 부족하거나 야간, 일조가 없을 때 부하로의 전력 공급을 조달하고 있다. 또 독립형 전원 시스템에서는 보통 운전 시에서도 태양전지 출력전압의 안정화를 위해 축전지를 활용하는 경우가 많다. 축전지를 선정할 때 유념해야 할 것은 전압전류 특성 등의 전기적 성능, 비용, 사이즈, 중량, 수명, 보수성, 안전성, 재활용성 등이며, 상기의 선택지 중에서 경제성 등을 가미하여 최적인 것을 선택한다.

축전지에는 납축전지, 니켈 카드뮴 축전지, 니켈 수소 축전지, 리튬 2차 전지 등이 실용화되어 있지만 상기의 선정조건을 종합적으로 판단하여 태양광발전시스템용으로는 납축전지가 선정되는 경우가 많기 때문에 납축전지를 이용한 시스템의 설계법에 대해 설명한다.

태양광발전시스템용의 축전지로는 일반적으로 보수를 필요로 하지 않는 제어변식 거치 납축전지를 사용하지만, 독립형 시스템 등과 같은 사이클 서비스적인 용도의 경우에는, 일반 거치 납축전지에 비해 충방전 특성을 강화한 제어변식 거치 납축전지를 사용한다. 외관은 그림 4.5와 같다.

축전지의 기대 수명은 사용온도, 방전심도, 방전횟수 등에 의해 좌우되며 사용하는 축전지의 형식에 따라 약 3~15년 정도로 크게 바뀌기 때문에, 축전지 선정에 있어서는 전문기술자의 조건을 받는 것이 좋다. 표 4.1에 각종 축전지의 종류와 특징을 나타냈다.

(a) 표준형 제어변식 거치 납축전지   (b) 사이클 서비스용 제어변식 거치 납축전지   (c) 소형 제어변식 납축전지

그림 4.5 축전지의 외형 사진

표 4.1 각종 축전지의 종류와 특징

명칭	종류	형식	기대수명·25℃ 부동 충전 시	기대수명·25℃ 사이클 사용 시	용량 [A·h]	보수	용도	시스템 예
제어변식 거치 납축전지	표준	MSE	7~9년	DOD 50%로 1,000 사이클	50~3,000	불필요	연계 자립 및 방재 대응용	건축시설 등에 설치하는 방재형 시스템 등
	긴 수명	FVL	13~15년	DOD 50%로 1,000 사이클	50~3,000			
	사이클 서비스	SLM	–	DOD 30%로 2,000 사이클	50~3,000		피크컷, 독립형 전원	피크컷 시스템용 전력 저장 및 독립형 시스템의 전원 등
		12CTE	–	DOD 20%로 2,200 사이클	80~120 (12V)			
소형 제어변식 납축전지	표준	m	약 3년	DOD 50%로 400 사이클	2~65 (12V)		소형 연계 자립 및 독립형 전원	소형 시스템, 예를 들면 게시판, 공지 시스템 등
	긴 수명	FML	약 6년		0.8~17 (12V)			
	가장 긴 수명	FLH	약 15년		2~65 (12V)			
소형 전동차용 납축전지	제어 변식	EBE	–	DOD 75%로 500 사이클	65~100 (12V)	필요	소형 피크컷, 독립형 전원	독립형 통신용 전원, 산막 전원, 가로등용 등
	액식(液式)	EB	–	DOD 75%로 600 사이클	15~160 (12V)			
자동차용 납축전지	시동용		2~3년	DOD 50%로 200 사이클	50~176 (12V) (5시간율)		소형 연계 자립 및 독립형 전원	소형 시스템, 예를 들면 게시판, 공지 시스템 등

[주]
1. DOD(Depth of Discharge)는 방전심도의 약자이다. 각종 납축전지의 수명 특성에 대해서는 그림 4.9를 참조하길 바란다.
2. 기대수명은 방재시스템과 같이 연속 충전하여 비상 시에만 사용하는 경우에는 부동 충전 시로 생각하고, 낮에 충전하여 야간 방전하는 시스템으로 사용하는 경우에는 사이클 수가 참고가 된다. 단 수명은 사용조건이나 보수조건에 의해 크게 좌우된다. 위 표의 수명 참고치는 평균온도 25℃의 표준상태를 기준으로 하고 있다.
3. 자동차용 연축전지의 기대수명(부동 충전 시 및 사이클 사용 시)은 참고치로 한다.
* 후루가와(古河電池) 주식회사의 자료에 의함

계통연계 시스템용 축전지 선정

축전지 부착 계통연계 시스템의 개요

계통연계 시스템에 축전지를 이용하면 통상의 계통연계 시스템에 비해 기능의 향상을 도모할 수 있다. 축전지가 있는 계통연계 시스템은 정전 시에 비상용 부하에 전력을 공급하는 방재 대응형, 전력부하의 피크를 제어하는 부하 평준화 대응형 등으로 분류된다. 부하 평준화 대응형은 설치된 축전지의 크기에 따라 일조의 급변에 대해 계통의 부하 급변 영향을 적게 만들기 위한 일사 급변 보상형, 발전전력의 피크와 수요의 피크를 몇 시간 보상하기 위한 피크 시프트형, 태양광발전과 야간에 충전한 축전지 방전으로 쌍방에서 낮의 부하를 조달하는 야간 전력 저장형 등으로 분류할 수 있다.

(a) 방재 대응형

방재 대응형 시스템을 그림 4.6에 나타냈다. 이 시스템은 보통 계통연계 시스템으로 동작하고 재해로 인한 정전 시에는 인버터를 자립운전으로 바꾸는 것과 동시에 특정한 방재 대응 부하에 전력을 공급하려고 하는 것이다.

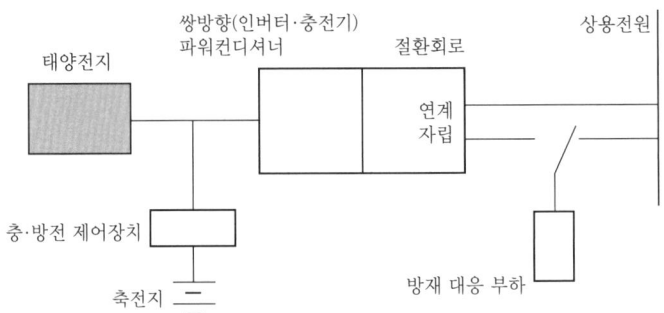

[주] 1. 평상시는 계통연계 운전
2. 정전 시는 자립운전
3. 정전 회복 후 및 야간은 충전운전

그림 4.6 방재 대응형 시스템

(b) 부하 평준화 대응형(피크 시프트형, 야간 전력 저장형)

그림 4.7과 같이 태양전지 출력과 축전지 출력을 병용하여 부하의 피크 시에 인버터를 필요한 출력으로 운전하고, 수전전력의 증대를 억제하여 기본전력요금을 절감하려고 하는 것이다. 피크 전력을 2~4시간 정도 어긋나게 하는 축전지를 갖춘 것을 피크 시프트형이라 하며, 야간 전력으로 충전해 주간 피크 시에 방전하여 주간전력을 축전지로부터 공급하려는 것을 야간 전력 저장형이라 한다.

(c) 계통 안정화 대응형

태양전지와 축전지를 병렬운전하고 기후 급변 시나 계통부하 급변 시에 축전지를 방전하고, 태양전지출력이 증대하여 계통전압이 상승하려고 할 때는 축전지를 충전하여 역조류를 감소시키고, 전압이 상승하는 것을 방지하려는 것이다.

● 계통연계 시스템용 축전지의 설계 예

(a) 방재 대응형용 축전지의 설계 예

방재 대응형의 축전지에 대해서는 비상전원용 축전지의 설계법에 따라 용량을 산출한다.

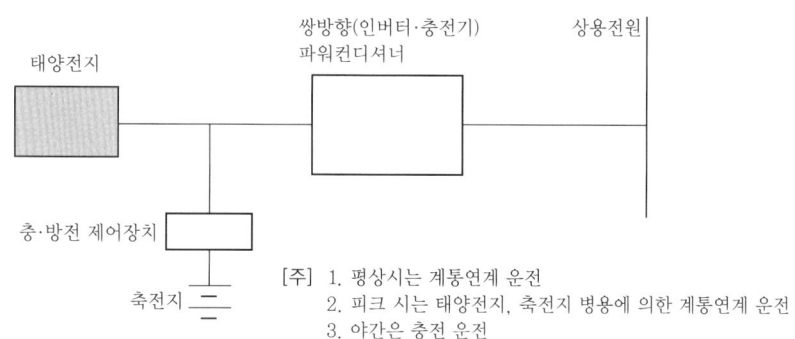

그림 4.7 부하 평준화 대응형 시스템

축전지의 용량 산출은 다음과 같은 조건을 정하여 (재)전지공업회규격 SBA S 0601-2001에 의해 실시한다. 산출에 있어서는 방전시간, 방전전류, 예상 최저 축전지 온도, 허용 최저 전압 등을 미리 결정한다.

① **방전시간** : 예측되는 최장 백업 시간이며 방재 대응형에 대해서는 12시간이나 24시간을 설정한다.

② **방전전류** : 방전 개시부터 종료까지의 부하 전류 크기와 경과한 시간의 변화를 산출한다. 전류가 변동하는 경우에는 평균치를 구한다. 단, 방전 말기에 대전류가 흐르는 경우에는 별도로 산출해야 한다. 방전전류를 구하지 않고 부하의 소비전력만으로 산출하는 방법도 있다.

③ **예상 최저 축전지 온도** : 실내의 경우는 5℃, 실외의 경우는 -5℃, 축전지 온도가 보장될 경우에는 그 온도로 한다.

④ **허용 최저 전압** : 부하기기의 최저 동작 전압에 전압강하를 더한 것이며, 1셀 당 1.8V 정도로 한다.

⑤ **셀 수의 선정** : 부하의 최고 허용 전압·최저 허용 전압, 축전지 방전 종지 전압, 태양전지로 충전할 경우의 충전 전압 등을 고려하면서 셀의 수를 선정한다.

⑥ **용량 산출의 일반식** : 방전전류가 일정한 경우 또는 평균적인 방전전류를 산출할 수 있을 때의 축전지 용량의 산출은 다음 식으로 구할 수 있다.

$$C = \frac{KI}{L}$$

여기에

C : 온도 25℃에서의 정격 방전율 환산 용량(축전지의 표시용량)

K : 방전시간, 축전지 온도, 허용 최저 전압으로 결정되는 용량 환산 시간

I : 평균 방전 전류

L : 보수율(수명 말기에서의 용량 감소율) 0.8

K수치의 일람표를 표 4.2에 나타냈다.

　방재 대응형 자립운전에 사용되는 축전지는 표 4.1로 선정하지만, 현재의 상태에서는 보수가 필요 없는 제어변식 거치 납축전지(MSE형)를 사용하는 경우가 많기 때문에, 같은 축전지를 사용한 축전지의 용량 산출 예를 나타냈다.

피난 장소로서 이용되는 학교 등에서의 예

　　　　방전 유지시간(T)　　　　　　　　: 24시간
　　　　평균 부하용량(P)　　　　　　　　: 3kW(총 kW·h/방전시간)
　　　　인버터 최저 동작 직류 입력전압(V_i) : 250V
　　　　축전지 인버터 간의 전압강하(V_d)　: 2V
　　　　축전지 방전 종지 전압　　　　　　: 1.8V/셀
　　　　축전지 최저 동작 온도　　　　　　: 5℃
　　　　인버터 효율(E_f)　　　　　　　　: 90%(자립운전 시의 실질효율을 사용한다)

우선, 부하의 평균 용량[kW]으로 인버터의 직류 입력전류(I_d)를 산출한다.

$$I_d = P \times \frac{1{,}000}{E_f(V_i+V_d)} = 3 \times \frac{1{,}000}{0.9 \times (250+2)} = 13.2\text{A}$$

계속해서 필요 축전지 직렬 개수(N)를 산출한다.

$$N = \frac{V_i+V_d}{1.8} = \frac{250+2}{1.8} = 140개$$

가 되지만, 6V 단위 축전지의 경우도 고려하여 6V의 배수를 채용하고, 이번 예에서는 144개를 선정한다. 다음으로 표 4.2로 용량 환산 시간(K)을 구한다. 표는 최대 10시간이기 때문에 10시간 이상인 경우는 10시간의 K수치를 구해 나머지 시간 수를 더한다.

$$K = 10.5 + 14 = 24.5$$

(위 식의 10.5는 표 4.2에서 구한 1.8V/셀, 5℃, 10시간의 K수치)

축전지 용량 $C = KI/L$로

$$C = \frac{24.5 \times 13.2}{0.8} = 404.3\text{A}\cdot\text{h}$$

이 계산결과로 MSE-400 144개가 선정된다.

　정전력 부하의 경우에는 직류 입력전류를 구하는 경우의 직류전압으로서 방전 중의 평균 전압을 사용하는 경우도 있다. 또 방전 전력량을 정할 경우에는 정전이 계속될 때 태양전지에서의 충전능력에 대해서도 검토해야 한다.

표 4.2 MSE형 축전지의 용량 환산 시간(K수치)

방전시간	온도[℃]	허용 최저 전압[V/셀]			
		1.9V	1.8V	1.7V	1.6V
60분 (1시간)	25	2.40	1.90	1.65	1.55
	5	3.10	2.05	1.80	1.70
	-5	3.50	2.26	1.95	1.80
90분 (1시간 30분)	25	3.10	2.50	2.21	2.10
	5	3.80	2.70	2.42	2.25
	-5	4.35	3.00	2.57	2.42
120분 (2시간)	25	3.70	3.05	2.75	2.60
	5	4.50	3.30	3.00	2.80
	-5	5.10	3.70	3.15	3.00
180분 (3시간)	25	4.80	4.10	3.72	3.50
	5	5.80	4.40	4.05	3.80
	-5	6.50	5.00	4.50	4.10
240분 (4시간)	25	5.90	5.00	4.60	4.40
	5	7.00	5.40	5.00	4.75
	-5	7.70	6.10	5.40	5.10
300분 (5시간)	25	7.00	5.95	5.50	5.20
	5	8.00	6.30	6.00	5.60
	-5	9.00	7.20	6.40	6.10
360분 (6시간)	25	8.00	6.80	6.30	6.00
	5	9.00	7.20	6.80	6.40
	-5	10.00	8.30	7.40	7.00
420분 (7시간)	25	8.90	7.60	7.10	6.70
	5	10.00	8.00	7.60	7.30
	-5	11.00	9.40	8.40	8.00
480분 (8시간)	25	9.90	8.40	7.90	7.50
	5	11.00	8.90	8.40	8.10
	-5	12.00	10.30	9.30	9.00
540분 (9시간)	25	10.80	9.20	8.70	8.20
	5	11.80	9.70	9.20	8.90
	-5	13.00	11.00	10.00	9.80
600분 (10시간)	25	11.50	10.00	9.40	8.90
	5	12.70	10.50	10.00	9.70
	-5	14.00	12.00	11.00	10.60

※ (재)전지공업회규격 SBA S 0601-2001

(b) 부하 평준화 대응형의 축전지 용량 산출법

부하 평준화 대응형의 축전지 용량 산출법은 기본적으로는 방재 대응형 축전지의 용량 산출법과 같지만 충·방전 횟수가 많기 때문에, 일반적으로는 사이클 서비스용 축전지를 이용하는 것을 장려한다. 그렇지만 그 경우 방전심도(Depth of Discharge : DOD)와 수명 관계를 고려하여 기대수명을 다할 수 있도록 방전심도를 생각하여 축전지 용량을 결정해야 한다.

아래 예에서는 보수가 필요 없는 제어변식 거치 납축전지를 이용하여 용량을 산출한다.

출력용량(P)	: 100kW
축전지 운전시간(T)	: 2시간
설계온도(t)	: 5℃
인버터 최저 입력 전압(V_i)	: 250V
직류 전압강하(V_d)	: 2V
인버터 효율(E_f)	: 92%

로 한다.

우선, 출력용량(P)으로 인버터의 직류 입력전류 I_d를 산출한다.

$$I_d = \frac{P[\text{kW}] \times 1,000}{E_f(V_i + V_d)}$$

$$= \frac{100 \times 1,000}{0.92 \times (250 + 2)}$$

$$= 431\text{A}$$

계속해서 필요 축전지 직렬 개수 N을 산출한다.

$$N = \frac{V_i + V_d}{1.8} = \frac{250 + 2}{1.8} = 140개$$

6V의 배수로 144개를 선정한다. 방전시간 2시간, 방전 종지 전압은 1.8V/셀, 온도 5℃에서의 용량 환산 시간(K)을 표 4.2로 구하면

용량 환산 시간(K) = 3.30

이 된다. 구하는 축전지 용량은

축전지 용량 $C = KI/L$에 의해

$$= \frac{3.30 \times 431}{0.8}$$

$$= 1,778\text{A} \cdot \text{h}$$

이 계산결과로 예를 들면, 2,000A·h의 축전지 144개를 선정한다.

부하 평준화 운전 시에는 축전지에서 보면 정전력 부하가 되기 때문에, 직류 입력 전류를 구할 때의 직류 전압으로 방전 중의 평균전압을 사용하는 경우도 있다. 방전 전력량은 태양전지 출력에 의한 양을 감안해 상기 용량보다도 작게 하는 것이 가능하다. 또 방전심도(DOD)를 구하면 예에서는

$$방전심도 = \frac{실제\ 방전량}{축전지의\ 정격용량} \times 100[\%]$$

$$= \frac{431 \times 2[A \cdot h]}{2,000[A \cdot h]} \times 100[\%]$$

$$= 43\%$$

따라서 예에서는 사이클 서비스용 보수가 용이한 제어변식 거치 납축전지를 사용하는 경우에는 약 1,500 사이클 정도의 수명을 기대할 수 있음을 보여주고 있다. 또한 최근 사이클 서비스 사용에 뛰어난 제어변식 거치 납축전지를 개발하고 있으므로 상세한 내용은 축전지 회사에 문의하면 된다.

● 독립형 전원 시스템용 축전지 선정

● 독립형 전원 시스템의 개요

태양전지는 처음에는 독립전원으로서 사용하는 것을 추진했다. 초기 태양전지는 우주용, 통신용, 기상관측용 등으로 이용이 시작되고, 상용전원이 없는 곳에서의 활용에 발전을 계속하였다. 독립형 전원 시스템의 블록도를 그림 4.8에 나타냈다.

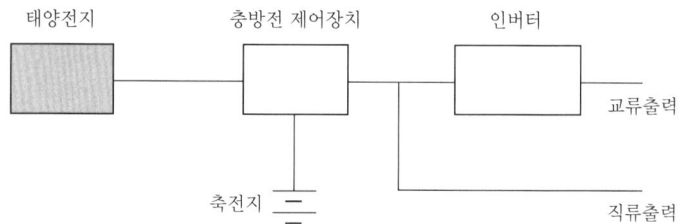

[주] 1. 직류 부하 전용일 때 인버터는 필요 없다.
     2. 직류 출력 전압과 축전지 전압은 맞출 것

그림 4.8 독립형 전원 시스템의 블록도

독립형 전원 시스템용 축전지는 매일 충·방전을 반복하고 기기 내에 내장되어 보수하기 어려운 장소에 설치되는 경우도 많으며 충전상태도 일정하지 않고 축전지에서 보면 불안정한 사용 상태에 놓여있다고 할 수 있다.

독립형 전원 시스템용 축전지의 기대수명은 그림 4.9와 같이 방전심도(DOD)와 방전 횟수, 사용온도 등에 따라 크게 변하며, 또한 태양광발전시스템에서는 기후에 따라 충·방전량이 변화하기 때문에 평균 방전심도를 설정하여 축전지의 기종을 선정해야 한다.

● 독립형 전원 시스템용 축전지 선정 포인트

독립형 전원을 경제적으로 설계할 경우의 포인트는 우선, 부하의 필요전력량을 상세히 검토하는 것이다.

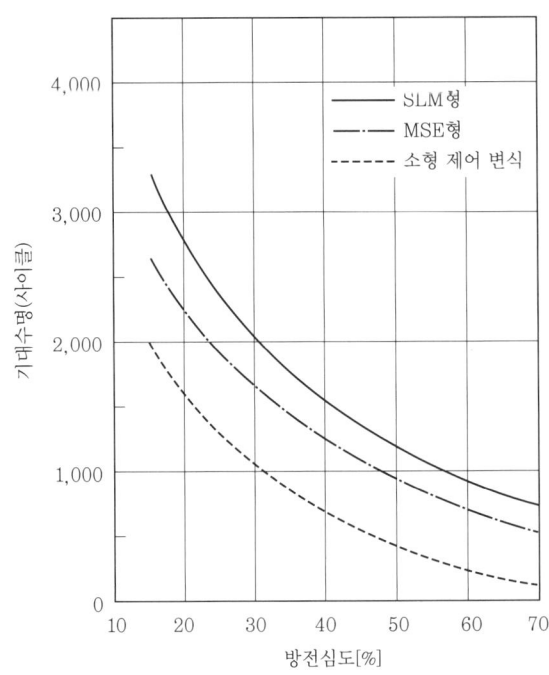

그림 4.9 축전지의 방전심도와 기대수명의 관계

이를 토대로 보면 태양전지의 용량 및 축전지의 용량과 충·방전 제어장치의 설정치를 얼마나 최적화할 수 있는지에 달려 있다. 설계 순서로는

① 부하에 필요한 직류 입력전력량을 상세하게 검토한다. 인버터의 입력전력을 파악한다.
② 설치 예정 장소의 일사량 데이터를 입수한다.
③ 설치장소의 일조조건이나 부하의 중요성으로 일조가 없는 시간을 설정한다(보통은 5~14일 정도가 많다).
④ 축전지의 기대수명으로 방전심도(DOD)를 설정한다.
⑤ 일사의 최저 월(月)에서도 충전량이 부하의 방전량보다 커지도록 태양전지용량 어레이 각도 등도 동시에 결정한다.
⑥ 축전지 용량(C)을 계산한다.

$$C = \frac{\text{하루 소비전력량} \times \text{일조없는 날 수}}{\text{보수율} \times \text{방전심도} \times \text{방전 종지전압}} \, [\text{A} \cdot \text{h}]$$

로 축전지 용량을 확정한다.

● 독립형 전원 시스템용 축전지의 설계 예

독립형 전원 시스템에서의 축전지는 매일 사용되기 때문에 표 4.1을 사용해서 기대수명을 몇 년으로 정할지 검토한다. 기기 내 수납형으로는 보수가 용이한 소형 제어변식 납축전지, 거치용으로는 제어변식 거치 납축전지나 소형 전동차용 납축전지 등을 이용한다. 보통 일조없는 날 수를 5~15일로 하기 때문에 방전심도는 얕은 경우가 많지만, 일반적으로 50~75%를 채용한다. 보수율을 0.8로 계산한다. 따라서 축전지 용량 C는

$$C = \frac{L_d \times D_f \times 1{,}000}{L \times V_b \times N \times \text{DOD} \times 100} \ [\text{A} \cdot \text{h}]$$

이 된다. 여기에

L_d : 하루의 적산 부하전력량[kW·h]
D_f : 일조없는 날[일]
L : 보수율
V_b : 공칭 축전지전압[V] ⇒ 납축전지의 경우는 2V
N : 축전지 개수[개]
DOD : 방전심도[%]
(일조없는 날 수의 최종일에서 축전지 용량의 65%까지 방전하는 설계를 한 경우는 DOD 65%라 함)

로 하고,

L_d : 2.4kW·h
L : 0.8
D_f : 10일
V_b : 2V
N : 48개
DOD : 0.65

로 하면

$$C = \frac{2.4 \times 10 \times 1{,}000}{0.8 \times 48 \times 2 \times 0.65}$$
$$= 481 \ \text{A} \cdot \text{h}$$

가 되며, 500A·h의 형제어변식 거치 축전지 48개를 직렬 접속하여 사용하게 된다.

본 설계는 온도 25℃일 때를 가정한 것이며, 방전 시의 온도가 낮을 때를 예를 들면 5℃에서의 축전지 용량은 95%, -5℃에서는 82%가 되므로 그만큼 용량을 크게 한다.

또, -15℃ 이하의 극저온에서의 사용에 대해서는 회사에 문의해야 한다.

축전지 설치에 대해서

설치 기준 취급 주의사항

축전지를 사용하는 데 유의할 점은 다음과 같다.

① 4,800A·h·셀을 넘는 경우는 화재예방 조례에 의해 소방서에 신고해야 되며 축전지 설비에는 화재예방 조례의 적합품을 사용한다.
② 방재 대응형은 재해 시 등으로 의한 정전 시에는 태양전지로 충전을 하기 때문에 충전전력량과 축전지 용량을 대조해야 한다.
③ 축전지 직렬 개수는 태양전지보다도 충전할 수 있는 것, 인버터 입력전압 범위에 들어가는 것을 확인하여 선정한다.
④ 항상 충전을 유지하는 방법을 충분히 검토하여 항상 축전지를 양호한 상태로 유지한다.
⑤ 중량물이기 때문에 설치장소는 하중에 견딜 수 있는 장소를 선정한다.
⑥ 지진에 견딜 수 있는 구조로 한다.

축전지 설비의 설치기준

설치한 축전지의 용량이 4,800A·h·셀(축전지 1셀의 공칭 용량×셀 수)을 넘으면 화재예방 조례, 소방예 제206호의 규제를 받기 때문에 미리 설치장소를 관할소방서에 신고해야 한다.

큐비클식 축전지 설비를 설치하는 경우에는 표 4.3과 같이 필요한 보안거리를 확보해야 하기 때문에 시스템 설계 시에는 충분히 배려해야 한다.

표 4.3 큐비클식 축전지 설비의 보안거리

보안거리를 확보해야 할 부분	보안거리[m]
큐비클 이외의 발전설비와의 거리	1.0
큐비클 이외의 변전설비와의 거리	1.0
실외에 설치할 경우 건물과의 거리	2.0
전면 또는 조작면	1.0
점검면	0.6
환기면*	0.2

* 전면, 조작면 또는 점검면 이외에서 환기구를 설치한 면을 말함

Section 4
내뢰 대책

태양전지 어레이는 넓은 면적을 가지며 차폐물이 없는 실외에 설치되기 때문에, 낙뢰(落雷)로 인한 과대한 전압의 영향을 받기 쉽다. 태양광발전시스템을 설치하는 지역이나 그 중요도에 맞게 내뢰에 관한 대책을 세워야 한다. 여기에서는 영향을 받는 빈도가 높다고 생각되는 유도뢰에 따른 대책을 중심으로 설명한다.

● 낙뢰에 대해서

낙뢰는 유도뢰와 직격뢰로 나눌 수 있으며, 발생하는 시기에 따라서 2종류로 나눌 수 있다.

● 직격뢰
태양전지 어레이, 저압배전선, 전기기기 및 배선 등으로 직접 내리는 낙뢰 및 그 근방에 낙뢰하는 것을 말한다. 직격뢰는 그 전류파고치가 15~20kA 이하가 거의 50%를 차지하고 있지만 200~300kA의 범위인 것도 관측되고 있다. 이같이 에너지가 매우 크기 때문에 직격뢰에 대한 대책은 별도의 피뢰침을 설치하는 등 전문가에게 상담해야 한다.

● 유도뢰
유도뢰에는 정전유도에 의한 것과 전자유도에 의한 것이 있다. 정전유도에 의한 것은 예를 들어 뇌운에 의해 케이블로 유도된 플러스 전하가 낙뢰에 의한 지표의 전하 중화에서 남겨져 뇌 서지가 된다(그림 4.10(a)).

전자유도에 의한 것은 케이블 근처의 낙뢰에 의한 뇌전류가 케이블로 유도되어 뇌 서지(surge)가 된다(그림 4.10(b)).

● 여름번개와 겨울번개
낙뢰에는 일반적으로 여름에 발생하는 여름번개와 특히 겨울에 일본의 동쪽바다 방면에서 다발하는 겨울번개가 있으며 서로 다른 성질을 가지고 있다.

겨울번개는 대표적인 낙뢰이다. 산악지와 평야 또는 바다와의 경계선, 주위가 산으로 둘러싸인 분지 등으로 온도, 습도가 불연속으로 변화하기 때문에 이에 따라 상승기류가 잘 발생하는 곳에서 생기고 대류권 가득히 뻗는 큰 구름인 적란운에 의해 발생한다.

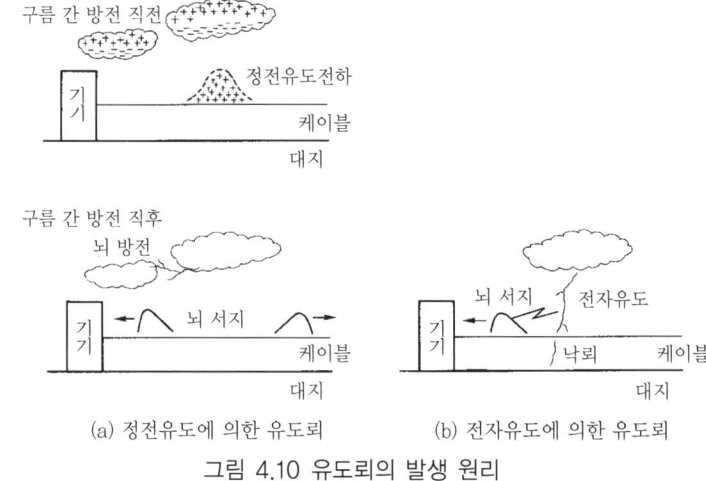

(a) 정전유도에 의한 유도뢰　　(b) 전자유도에 의한 유도뢰

그림 4.10 유도뢰의 발생 원리

겨울번개는 겨울철에 기온이 급변할 때에 잘 발생한다. 일본의 동쪽바다로 들어온 난류로 얻은 풍부한 습도를 가진 공기와 시베리아에서 불어오는 차가운 강풍으로 발생한다. 겨울의 뇌운은 시베리아에서 불어오는 강풍으로 길고 가늘게 깔리듯이 발생하며, 또 운저도 낮기 때문에 대지로의 1회의 방전으로 구름의 전(全)전하가 방전되는 경우가 많다. 또 여름번개에 비해 파고치는 1,000~수천 A로 낮지만 계속되는 시간이 1,000배 정도 길고, 대지전류도 가늘고 길게 먼 곳까지 흐르기 때문에 여름번개에 비해 넓은 범위에서 영향을 끼친다.

낙뢰 서지(surge) 대책

태양광발전시스템으로 들어오는 낙뢰 서지의 침입경로는, 태양전지 어레이의 침입 이외에 배전선이나 접지선으로의 침입 및 그 조합에 의한 침입이 있다. 접지선에서의 침입은 근방의 낙뢰로 대지전위가 상승하여 상대적으로 전원 측의 전위가 낮아져, 접지선에서 거꾸로 전원 측을 향해 흐르는 경우에 발생한다.

낙뢰 서지에 의한 피해로부터 태양광발전시스템을 지키기 위해 아래의 대책을 장려한다.

① 피뢰소자를 어레이 주회로 내에 분산시켜 설치하고 동시에 접속함에도 설치한다.
② 저압배전선으로 침입하는 낙뢰 서지에 대해서는 분전반에 피뢰소자를 설치한다.
③ 뇌우 다발지역에서는 교류전원 측에 내뢰 트랜스를 설치하여 보다 안전한 대책을 세운다.

낙뢰가 많이 발생하는 지역인지 아닌지 판단하기 위한 자료로 10년 간의(1954~1963년) 연간 뇌우일 수를 통계한 데이터가 있다. 또, 하루에 뇌우가 몇 회씩 발생한 경우에도 1일 단위로 세기 때문에 뇌우일 수가 35일 이상인 지역은 낙뢰횟수가 수~수십 배가 되며 상황에 맞게 ③항을 실시해야 한다.

피뢰소자 선정

피뢰대책용 부품에는 크게 피뢰소자와 피뢰 트랜스가 있으며, 태양광발전시스템에는 일반적으로 피뢰소자인 SPD(구칭 : 어레스터) 또는 서지 앱소버(surge absorber)를 사용한다.

① SPD : 낙뢰로 인한 충격성 과전압에 대해 전기설비의 단자전압을 규정치 이내로 낮추어 정전을 일으키지 않고 원상태로 복귀하는 장치
② 서지 앱소버 : 전선로로 침입하는 이상전압의 높이를 완화하고 또 파고치를 저하시키도록 만든 장치
③ 내뢰 트랜스 : 실드부 절연 트랜스를 주체로 하며 이에 SPD 및 콘덴서를 부가한 것이다. 뇌 서지가 침입한 경우 내부에 내장된 SPD에서의 제어 및 1차 측과 2차 측 간의 고절연화 및 실드에 의해 뇌 서지의 흐름을 완전히 차단할 수 있게 만든 장치

피뢰소자를 선정하는 방법

접속함 내 및 분전반 내에 설치된 피뢰소자는 SPD(방전내량이 큰 것)를 선정하고, 어레이 주회로 내에 설치된 피뢰소자는 서지 앱소버(방전내량이 작은 것)를 선정한다. 그림 4.11은 피뢰소자의 외관을 나타냈다.

(a) 전원용 클래스 Ⅱ SPD AC 250V용
JIS C 5381-1 대응(절리장치 내장)

(b) 전원용 클래스 Ⅱ SPD AC 250V용
JIS C 5381-1 대응(절리장치 내장)
각각의 상 대지 간 및 각각의 상 간 SPD를 1대에 집약

(c) DC회로용 클래스 Ⅱ SPD DC 660V용
JIS C 5381-1 대응(절리장치 내장)

(d) 서지 앱소버
서지 내량은 직경 23~25mm로 4,000A(8/20㎲) 2회

그림 4.11 각종 피뢰소자

(a) SPD의 구체적인 선정방법

① 최대 연속 사용 전압 U_c : 접속함 및 분전반 등의 SPD 설치장소에 대해, 제조회사 카탈로그의 정격전압란에 기재되어 있는 전압 또는 제조회사가 권하는 전압의 형식을 선정한다.

② 전압 방호 레벨 U_p : 공칭 방전전류(8/20μs) I_n에서의 전압 방호 레벨(서지 전류가 흐를 때, 서지 전압이 제한되어 SPD 양단자 간에 잔류하는 전압)이 2,500V 이하인 것을 선정한다. 이 이유는 태양전지 어레이의 임펄스 내전압(표준 뇌 임펄스 전압 파형 1.2/50μs를 정부(正負) 각 2회 인가했을 때에 절연파괴를 일으키지 않는 최대 전압)이 4,500V로 규정되어 있기 때문에, SPD의 어스선 길이에 따른 서지 임피던스(서지 전류가 흘렀을 때의 임피던스)의 상승분도 고려하여, 전압 방호 레벨을 2,500V 이하로 했다. SPD의 기능을 발휘하기 위해서라도 어스선은 가능한 짧게 배선해야 한다.

③ 최대 방전 전류(8/20μs) I_{max} : 유도뢰 서지 전류로 최대 1,000A 정도가 유기된다는 보고가 있다. 게다가 유기된 파형은 8/20μs 뿐만 아니라, 이 이상의 길이를 가진 에너지가 큰 파형도 있기 때문에, SPD의 최대 방전 전류 I_{max}(실질상 장해를 일으키지 않고 흐를 수 있는 소정의 파형인 방전 전류 파고치의 최대 한도라 함)는 최저 10kA 이상, 겨울번개에 대응할 경우에는 40kA 이상이 바람직하다.

④ SPD는 회로에서 쉽게 탈착할 수 있는 구조를 가진 것이 바람직하다. 절연저항을 측정할 때 작업성이 향상된다.

⑤ SPD(산화아연계)는 뇌 전류로 열화하면 최악의 경우 단락상태가 되기 때문에, 열화했을 때 자

표 4.4 SPD의 선택 예

(1) 접속함

형식		LS-TED62FS 대지 간(L-E 간) 보호용	LS-TED62FS 선 간(L-L 간) 보호용	비고
최대 연속 사용 전압	U_c	660V DC		JIS C 5381-1 대응 (절리 장치 내장)
공칭 방전 전류(8/20μs)	I_n	20kA	20kA	
최대 방전 전류 (8/20μs)	I_{max}	40kA	40kA	
전압 방호 레벨(I_n 인가시)	U_p	2,500V 이하	1,500V 이하	

(2) 분전반

형식			LT-2T	LT-332	LT-2T2H	비고
최대 연속 사용 전압(50/60Hz) U_c			단상 2선 130V, 250V AC 단상 3선 110V/220V AC 3상 3선 250V AC			JIS C 5381-1 대응 (절리 장치 내장)
공칭 방전 전류(8/20μs) I_n	선 간, 대지 간		5kA	10kA	20kA	
최대 방전 전류(8/20μs) I_{max}	선 간, 대지 간		10kA(3회)	20kA	40kA	
전압 방호 레벨(I_n 인가 시) U_p	선 간		1,300V 이하	1,300V 이하	1,500V 이하	
	대지 간		1,500V 이하			

동으로 회로에서 절리되는 기능을 가진 제품을 선정하면 보수점검이 용이하다.

이상의 생각을 토대로 SPD를 선정한 예를 표 4.4에 나타냈다. 또 SPD의 분전반에 설치한 예를 그림 4.12에 나타냈다.

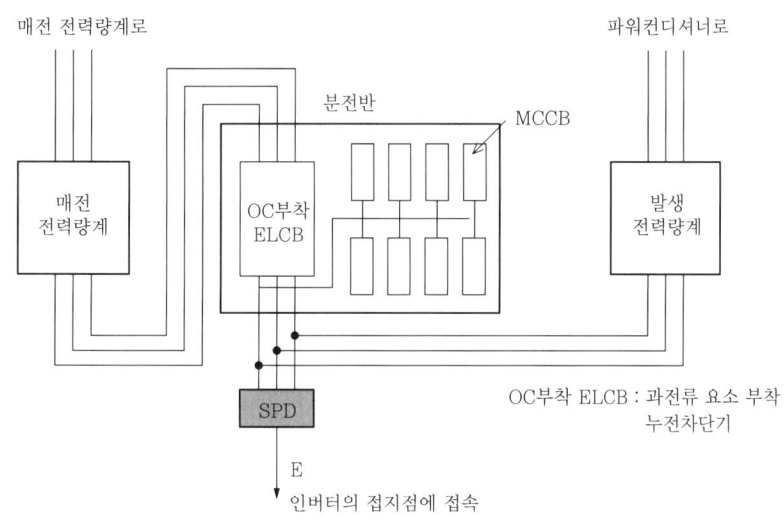

그림 4.12 분전반에 SPD를 설치한 예

(b) 서지 앱소버의 구체적인 선정방법
① 설치하려고 하는 단자 간의 최대 전압을 확인하고, 제조회사의 카탈로그 속에서 최대허용 회로 전압[V]란이나 그 전압 이상의 형식을 선택한다.
② 유도 뇌 서지 전류로서 1,000A(8/20μs)에서의 제한 전압이 2,000V 이하인 것을 선정한다.
③ 방전내량은 최저 4kA 이상인 것을 선정한다.
④ 회로에서 쉽게 탈착할 수 있는 구조를 가진 것이 바람직하다.

(c) 기타
피뢰소자로서 그 밖에 다른 캡 구조인 것도 있지만, 뇌 서지에 의해 동작한 후에는 캡의 동작전압이 평소보다 낮아지기 때문에, 태양전지 어레이의 전류가 캡으로 계속 흘러 캡이 파손될 가능성이 있어 사용하지 않는 것이 바람직하다.

● 내뢰 트랜스를 선정하는 방법

파워컨디셔너의 교류 측에 내뢰 트랜스를 설치하면, 태양광발전시스템이 상용계통과 완전히 절연성을 가지며 뇌 서지에 대해서도 거의 완전히 차단할 수 있다. SPD나 서지 앱소버로 보호할 수 없는 경우에 사용할 것을 장려한다.

그림 4.13에 내뢰 트랜스의 외관 및 회로도를 나타냈다.

선정은 다음 방법에 의한다.

① 1차 측, 2차 측 전압 및 용량을 결정하고, 카탈로그에 의해 형식을 선정한다.
② 전기특성(전압변동률, 효율, 충격파(뇌 임펄스) 절연강도, 서지 감쇠량)이 양호한 것을 선정한다.
③ 1차 측과 2차 측 사이에는 실드판이 있으며, 이 판수가 많을수록 뇌 서지에 대한 억제효과도 높아지기 때문에 많은 것을 선정한다.

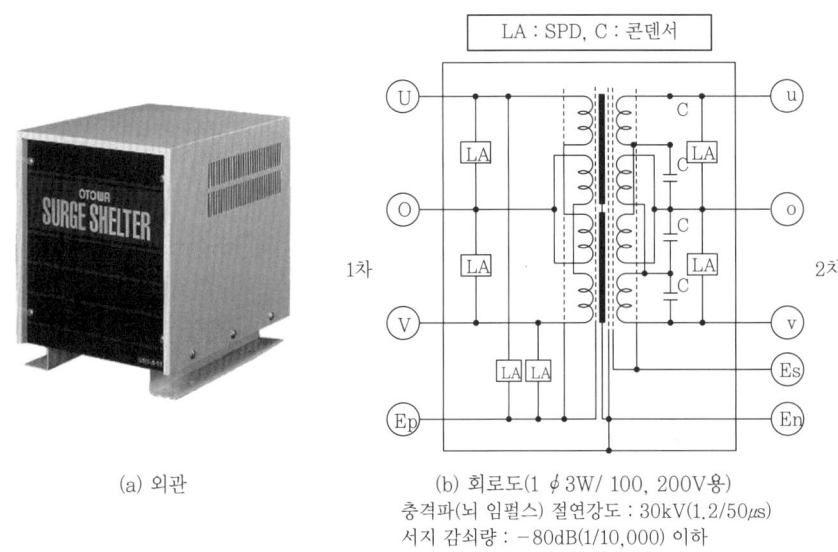

(a) 외관

(b) 회로도(1 ϕ 3W/ 100, 200V용)
충격파(뇌 임펄스) 절연강도 : 30kV(1.2/50μs)
서지 감쇠량 : -80dB(1/10,000) 이하

그림 4.13 내뢰 트랜스의 개요

Chapter 5

태양광발전시스템 설계

태양광발전시스템은 여러 장소에 설치가 가능하며 그 때문에, 설치장소에 맞게 설계해야 한다. 설계할 때는 가장 먼저 태양전지의 발전량을 어림잡아야 한다. 그 다음에 구체적인 시스템 설계를 하고 설치 가능성을 판단, 시공상 문제점 체크 등을 한다. 여기에서는 우선 태양광발전시스템 발전량의 산출방법을 사례를 이용해 설명하며, 계속해서 주택 등의 지붕에 설치하는 경우, 여러 설치방법에 대해 설명한다. 또 시스템의 전기설계에 대해서도 사례를 토대로 설명한다.

태양광과 일사

● 태양의 궤도와 좌표

 지구는 태양 주위를 약 365일 주기로 태양을 초점의 하나로 하는 타원궤도를 운동하고 있다. 따라서 태양과 지구의 거리는 연간 변동하고 있지만 평균거리를 1천문단위(AU)라 하며 약 1억 5,000만 km이다. 지구가 태양에 가장 가까운 점이 근일점으로 1월 4일경, 또 가장 먼 점을 원일점이라 하며 7월 5일경이다.

 지구궤도가 타원이기 때문에 운동속도는 태양에서 떨어진 거리에 따라 변화하고 있으며, 또한 지축이 기울어져 있기 때문에 태양이 가장 남쪽에 오는(남중(南中)) 시각은 연간에 걸쳐 변화한다. 태양의 남중시각과 12시와의 차를 균시차라 하며 최대 15분 이상의 차가 있다(그림 5.2). 또 한국의 시각은 동경(東經) 135°를 기준으로 설정되어 있으며(한국표준시), 이에 따라 동쪽 지점에서는 태양의 남중시각은 빨라지며 서쪽은 느려진다. 즉, 동경 $L[°]$의 지점에서의 태양의 남중시각은

$$12시 + 평시차[min] + 경도차(L-135) \times 4[min]$$

로 구할 수 있다. 4는 각도를 분으로 변환하는 계수로 360°가 24시간으로 1°는 4분에 상당한다.

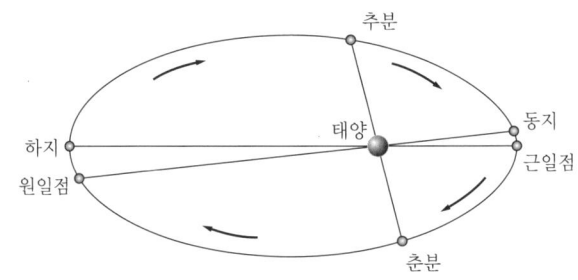

그림 5.1 태양과 지구의 거리

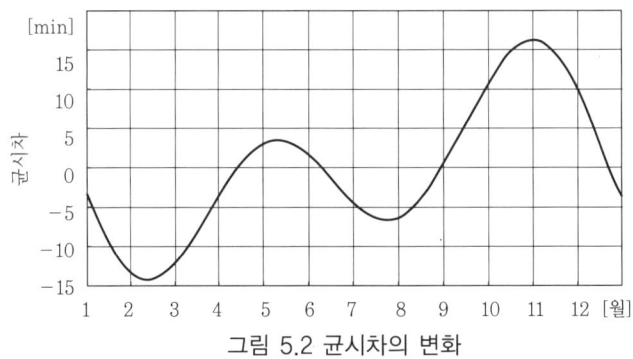

그림 5.2 균시차의 변화

● 태양의 고도와 방위각

지상에서의 천공 태양 좌표에 대해 그림 5.3에 나타냈다.
천구 상의 태양위치 S는 적위(δ), 시각(ω)으로 나타낸다.

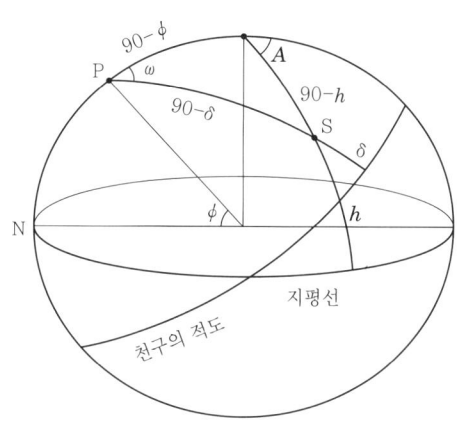

그림 5.3 천구 상의 태양의 좌표

적위는 천구의 적도를 0°로 하여 천구의 북극 방향에 [+], 남극 방향에 [-]로 나타낸다. 춘분과 추분에는 태양은 적도상으로 오기 때문에 0°, 하지는 가장 북쪽에 위치하여 +23.5°, 동지는 남쪽으로 -23.5°가 된다. 시각은 태양이 남중했을 때를 0°로 하여 1시간당 15° 단위로 오전을 [-], 오후를 [+]로 나타낸다. 태양 위치는 다음 식으로 계산한다.

$\delta\,[°] = 360/2\pi\,(0.006918 - 0.399912\cos x + 0.070257\sin x$
$\qquad - 0.006758\cos 2x + 0.00908\sin 2x)$

$x = (n-1) \times 360/365$

n은 1월 1일을 기점일로 한 연간 평균일이라 한다.
균시차 $E_t\,[h]$는

$E_t = (0.0172 + 0.4281\cos x - 7.315\sin x - 3.3495\cos 2x - 9.3619\sin 2x)/60$

한국표준시 KST[시]에서의 시각 $\omega\,[°]$는

$\omega = 15 \times (\text{KST} + \lambda/15 - 9 + E_t - 12)$

λ는 계산지점의 경도 [°]이다.
태양의 고도 h와 방위각 A는

$\sin h = \sin A \sin \delta + \cos A \cos \delta \cos \omega$

$\sin A = \cos \delta \sin \omega / \cos h$

그늘의 방향은 태양의 방위각 ϕ에 180°를 더하여 구한다. 수평면에 생기는 그늘의 길이는 그늘을 만드는 물체의 높이 $\times \tan(90° - h)$로 계산한다.

계산 예

장소 : 동경 135° 47.6′, 북위 34° 41.6′

계산일시 : 2010년 11월 1일, 14시 00분

계산결과

태양적위 δ : $-14°$ 22.7′   시각 ω : 34° 53.4′   균시차 E_t : 16분 23초

태양의 방위 A :   40° 10.0′   태양의 고도 h : 30° 47.6′

그늘의 방향 :   220° 10.0′   높이 1m의 장해물인 그늘의 길이 : 1.68m

● 일사량

일사량은 단위면적($1m^2$)이 일정 시간 내에 태양에서 받는 방사 에너지량을 나타낸다. 단위는 $kW·h/m^2$ 또는 $W·h/m^2$을 사용한다. 일사강도 또는 방사조도는 에너지의 강도로, kW/m^2 또는 W/m^2으로 시간 단위는 포함되지 않는다.

기상관측에서 일사량은 주로 다음 3가지로 분류된다.

① 전천일사량 : 천공 전체에서의 일사량으로, 일사계를 수평으로 설치하여 측정한 수치를 수평면 전천일사량이라 한다.

② 산란일사량 : 태양의 광구부분 이외의 천공광으로 대기 분자나 미립자에서 산란된 빛을 측정한 것이며 태양의 직사광을 차단하면서 수평면에서 측정한다.

③ 직달일사량 : 태양의 광구부분에서 방사되는 직사광을 측정한 일사량이 직달일사량이다. 직달일사량은 통 모양의 측정기기에 태양광을 넣어 측정하기 위해, 태양을 따라가면서 항상 태양광선의 입사방향에 대해 수직면에서 받은 방사조도로 측정된다. 이를 수평면에서의 수치로 환산한 것이 수평면 직달일사량으로, 산란일사량과의 합이 전천일사량이 된다.

그밖에 구름, 지면, 건물에서 반사된 일사를 **반사일사량**이라 하며, 물체의 반사율(알베도)을 측정하여 계산한다. 경사진 태양전지 수광면에 입사하는 일사량을 **경사면 일사량**으로 전천일사계를 기울여 측정하는 것이 있으며 전천일사량의 일부와 반사일사량의 합계치가 된다.

● 태양의 스펙트럼

지상에서의 태양광 스펙트럼 분포는 지역, 기후, 태양고도(기단) 등에 따라 다르지만, 기준 스펙트럼을 IEC나 JIS에서는 다음의 조건으로 제정하고 있다. 이것을 **기준태양광**이라 하며, 「JIS C 8904-3 태양전지 디바이스 - 제3부 : 기준태양광의 분광방사조도에 따른 태양전지 측정원칙」 (2011년 1월 20일 제정)으로 정의되어 있다.

에어 매스(Air Mass ; AM) : 1.5

가강수분량 : 1.42cm, 대기 오존 함유량 : 0.34cm, 혼탁계수 : 0.27

로 측정 조건이

지면의 알베도(Albedo ; 태양광선 반사도) : 0.2   측정면(수평면에 대해) 37°

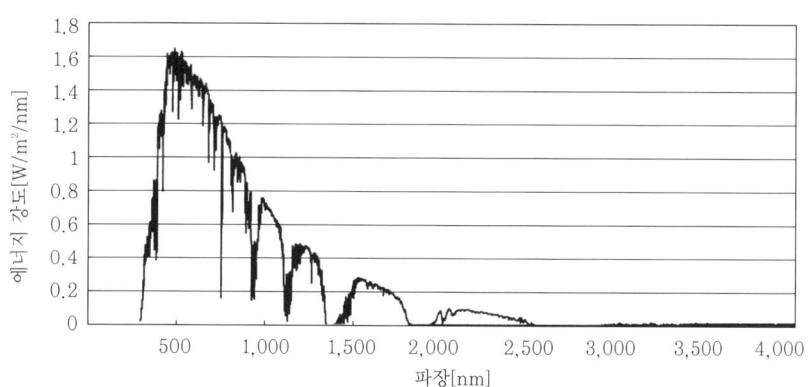

그림 5.4 기준 태양광의 분광방사조도 분포

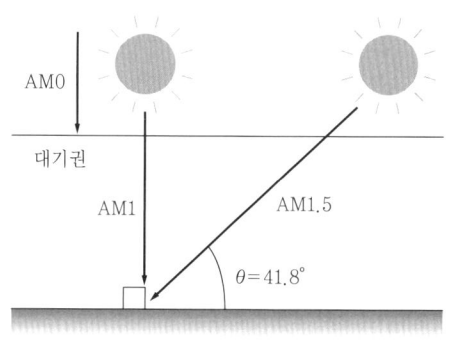

그림 5.5 기단 설명

일 때의 1,000W/m²의 전천일사를 나타낸다.

에어 매스(air mass)란 지구대기에 입사한 태양광이 통과한 대기노정의 길이를 나타내며, 수직으로 통과한 노정을 AM 1.0으로 정하고 그것에 대한 배율로 나타낸다.

태양의 천정각을 $Z[°]$로 나타내면 에어 매스·AM=sec(Z)로 계산된다. 에어 매스 1.5는 태양고도가 41.8°인 입사광에 상당한다. 또 대기권은 에어 매스 0이다.

Section 2
발전량 산출

● 발전량 산출 순서

계통연계시스템 설계는 발전전력량과 사용전력량과의 사이에 제한적인 관계가 없기 때문에, 설치 장소(면적) 등에 의해 시스템 용량을 결정하는 경우가 많다. 따라서 태양전지의 설치가능면적을 충분히 검토한 뒤, 태양전지용량을 산출하여 그 후 시스템 전체를 설계한다. 여기에서는 태양광발전시스템 발전전력량 추정식에 대해 2가지 방식을 소개한다. 2가지 방식에 공통되는 일사량에 대해서는 일본기상협회가 신에너지·산업기술총합개발기구(NEDO)에서 위탁연구로 수집한 「발전량 기초조사」(1987년 발행)로 알 수 있다.

이 「발전량 기초조사」는 1998년에 개정되어 「전국 일사관련 데이터 맵(MONSOLA98(801))」으로서 데이터가 수록되어 있고, 또한 개정이 진행되어 최신 버전은 NEDO에서의 위탁연구사업인 「2003~2005년도 표준 일사데이터의 지리적 분해능 향상에 관한 조사연구」에 따라(MONSOLA05 (801))이 정비되어 있다. 이에 따르면 일본 801개 지점에서의 방위, 설치 경사각에 따른 일사량에 대해 월마다 알 수 있으며, 이 데이터를 토대로 설계하는 것이 일반적이다.

● JPEA 방식

일반 사단법인 태양광발전협회가 2001년도에 「표시에 관한 업계 자주규칙」을 제정하고 주택용 태양광발전시스템의 구체적 표기방법의 간편한 연간 예측 발전전력량 표기를 다음과 같이 정했다.

- 시스템 출력치는 '태양전지 모듈의 공칭 최대출력의 합'이라 하며, 표기는 '태양전지용량(단위는 kW) (P_{AS})'이라 한다.
- 온도 보정 계수(K_{PT}) : 결정계 실리콘 태양전지의 온도 보정 계수를 표 5.1에 나타냈다.
- 파워컨디셔너 손실(η_{INO}) : 수치는 각 사의 정격출력 시의 효율로 한다.
- 기타 손실(K'') : 수광면의 먼지/배선/회로 손실의 수치

표 5.1 JPEA 방식에 이용하는 온도 보정 계수

3월~5월, 9월~11월	0.85*
6월~8월	0.80*
12월~2월	0.90*

＊ 결정계 실리콘 태양전지 이외의 태양전지는 특성에 맞게 수치를 사용해도 좋다.

각 월의 예측 발전전력량(E_{PM}) [kW·h/월]은 식 (5.1)과 같다.

$$E_{PM} = P_{AS} \times H_{AM} \times K_{PT} \times \eta_{INO} \times K'' \tag{5.1}$$

로 계산한다. 단 H_{AM}은 월 적산 경사면 일사량 [kW·h/월]이다.

● JIS에 의한 방식

JIS C 8907 「태양광발전시스템의 발전전력량 추정방식」은 태양광발전시스템의 연간 시스템 발전전력량 추정방법에 대해 규정되어 있다. 산출 순서는 다음의 흐름으로 산출된다. 이 JIS방식에서는 독립형 시스템의 발전전력량 추정도 실시할 수 있다.

① 표준 태양전지 어레이 출력 P_{AS} 확인

JPEA 방식과 동일한 산출방법으로 구할 수 있다.

② 기본 설계계수 K' 산출

기본 설계계수 K'는 시스템의 기본구성에 따라 각 보정계수를 명확하게 하며, 기본 설계계수를 구하여, 아래의 기본 설계계수 계산 시트에 기입하여 구할 수 있다. 대표치를 표 5.2에 나타냈다. 어레이 회로 보정계수(K_{PA})는 태양전지 어레이의 배선저항 등으로 생기는 저항손실 및 역류방지 디바이스에 의한 손실을 보정하기 위한 계수이다. 어레이 부하 정합 보정계수(K_{PM})는 부하를 접속한 경우에, 실제 동작전압이 태양전지 어레이 출력전력의 최대 출력동작전압에서 벗어남에 따라 생기는 출력전력량의 감소를 보정하는 계수이다.

계통연계형인 경우 :

$$K' = K_{HD} \times K_{PD} \times K_{PA} \times K_{PM} \times \eta_{INO} \tag{5.2}$$

독립형(직류부하)인 경우 :

$$K' = K_{HD} \times K_{PD} \times K_{PA} \times K_{PM} \times (1 - \gamma_{BA} + \gamma_{BA} \times \eta_{BA}) \times \eta_{DDO} \tag{5.3}$$

독립형(교류부하)인 경우 :

$$K' = K_{HD} \times K_{PD} \times K_{PA} \times K_{PM} \times (1 - \gamma_{BA} + \gamma_{BA} \times \eta_{BA}) \times \eta_{INO} \tag{5.4}$$

③ 월 평균일 적산 경사면 일사량 H_S의 선택

④ 월 적산 경사면 일사량 H_{AM} 산출

기본 설계계수 H_{AM}은, 다음의 식으로 구할 수 있다.

$$H_{AM} = H_S \times 일수 \tag{5.5}$$

⑤ 온도 보정 계수 K_{PT}의 산출

온도 보정 계수 K_{PT}는 다음의 식으로 산출한다.

$$K_{PT} = 1 + \alpha_{P\max}(T_{CR} - 25)/100 \tag{5.6}$$

$$T_{CR} = T_{AV} + \Delta T \tag{5.7}$$

$\alpha_{P\max}$: 최대출력 온도계수[%·℃$^{-1}$]

표 5.2 기본 설계계수 계산 시트

보정계수 항목		부하의 형태		
		계통연계형	독립형(직류부하)	독립형(교류부하)
일사량 연변동 보정계수	K_{HD}	0.97	0.97	0.97
경시 변화 보정계수	K_{PD}	0.95*1	0.95*1	0.95*1
어레이 회로 보정계수	K_{PA}	0.97	0.97	0.97
어레이 부하 정합 보정계수	K_{PM}	0.94	0.89*2	0.89*2
축전지 기여율	γ_{BA}	−	0.8*3	0.8*3
축전지 충전 효율	η_{BA}	−	0.83*4	0.83*4
컨버터 실효 효율	η_{DDO}	−	0.9*4	−
인버터 실효 효율	η_{INO}	0.9*4	−	0.9*4
기본 설계계수	K'			

*1 결정계인 경우의 참고치
*2 일사량에 추종한 부하만을 사용하는 경우는 0.91을 대표치로 한다.
*3 일사량에 추종한 부하만을 사용하는 경우는 0.37을 대표치로 한다.
*4 제조회사 정격치를 사용할 것

결정계 : (−0.4에서 −0.5), 헤테로 접합 : −0.3

T_{CR} : 가중 평균 태양전지 모듈 온도

T_{AV} : 월 평균 기온

ΔT : 가중 평균 태양전지 모듈 온도 상승

으로 표시한다. ΔT에 대해서는 가대설치형에서 18.4℃, 지붕설치형에서 21.5℃, 지붕일체형에서 25.4℃의 수치를 예로 표시하고 있다.

⑥ 월 총합 설계계수 K의 산출

월 총합 설계계수 K는 다음 식으로 구할 수 있다.

$$K = K' \times K_{PT} \tag{5.8}$$

⑦ 월간 시스템 발전전력량 E_{PM}의 추정

월간 시스템 발전전력량 E_{PM}은 다음 식으로 구할 수 있다.

$$E_{PM} = K \times P_{AS} \times H_{AM} / G_s \tag{5.9}$$

G_s : 표준시험조건에서의 일사강도[kW/m²]

보통은 $G_s = 1$을 이용한다.

● 실측치와 시뮬레이션 수치와 비교

JPEA 방식·JIS 방식의 수치를 산출하여 실측치와의 비교를 나타낸다.

그림 5.6에 JPEA 방식과 JIS 방식의 오차율을 나타냈다.

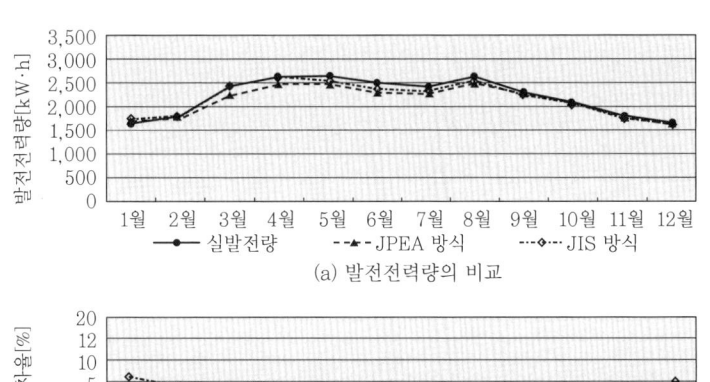

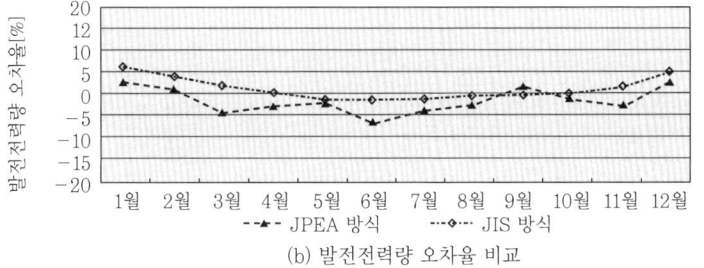

그림 5.6 실(實)발전전력량과 JPEA 방식, JIS 방식의 발전전력량 오차율*

사용데이터는 NEDO 필드 테스트에 있어서 전국 284 사이트의 월평균 발전전력량을 그 평균치로 하고 있다.

또 오차율[%]은

$$(예측치 - 실측치)/실측치 \times 100 \tag{5.10}$$

으로 산출하고 있다.

JPEA 방식, JIS 방식 모두 약간 적은 발전전력량 예측방식으로 되어 있다. 하지만 2개의 예측방식은 거의 같은 결과를 얻을 수 있으며 JPEA 방식도 간이적인 식으로 유효한 수단이다.

● 지역별 일조도 소개

앞에서 설명한 것과 같이 발전전력량은 태양전지용량, 일사량 그리고 각 계수를 곱한 수치로 구할 수 있으며, 태양전지 용량이 같은 시스템에서도 일사량이 다르면 발전전력량도 다른 것을 알 수 있다. 이같이 태양광발전시스템의 발전전력량에 크게 영향을 주는 요인은 일사량이다. 각 지역마다 다른 일사량의 차이는 일본기상협회가 작성한 일사 특성에 따른 기후 구분(그림 5.7)으로 확인할 수 있다. 이 그림으로 알 수 있듯이, 일사특성은 다른 위도의 지역이 동일 기후 구분이 되고 일본열도는 5분할로 표시된다.

---

* JPEA 보고서 「태양광발전시스템 발전량 추정식에 관한 조사연구」(2008년 6월)

Chapter 5

발전량 산출 사례(경사진 주택 지붕의 경우)

개인주택의 지붕을 상상하여 PV 시스템 설계를 해본다. 검토할 지붕으로 박공(남향 $50m^2$), 우진각(사다리꼴로, 남면 $32m^2$, 동면과 서면 각 $20m^2$)을 생각한다. 계산의 전제로 이하의 조건을 가정한다.

Ⅰ 홋카이도에서 야마나시 동부까지의 동해안 지역
Ⅱ 츄부·킨키·츄고쿠·시코쿠의 내륙산지와 큐슈 북부 지역
Ⅲ 홋카이도·도호쿠의 태평양 측 지역과 관동내륙부
Ⅳ 관동이서의 태평양 측 지역과 세토 내해 연안 지역
Ⅴ 남서제도

그림 5.7 일사 특성 등에 따른 기후 구분(일본기상협회)

① 정남향으로 지붕 경사 $30°$
② 일사 데이터는 도쿄에서의 각 월의 평균치를 사용
③ 태양전지 모듈 : 공칭 최대출력 180W
　　　　　　　　공칭 최대출력 동작전압 41V
　　　　　　　　치수 : 1,500mm×900mm
④ 파워컨디셔너의 직류 입력전압은 정격 DC 200V
⑤ 파워컨디셔너의 교류 출력전압은 정격 AC 210/105V, 단상 3선식

처음에 파워컨디셔너의 입력전압이 200V이므로 태양전지 어레이의 출력전압을 이에 맞추기 위해 스트링 속 태양전지 모듈의 직렬 수를 구한다. 태양전지 모듈 1장당 공칭 최대출력 동작전압은 41V이므로, 직렬 수는 5장이 된다. 최근에는 태양전지 셀의 대형화로 전류용량이 커지고 있기 때문에 태양전지 모듈 1매당 공칭 최대출력 동작전압이 낮아지고, 직렬수를 10장 이상으로 하고 있는 회사도 있다. 이 1 스트링의 출력은 900W, 출력전압은 205V가 된다.

우선, 박공지붕인 경우를 생각해보면 설치면적에서 4병렬로 만들 수 있고, 표준 태양전지 어레이 용량 3.6kW를 얻을 수 있다. 지붕 위에 설치한 상상도를 그림 5.8(a)에 나타낸다(이하, 본 Chapter의 그림에서 길이 단위는 상정 이외 mm을 나타낸다). 다음으로 이 태양전지 어레이에서 어느 정도의 발전전력량이 공급가능한지 검토한다. JPEA방식은 식 (5.1), JIS방식은 식 (5.2)로 발전전력량을 계산한다. 예를 들면 1월의 경우 어레이면(面) 일사량은 일사량 데이터에서 $3.67kW \cdot h(m^2 \cdot 일)$이며, 그 밖의 손실($K''$)을 0.95, 월 총합 설계계수($K$)를 0.75로 하면, 1일당 공급가능 발전전력량으로 $10.2kW \cdot h/일$(JPEA방식), $9.9kW \cdot h/일$(JIS방식)을 얻을 수 있다.

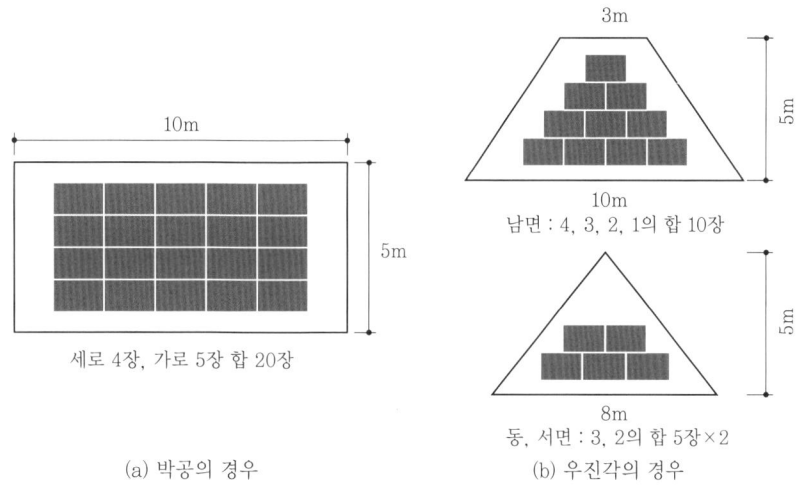

(a) 박공의 경우   (b) 우진각의 경우

그림 5.8 태양전지 지붕 위의 설치 상정도

표 5.3 태양광발전시스템의 공급 가능 발전전력량

월	경사면 일사량(30℃) [kW·h(m²·일)]	월간[kW·h/월]		1일 당[kW·h/일]	
		JPEA방식	JIS방식	JPEA방식	JIS방식
1	3.67	315.2	307.1	10.2	9.9
2	3.73	289.3	281.3	10.3	10.0
3	4.14	335.8	340.6	10.8	11.0
4	4.12	323.4	318.6	10.8	10.6
5	4.39	356.1	342.5	11.5	11.0
6	3.77	278.5	279.9	9.3	9.3
7	3.74	285.5	281.4	9.2	9.1
8	4.22	322.1	314.1	10.4	10.1
9	3.39	266.1	249.6	8.9	8.3
10	3.32	269.3	260.4	8.7	8.4
11	3.10	243.3	241.7	8.1	8.1
12	3.29	282.5	271.5	9.1	8.8
연간 합계		3,567.0	3,488.8		

마찬가지의 순서로 표 5.3과 같이 각 월마다 평균 공급 발전전력량의 추이를 얻을 수 있다. 또 이 공급 가능 발전전력용 견적은 주위에 건물이나 수목이 없는 경우이며, 이들이 그늘이 되는 경우에는 그늘에 들어가는 태양전지 모듈의 발전전력량이 저하되는 것을 예상해야 한다.

한편, 우진각의 경우에는 지붕모양이 사다리꼴이므로 하나의 지붕면에는 2병렬분인 10장의 설치에 그치고 동향, 서향 지붕에도 설치하는 것으로 표준 태양전지 어레이 용량 3.6kW를 얻을 수 있다.

우진각 지붕에 설치하는 경우의 상상도를 그림 5.8(b)에 나타냈다. 태양전지를 동서향에 설치하면 그 출력은 정남향에 비해 약 16% 저하한다. 이 예의 경우 1/2의 태양전지를 동서로 나눠 설치하고 있으므로, 실제 최대출력의 합은 3.3kW라 어림잡을 수 있다.

이 순서로 태양전지용량을 산출하면, 다음으로 이 시스템에 걸맞은 파워컨디셔너를 선정한다. 파워컨디셔너 선정에 대해서는 태양전지의 정격출력전압과 파워컨디셔너의 직류 입력전압을 맞추어, 온도조건 등도 고려한 태양전지의 출력전압범위와 파워컨디셔너의 직류 입력범위를 일치시켜야 한다. 출력용량에 대해서는 태양전지용량과 동일한 것을 선정하는 것이 가장 좋지만, 실제로는 시판품 중에서 용량에 여유가 있는 것을 선정한다. 또 각 회사의 시스템 구성에 있어서 파워컨디셔너의 정격용량보다 태양전지용량 쪽이 커지는 시스템도 있는데, 파워컨디셔너나 직류 배선 손실 등을 고려한 시스템 설계로 되어 있기 때문이다. 상세한 내용은 Chapter 3의「파워컨디셔너의 종류와 선정」을 참조하길 바란다.

● 발전량 산출 사례(지상·편지붕의 경우)

여기에서는 평탄한 지상이나 건물의 편지붕 위에 태양전지 어레이를 설치하는 경우를 생각하여 설계한다. 표준 태양전지 어레이 출력 10kW 정도의 태양전지 어레이를 설치한다고 하고, 계산의 전제로 이하의 조건을 가정한다.

① 정남향이며 경사각도는 30°(30° 부근이 연간 발전전력량은 최대가 되지만, 실제로는 20° 정도로 하는 경우가 많다)
② 일사 데이터는 도쿄의 각 월 평균치를 사용
③ 태양전지 모듈 : 공칭 최대출력 190W
　　　　　　　　　공칭 최대출력 동작전압 35V
　　　　　　　　　길이 : 1,600mm×900mm
④ 가대 간격 : 동지 오전 9시부터 오후 3시 사이, 뒤쪽 어레이가 앞쪽 어레이의 그늘로 들어오지 않을 것
⑤ 파워컨디셔너의 직류 입력전압은 정격 DC 300V

우선 직류 회로전압을 DC 300V로 맞추기 위해 스트링 내 태양전지 모듈의 직렬 수를 구한다. 태양전지 모듈 1장당 공칭 최대출력 동작전압은 35V이므로 1 스트링 속의 직렬 수는 9장이 된다. 이

표 5.4 태양광발전시스템의 공급 가능 발전전력량

월	경사면 일사량(30℃)	월간[kW·h/월]		1일당[kW·h/일]	
		JPEA방식	JIS방식	JPEA방식	JIS방식
1	3.67	898.2	866.4	29.0	27.9
2	3.73	824.6	793.7	29.4	28.3
3	4.14	957.0	961.3	30.9	31.0
4	4.12	921.6	899.6	30.7	30.0
5	4.39	1,014.7	967.4	32.7	31.2
6	3.77	793.7	790.7	26.5	26.4
7	3.74	813.6	795.2	26.2	25.7
8	4.22	918.1	887.9	29.6	28.6
9	3.39	758.3	705.2	25.3	23.5
10	3.32	767.4	735.5	24.8	23.7
11	3.10	693.5	682.2	23.1	22.7
12	3.29	805.2	766.2	26.0	24.7
연간합계		10,166.0	9,851.2		

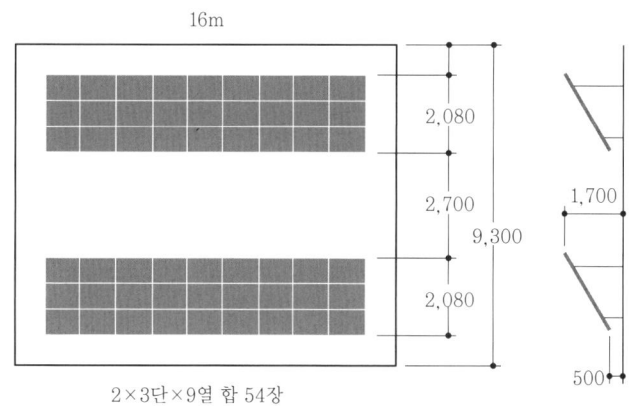

그림 5.9 지상·편지붕 설치의 태양전지 어레이 상상도

스트링의 출력은 1,710W, 출력전압은 315V가 된다. 출력의 합을 10kW로 만들기 위해서는 6의 스트링을 병렬로 만들면 된다. 즉, 태양전지 모듈은 모두 54장, 이때의 표준 태양전지 어레이 출력은 10.3kW가 된다. 앞에 서술한 경사진 주택 지붕의 경우와 마찬가지로, 어레이면(面) 일사량과 총합설계로 표 5.4와 같이 각 월마다 평균공급 발전전력량을 계산할 수 있다.

 태양전지 어레이에 태양전지 모듈을 배치하는 방법은 여러 가지를 생각할 수 있지만, 보수를 고려하면 그림 5.9의 설치 예와 같이 1,700mm 높이 정도로 하는 것이 좋다. 또 태양전지 어레이 사이의 거리에 대해서는 다음 항에서 검토한다.

일조와 그늘 검토

앞에 기술한 발전량 산출 사례에서는 주위에 차단할 것이 없는 이상적인 경우를 상정했지만, 실제로는 근린 빌딩 등에 일사가 차단될 수 있는 경우가 많다. 그림 5.10을 이용해 간단한 고찰을 해보자. 세로축은 관측 위치에서 본 태양고도(앙각), 가로축은 관측 위치에서 정남쪽을 볼 때를 0°로 하여 동서의 방위를 나타낸다. 검토할 전제로 북위 35°에 설치 예정 장소가 있다고 하고, 그 위치에서 바라보면 사방이 산으로 둘러싸여 있으며 남동쪽에 10층 건물 빌딩이 있다고 하자. 12월을 예로 들면 새벽에는 산그늘로 일조는 없고, 계속해서 인접 빌딩때문에 차단되어 오전 9시 20분까지는 직사일광을 받을 수 없다는 것을 알 수 있다. 또 저녁인 오후 3시 이후에는 산으로 차단되어 직사일광을 받을 수 없다.

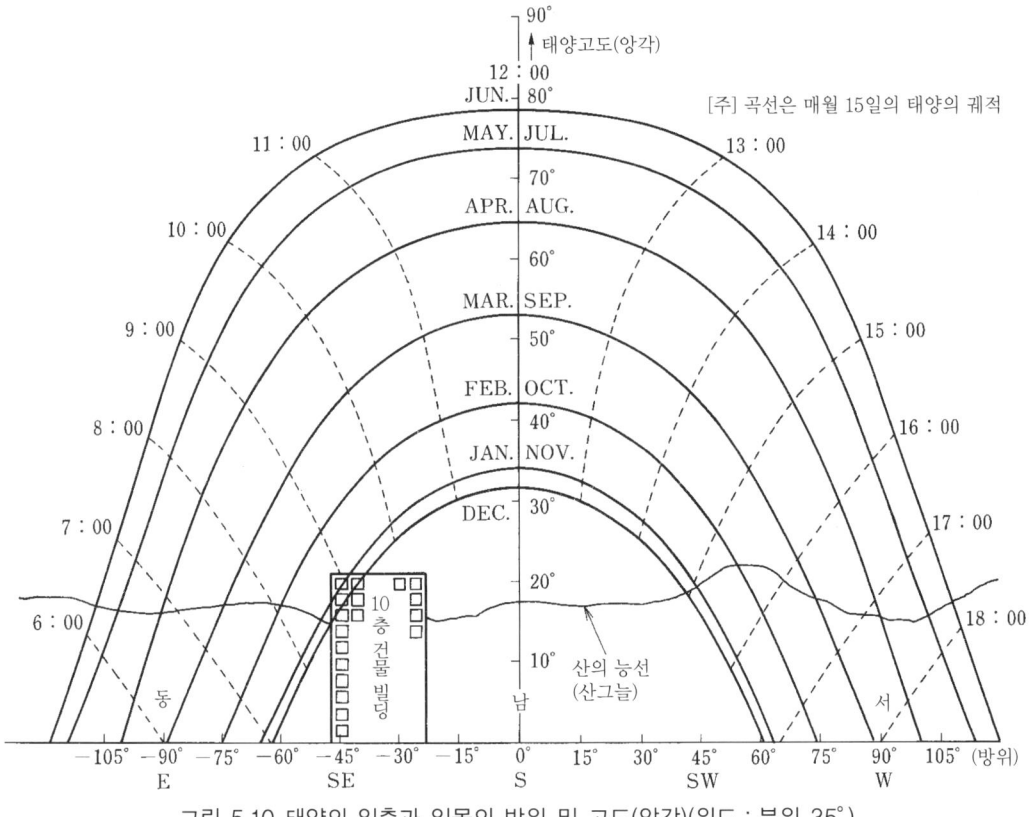

그림 5.10 태양의 일출과 일몰의 방위 및 고도(앙각)(위도 : 북위 35°)

이 예와 같이 직사일광을 차단할 수 있는 경우의 발전량은 차단할 것이 없는 경우에 비해 약 10~20%로 저하되기 때문에, 설계할 때 주변 상황으로 인한 저하분을 발전량 계산 결과에 반영해야 한다. 또 이와 같은 검토를 하기 위한 자료로「태양위치도」가 있다. 그림 5.11에 인용했으므로 활용하길 바란다.

위에서는 다른 장해물 등으로 인한 그늘의 영향을 설명했지만 또 한 가지 중요한 검토사항으로 태양전지 어레이간 그늘을 검토해야 한다. 앞에서 지상·편지붕인 경우의 태양전지 어레이의 설치방법을 그림 5.9에 설명했지만, 태양전지 어레이 사이의 거리가 작으면 남쪽에서 보아 뒤쪽의 어레이는 앞쪽 어레이의 그늘이 되는 경우가 있다. 일반적으로 수평면에 수직으로 세운 높이 L의 봉이 만드는 그늘의 남북방향의 길이를 L_s, 태양의 고도를 h, 방위각을 α라 할 때, 그늘의 배율 R은 다음 식으로 나타낼 수 있다.

$$R = \frac{L_s}{L} = \cot h \cdot \cos \alpha$$

어레이의 그늘 길이는 설치장소의 위도, 계절, 시각에 따라 다르지만 가장 그늘이 길어지는 동지의 오전 9시부터 오후 3시 사이에 어레이에 그늘이 지지 않도록 한다면, 태양전지 출력에는 거의 영

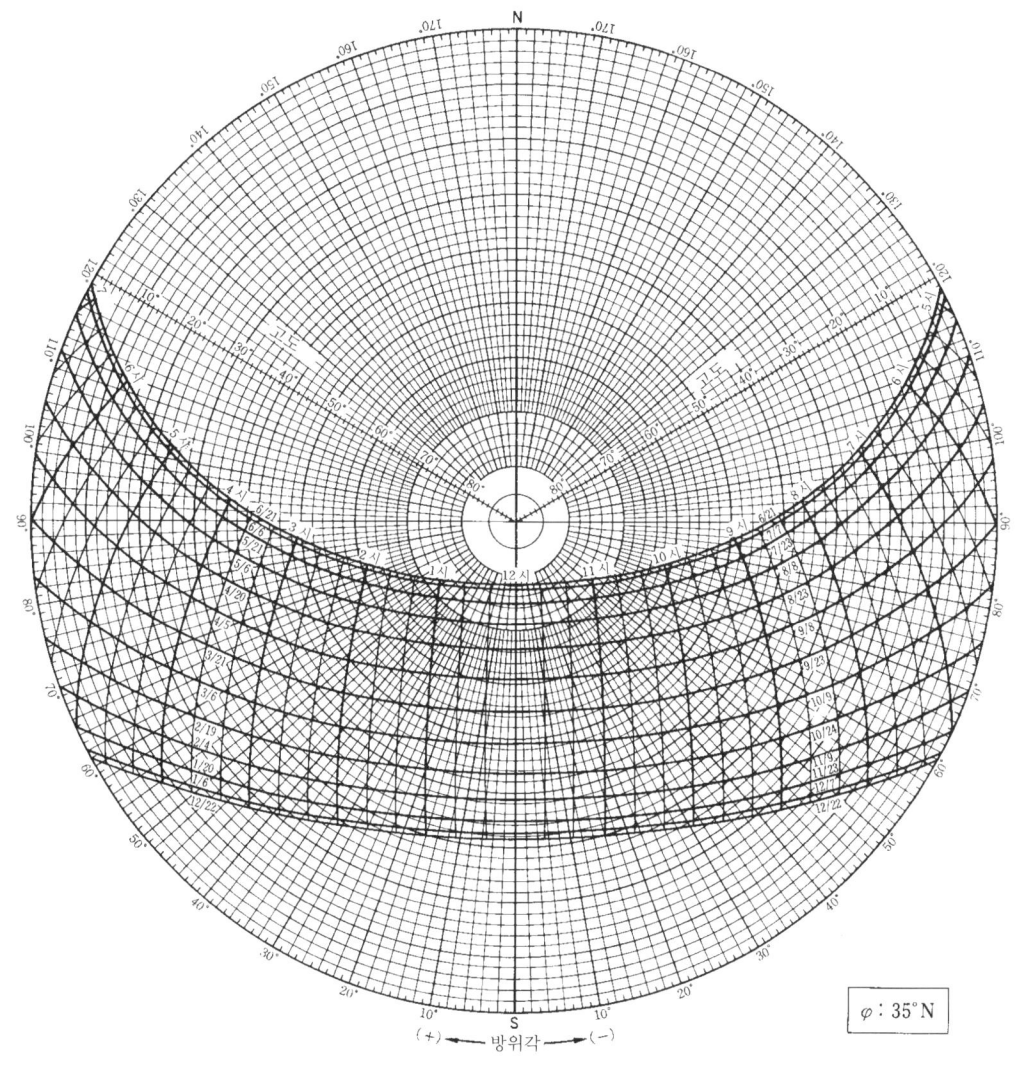

그림 5.11 태양위치도

(출처 : 伊藤克三 : 일조관계 도표의 보는 법·사용하는 법, ohm사(1979))

향을 주지 않는다. 따라서 「동지의 태양위치도」(그림 5.12, 그림 5.13)에서, 이 시간대에서의 태양고도 h와 방위각 a을 알고, 그늘의 배율 R을 구하면 된다. 전항의 예로 말하면, 도쿄를 북위 35°로 하여 그림 5.12의 그늘이 가장 길어지는 오전 9시(오후 3시)에서 고도 18°, 방위각 43°를 파악하고, 식 (5.4)를 사용하면 그늘의 배율은 2.3이 된다. 태양전지 어레이의 높이 1,200(=1,700−500)mm 이므로, 어레이의 이간 거리는 약 2,700mm 이상으로 하면 된다는 것을 알 수 있다.

다른 지역에서도 같은 방법으로 그늘의 배율을 계산할 수 있으며 카고시마, 미야자키 등의 남큐슈에서는 2 이상, 아오모리, 삿포로 등의 북일본에서는 3.4이상으로 하면 된다. 또 여기에서는 태양위치도를 사용해서 검토했지만, 「일조계획 지식」(카고시마 출판회)의 수표(數表)를 이용하면 좋다. 또 오늘날에는 건축용 CAD를 이용한 그늘 계산 소프트웨어도 있으므로 활용하길 바란다.

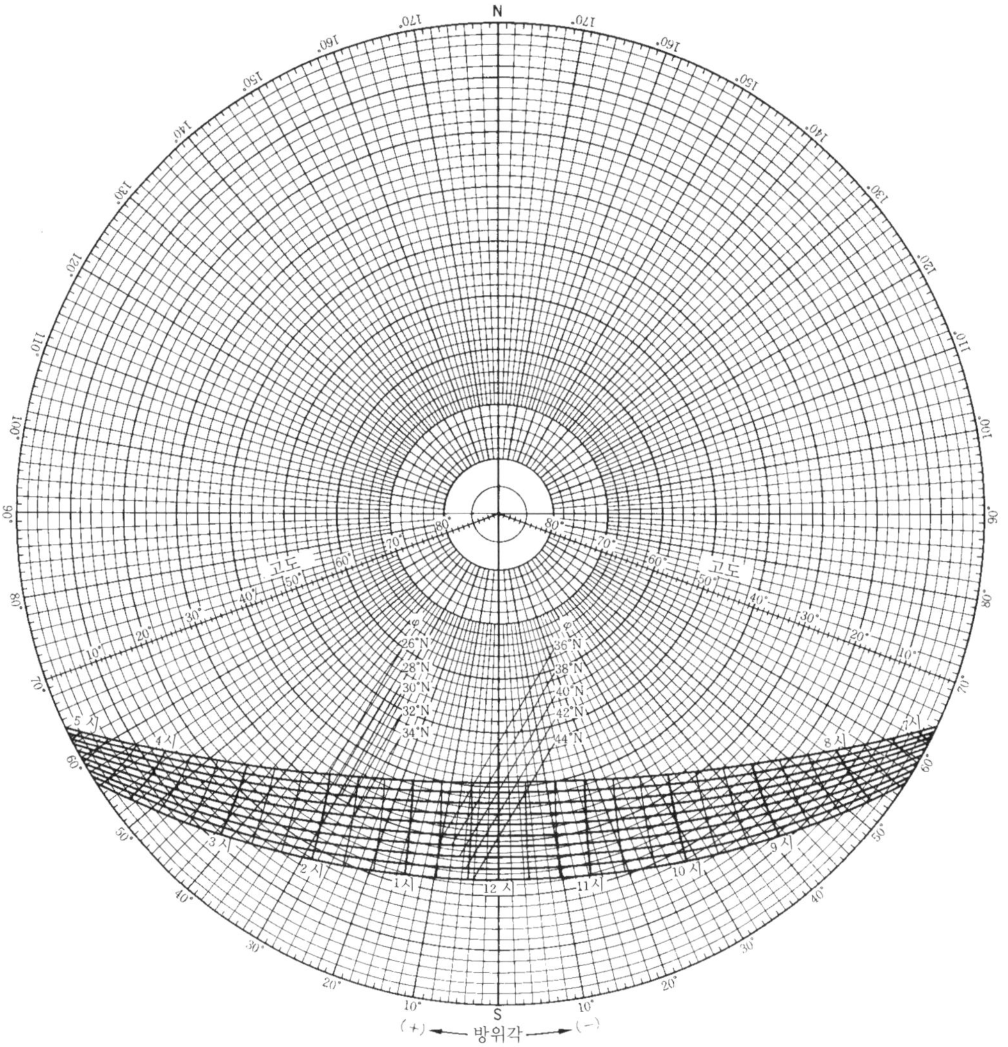

그림 5.12 동지의 태양위치도(짝수 위도)
(출처 : 伊藤克三 : 일조관계 도표의 보는 법·사용하는 법, ohm사(1979))

태양고도와 방위각 검토

태양전지 모듈의 발전전력량은 설치장소의 위도, 기후, 설치방향, 설치각도, 통풍상황 등의 설치조건에 영향을 받는다. 원칙적으로는 최대의 발전전력량을 얻을 수 있는 방위, 각도에 태양전지 모듈을 설치하지만 외관, 구조(내풍압 등), 경제성 등을 고려하여도 반드시 발전전력량이 최대가 되는 조건에서 설치한다고는 할 수 없다. 지붕 등 기존 장소에 설치하는 경우에는 그 설치하는 장소에 맞는 방향(방위), 각도로 설치하는 것이 일반적이다. 도쿄에서의 일사량 방위각도, 경사각도별 관계를 표 5.5에 나타냈다. 가장 일사량이 커지는 때는 정남쪽 방위에서 30° 경사각도일 때이며 발전전력량도 최대가 된다.

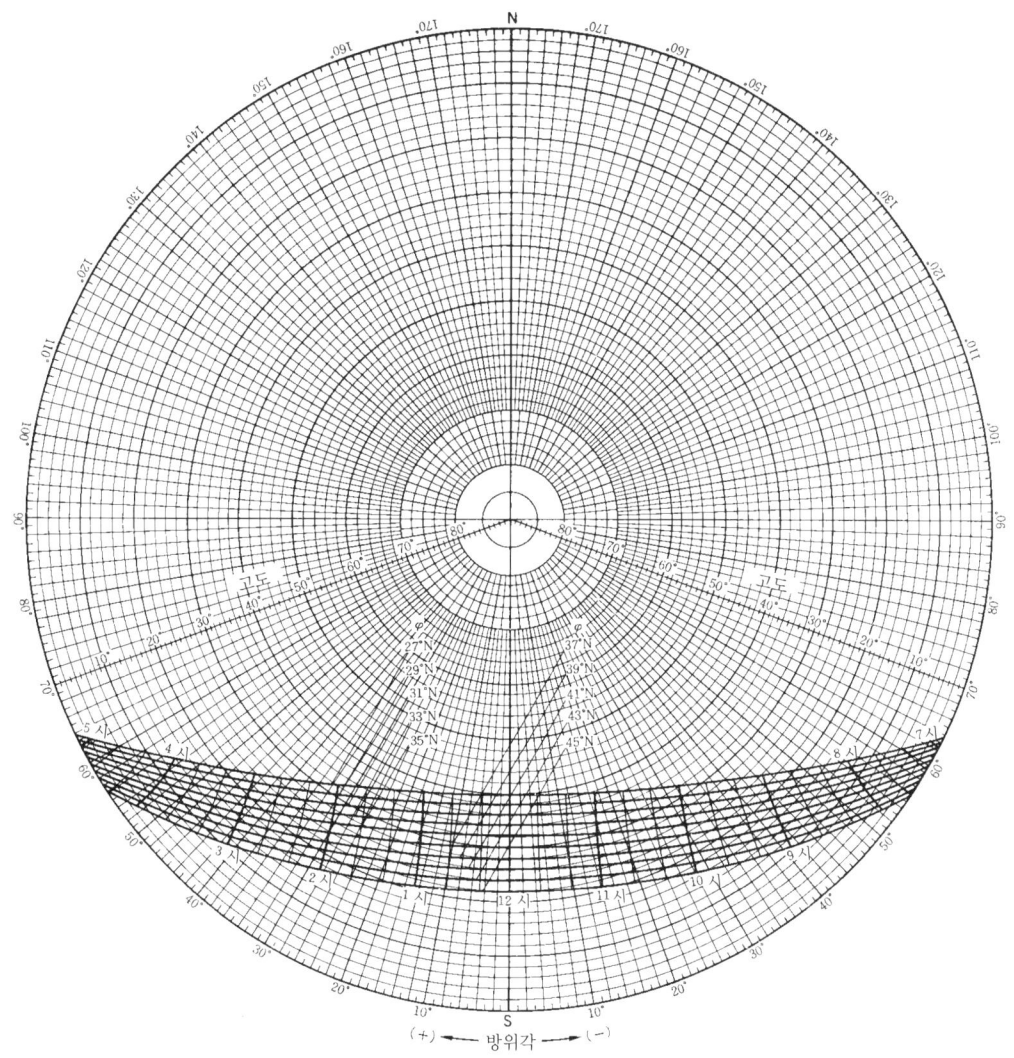

그림 5.13 동지의 태양위치도(홀수 위도)
(출처 : 伊藤克三 : 일조관계 도표의 보는 법·사용하는 법, ohm사(1979))

Chapter 5

그늘 발생 시 손실에 대해서

태양전지 어레이에 건물이나 수목 등으로 인해 그늘이 지면 발전전력량을 저하시킨다. 균일한 농도의 그늘이 태양전지 어레이 전면에 지는 경우의 발전전력량은 그늘의 농도에 비례하지만, 태양전지 어레이의 일부에 그늘이 진 경우의 발전전력량은 그늘의 크기(면적)에 단순하게 비례하지 않는다. 그 이유는 그늘 부분이 전류를 제한하는 관문(關門)과 같은 움직임을 하기 때문이며, 직렬 접속된 모듈의 일부분에서도 그늘이 지면 스트링에 흐르는 전류가 감소하여 스트링 전체의 발전전력량에 영향을 미친다.

대부분의 태양전지 모듈에서는 그늘의 영향을 낮추기 위해 바이패스 다이오드가 내장된다. 바이패스 다이오드의 기능에 대해서는 Chapter 2의 Section 2를 참조하길 바란다.

표 5.5 설치방위와 경사각에 대한 일사량 비율(도쿄)

	방위각	0° (남)	15°	30°	45° (남동, 남서)	60°	75°	90° (동, 서)
경사각	0(수평)	89.3%						
	10°	94.9%	94.7%	94.1%	93.0%	91.7%	90.1%	88.5%
	20°	98.4%	98.1%	97.1%	95.2%	92.5%	89.8%	86.6%
	30°	100%	99.5%	97.9%	95.2%	92.0%	88.0%	83.7%
	40°	99.5%	98.7%	96.8%	93.6%	89.8%	85.0%	79.7%
	50°	96.5%	96.0%	93.9%	90.4%	85.8%	80.7%	75.1%
	60°	91.7%	91.2%	88.8%	85.3%	81.0%	75.7%	69.8%
	70°	85.0%	84.5%	82.4%	79.1%	74.9%	69.8%	63.9%
	80°	76.7%	76.2%	74.3%	71.7%	67.9%	63.1%	58.0%
	90°	67.1%	66.8%	65.5%	63.5%	60.2%	56.4%	51.6%

* 남, 경사각 30°를 100%로 한 경우(도쿄) NEDO 전국일사관련 데이터 맵으로 산출

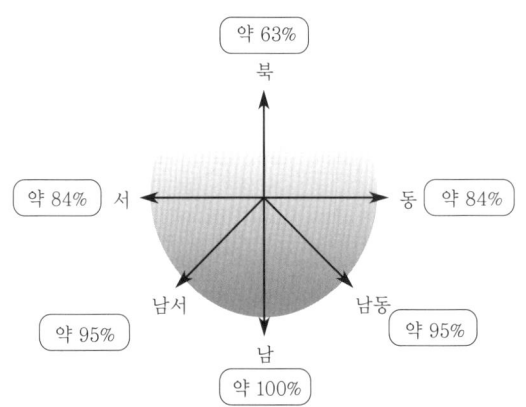

그림 5.14 방위각별 일사량 비율 이미지(경사각도 30°, 도쿄)

태양전지 모듈을 설치할 때 그늘이 지지 않는 부분에 설치하는 것이 중요하지만, 계절로 인해 전혀 그늘이 지지 않게 설치하기는 어렵다. 여기에서는 시스템 설계의 사고방식에 대해 설명한다.

예로 12장의 태양전지 모듈에 대해 3장의 태양전지 모듈에 그늘이 생긴 것을 상상한다.

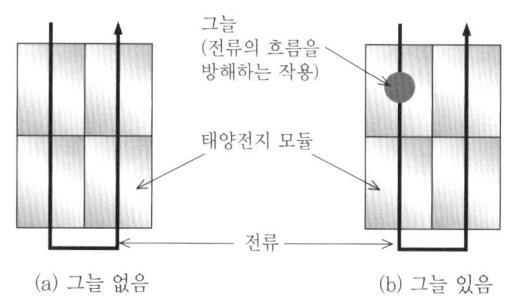

그림 5.15 태양전지 어레이 일부에 그늘이 진 경우의 영향

이 경우는 그림 5.16과 같은 3가지 패턴을 생각할 수 있다. 위에서 설명했듯이 모듈에 진 그늘은 스트링의 발전전력량에 영향을 주기 때문에 여러 개의 스트링에 그늘이 지지 않도록 해야 한다. 그 때문에 일반적으로는 그림 5.16(c)와 같이 1 스트링에 그늘이 생기도록 스트링 구성을 하며, 나머지 2 스트링 발전을 기대하는 방법을 사용한다. 그림 5.16(a)는 (c)보다도 각 스트링의 전압의 크기가 거의 같아지기 때문에 발전을 기대할 수 있는 경우도 있지만 권장하지 않는다.

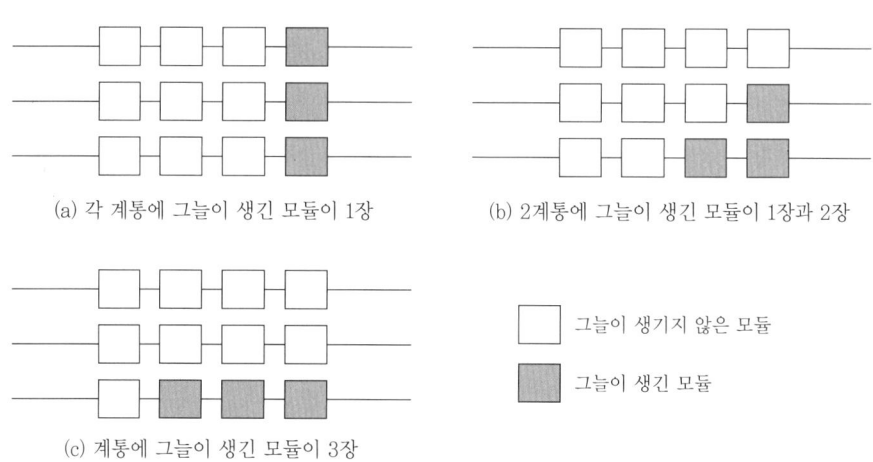

그림 5.16 태양전지 어레이 일부의 그늘이 진 예

그림 5.16(b)와 같은 설계는 여러 개의 스트링에 그늘이 지고, 각 스트링의 전기적인 밸런스가 가장 나쁘기 때문에(각 스트링의 전압이 불일치) 파워컨디셔너가 최적의 동작을 하지 않고, 발전이 가장 크게 저하할 가능성이 있기 때문에 피해야 한다.

Section 3
주택용 시스템 설계

태양광발전시스템을 일반 주택 등에 설치하려고 하는 경우 그 대부분은 지붕에 태양전지를 설치하게 된다. 지붕은 주택의 성능 및 외관을 정하는 중요한 부위이기 때문에, 태양전지 어레이의 설치 설계·시공에는 충분히 주의해야 한다. 여기에서는 태양전지 어레이를 주택 등의 지붕에 설치하는 경우의 설계에 대해, 시공상 유의점을 포함해 설명한다.

설계부터 시공까지의 흐름

태양광발전시스템을 주택에 설치하는 데는 가장 먼저 설치자의 요구를 듣는 것과 동시에, 설치환경이나 주택 구조 등에 대한 사전조사를 하고 그 결과를 토대로 설계에 착수한다. 또한 설계·시공업자 주택건설업자와의 사이에 충분한 상의를 거친 후 최종적인 설계사양을 정해 설치자의 승인을 얻는다(청부계약). 설치공사는 설계도를 토대로 하지만 특히 신축인 경우, 주택의 건설공사 공정에 맞게 조정하면서 태양광발전시스템의 설치공사를 진행한다. 또 필요한 여러 수속은 시간의 여유를 갖고 해야 한다. 표준 순서를 그림 5.17에 나타냈다.

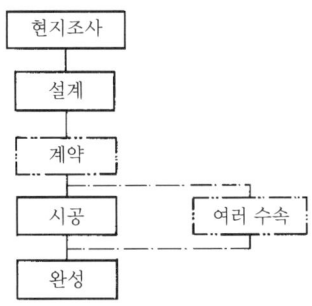

그림 5.17 설계부터 시공까지

사전조사(현지조사)

주택 지붕은 그 형상, 재질, 공법이 여러 가지다. 따라서 주택 지붕에 태양전지 어레이를 설치하는 경우, 건물이 신축이든 기축이든 관계없이 계획의 초기단계에서 설치조건이나 요구를 잘 협의하는 것이 중요하다. 현지조사 시에 설치업자가 알아두어야 할 사항을 표 5.6에 나타냈다. 또 협의에 있어서는 대상이 되는 건물의 주택건설업자도 동석하여 건축도면을 보면서 협의하는 것이 바람직하다.

표 5.6 사전조사의 개요

항목	내용
1. 설치자와의 협의	발전출력, 설치장소, 예산, 시기, 디자인, 기타 요망
2. 건물 조사	건물의 형상과 공법, 입지조건(일사조건, 방위 등), 설치부위(지붕 등)의 구조 및 강도
3. 전기설비 조사	수전 계약 내용, 인입전선의 길이, 분전반의 위치, 기기의 설치장소(파워컨디셔너, 접속함, 개폐기, 모니터 등), 배선경로, 접지방식
4. 작업환경 조사	반입경로, 작업 공간, 자재보관 공간, 주위의 장해물 유무 등

설계

설계 순서

주택용 태양광발전시스템을 설계할 경우의 표준적인 순서를 그림 5.18에 나타냈다. 시스템 설계에 있어서는 우선, 사전조사를 토대로 대상주택의 지붕 상황을 고려한 태양전지 어레이의 설치설계를 한다. 다음으로 설치방법에 적합한 태양전지 모듈을 선정하고, 설치할 어레이의 발전량을 산출한다. 그 후 어레이 발전량에 적합한 파워컨디셔너나 그 밖의 기기를 선택한다.

이번 항에서는 태양전지 어레이의 설치설계에 대해 설명한다. 태양전지 모듈, 파워컨디셔너, 그 밖의 기기 선정에 대해서는 각각 Chapter 2, Chapter 3, Chapter 4를, 또 발전량 산출에 대해서는 본 Chapter의 Section 2를 참조하길 바란다.

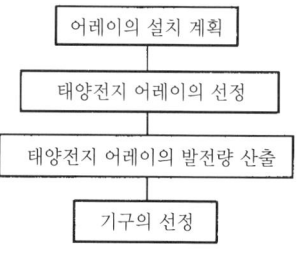

그림 5.18 설계의 순서

태양전지 어레이의 설치설계

(a) 지붕의 형상, 방위, 경사

주택의 지붕모양에는 박공, 우진각, 팔작지붕 등 많은 종류가 있는데, 그림 5.19에 대표적인 지붕 모습의 예를 나타냈다.

지붕의 방위(태양전지 모듈의 설치방위)에 대해서는 정남쪽을 향하고 있는 것이 이상이지만, 실제 주택은 동서쪽으로 치우친 경우도 많다. 정남향(방위각 0°)의 경우와의 일사량의 차는 태양전지의 설치 경사각에도 의하지만, 남동 또는 남서(방위각 45°)의 경우에는 약 5% 저하, 정동쪽 또는 정서쪽(방위각 90°)을 향하고 있는 경우에는 약 16% 저하한다. 그리고 경사각도가 작을수록, 정남쪽과의

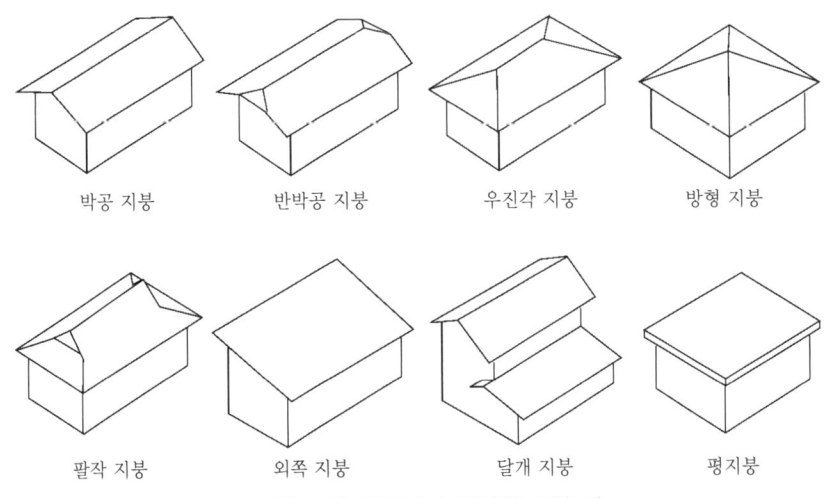

그림 5.19 여러가지 지붕의 모양 예

일사량 차는 작아진다. 또 동서쪽을 비교하면 일반적으로는 동쪽이 일사량을 많이 얻을 수 있다. 이것은 일본의 기상 특성상, 통계적으로 본 경우 오전보다 오후에 구름이 많이 발생하기 때문이다.

지붕의 경사각에 대해서는 일본 가옥의 경우 지붕의 경사각도는 대부분이 15~45°의 범위에 있다. 이것은 태양전지 어레이 최적의 경사각도(연간 적산일사량이 최대가 되는 경사각도=보통, 설치장소의 위도보다도 약간 적은 수치)에 대해 ±15° 정도의 범위에 들어가며, 얻을 수 있는 연간 적산일사량의 차는 10% 이하이다.

방위나 경사에 대해서는 설치장소마다 최적치는 존재한다. 하지만 지붕 위에 태양전지를 설치하는 경우에 최적의 방위, 경사에 맞는 설치가대를 만들려고 하면, 가대 비용이나 질량 증가로 이어지고, 또한 건물에 대한 부담이 증가한다. 또 디자인적인 처리도 어려워진다.

이런 요소들을 총합적으로 판단하면 설치할 지붕에 평행으로 설치하는 방식이 가장 적절하다고 할 수 있다. 따라서 시스템 설계를 할 경우에는 우선 설치할 지붕의 조건을 명확하게 하는 것부터 시작한다.

표 5.7 태양전지의 지붕 위에 설치하는 방식

설치방식	지붕형상과 고정방법	설치공사의 개요
지붕설치형 (경사지붕)	박공 지붕, 우진각 지붕 등이라 불리는 경사를 가진 지붕에 특수한 기구 등을 이용하여 고정한다.	지붕의 경사면과 평행하게 가대를 설치하고, 그 위에 태양전지 모듈을 고정한다.
지붕설치형 (평지붕)	평지붕이라 불리는 평평한 형상의 지붕에, 고정용 기초를 설치하거나 특수 기구를 이용하거나 해서 고정한다.	소정의 경사각도를 가진 전용가대를 지붕 위에 설치하고, 그 위에 태양전지 모듈을 고정한다.
지붕재형	지붕의 지붕 밑에 직접 고정한다.	지붕재(기와 등)의 기능을 갖춘 태양전지 모듈을 지붕에 직접 시설한다.

(b) 태양전지 선택과 배치

태양전지 모듈의 모양은 일반적인 직사각형 외에 삼각형과 사다리꼴 등의 모양을 한 것 또는 지붕재 기능을 가진 타입 등, 여러 형태와 종류가 있다. 이 때문에 주택 지붕의 모양이나 고객 요구에 충족하게, 적절한 타입의 태양전지를 선택하여 배치방법을 결정한다.

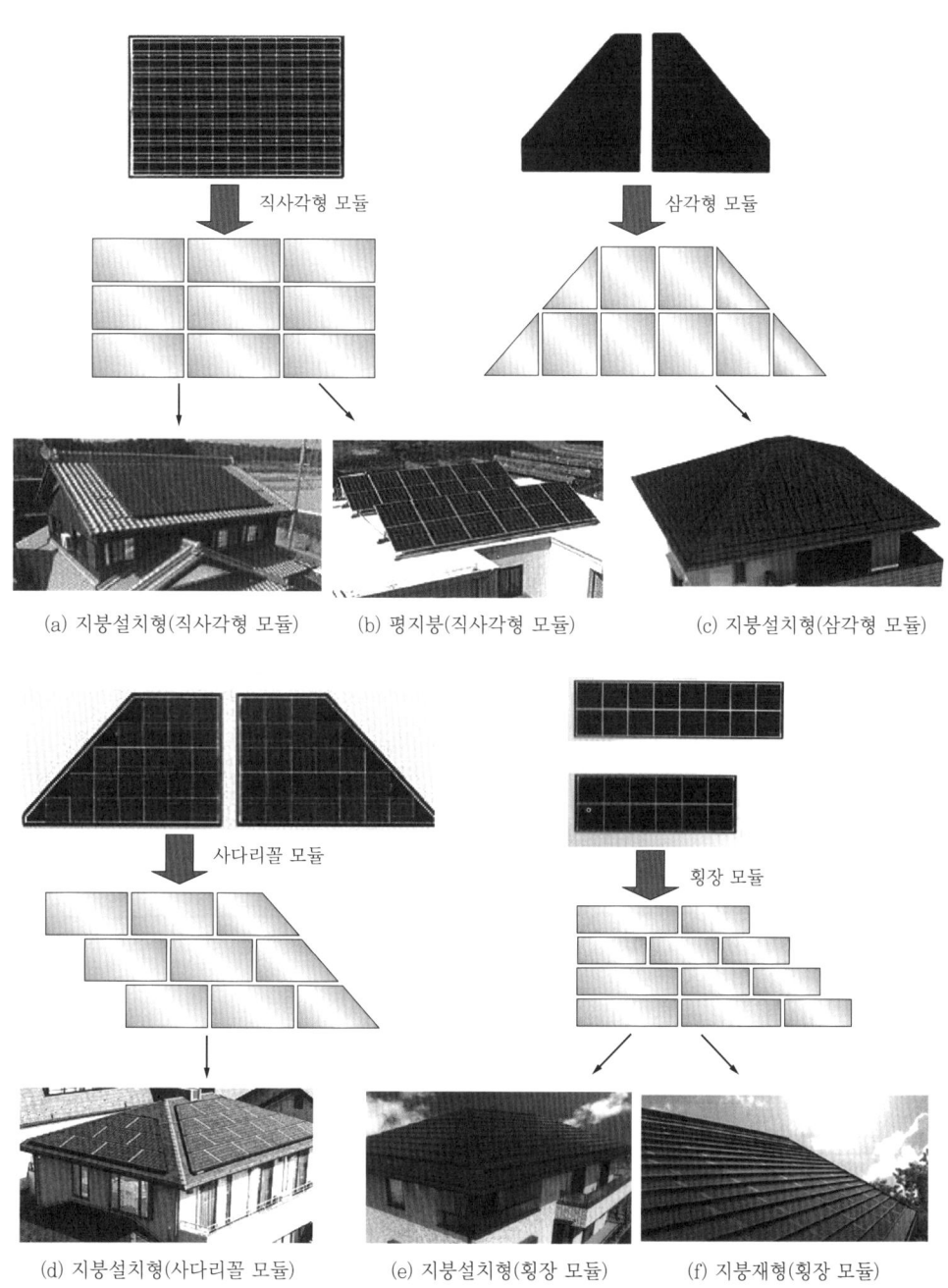

그림 5.20 태양전지 모듈의 설치 예

또 태양전지의 각 스트링(태양전지를 직렬로 접속한 것)이 파워컨디셔너의 입력전압 범위에 들어가도록 하고, 태양전지 모듈의 전기적인 접속방법에 대해서도 사전에 검토해야 한다.

단결정 실리콘이나 다결정 실리콘형 태양전지는 모듈 1장당 전압이 그다지 높지 않기 때문에 여러 장에서 수십 장의 모듈을 직렬로 접속하여 1 스트링을 만든다. 일반적으로 이 같은 스트링이 복수 병렬로 접속하여 태양전지 어레이가 구성된다.

한편, 아몰퍼스 실리콘계나 화합물계 태양전지의 경우는 모듈 1장당 전압이 높기 때문에 1장에서 여러 장으로 파워컨디셔너의 입력에 필요한 전압을 얻을 수 있다. 이 때문에 일반적으로 병렬접속을 기본으로 하여 태양전지 어레이가 구성된다.

(c) 설치방식 선택

태양전지 배치가 결정되면 다음으로 태양전지 모듈을 고정하는 방식을 선택한다. 태양전지를 지붕 위에 설치하는 방식으로는 표 5.7과 같이 크게 3가지로 나눌 수 있다.

'지붕설치형'이란 기와, 화장 슬레이트, 아스팔트 싱글 시공, 금속판 시공(기와봉 시공) 등의 지붕 위에 지붕 경사에 따라 가대를 놓고 태양전지 모듈을 설치하는 타입이다.

'평지붕형'이란 평평한 형상의 지붕 위에 소정의 경사각을 얻을 수 있는 가대를 설치하여, 그 위에 태양전지 모듈을 설치하는 타입이다.

'지붕재형'이란 방수성이나 내화성 등 기와와 같은 기능을 갖춘 태양전지 모듈을 지붕 밑의 위에 직접 부설하는 타입이다.

(d) 시공 예

대표적인 태양전지 모듈의 종류와 형상과 설치 예를 그림 5.20에 나타냈다.

설계·시공상 유의점

주택용 태양광발전시스템의 설계·시공에 있어서는 다음의 여러 사항에 유의해야 한다.

① 지붕은 태양전지를 설치한 경우에 예상되는 하중(자중, 적설, 풍압 등)에 견딜 수 있는 강도를 가질 것
② 태양전지 어레이는 내풍압, 내진 등의 강도계산을 하고 그와 동시에 누수 등에 충분히 배려하고, 건물 및 시스템에 손상을 주지 않도록 할 것
③ 가대, 지지기구, 결합부는 건축기준법으로 정한 고정하중 및 풍압, 적설, 지진 등에 따른 외압에 대해 건물과 시스템 안전성을 확보할 수 있는 강도를 가질 것
④ 가대, 지지기구, 그 밖의 설치부재는 실외에서 장시간 사용에 견딜 수 있는 재료를 사용하여 구성할 것
⑤ 염해, 뇌해에 대해 고려하여 설치할 지역이나 설치장소에 따라 필요성을 검토한 뒤, 목적에 맞는 재료, 부재를 선택하며 지지구조로 할 것
⑥ 지붕판재나 지붕시공재 등의 지붕구조부재와 지지기구의 접합부에는 방수처리를 하고, 주택

지붕에 필요한 방수성능을 확보할 것
⑦ 태양전지 모듈에서 실내에 미치는 배선 성능 및 보호방법은 전기설비기술기준 해석(제6조, 제46조)으로 정해진 규정을 만족할 것
⑧ 지붕 위에서 태양전지 모듈의 설치작업 및 전기공사는, 노동안전위생법 및 노동안전규칙에 따라 작업자의 안전을 확보할 것
⑨ 작업장소의 지붕부근에 배전선이나 다른 건축구조물이 있는 경우는 배전선에 접촉하여 감전되지 않도록 전력회사와 상담하여 필요에 맞게 보호대책을 취할 것

● 설치장소

[설치장소 지침]
태양전지의 설치장소는 지붕 위를 대상으로 하며, 이하의 조건을 만족할 것
1) 지붕은 태양전지를 설치한 경우에 예상되는 하중에 견딜 수 있는 강도를 가질 것
2) 태양전지는 풍압력을 검토하여 처마 끝, 기와, 마룻대 쪽으로 설치할 때는 고려한다.

(a) 지붕의 하중에 대해서
건축물의 하중에 대해서는 건축기준법 시행령 규정에 입각하여 하중 계산을 해야 한다.
건축기준법 시행령 제84조(고정하중), 제85조(적재하중), 제86조(적설하중), 제87조(풍압력), 제88조(지진력)

(b) 설치장소에 대해서
처마 끝이나 기와 및 마룻대 부분 등의 지붕 주변부는 지붕의 중앙부보다 풍압이 커진다. 이 때문에 지붕 주변($L/10$)부에 태양전지 모듈을 설치할 경우는 그 풍압에 견딜 수 있도록 고정강도를 늘릴 필요가 있다(그림 5.21 참조)

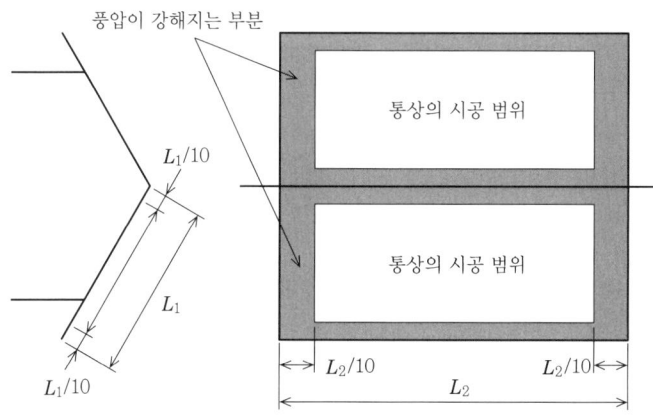

그림 5.21 태양전지 모듈의 설치위치와 풍압강도

● 설치방법

[설치방법 지침]
태양전지 모듈은 다음과 같이 직접 또는 가대에 고정된 상태로 지붕 위에 지지기구로 설치할 것
1) 지지기구, 가대 그리고 그것의 접합부 및 지붕 밑과 지지 기구의 설치부에 이용하는 부재는 실외에서 장기간 사용에 견딜 수 있는 재료를 사용해서 구성할 것
2) 지지기구, 가대 그리고 그것의 접합부 및 지붕과 지지기구의 설치부는 건축기준법으로 정한 고정하중, 풍압, 적설, 지진으로 인한 외력에 대해 안전성을 확보할 수 있는 강도를 가질 것. 또 내식 마손에 대해서도 마찬가지다.
3) 지붕판재나 지붕시공재 등의 지붕구성부재와 지지기구의 결합부에는 방수처리를 하고, 주택지붕에 필요한 방수성능을 확보할 것
4) 태양전지 모듈 접속은 전선 또는 커넥터부 전선 등을 이용하여 확실하게 할 것

(a) 태양전지 모듈

태양전지 모듈은 장기간 실외에서 사용할 것을 고려하여, 내구성이 높은 재료로 구성되어 있는 것이 바람직하다. 태양전지 셀의 색은 기본적으로 단결정 실리콘은 흑색계, 다결정 실리콘은 짙은 청색계, 아몰퍼스 실리콘은 짙은 갈색계이다.

(b) 가대 지지기구 재료

장기간 실외사용(20년을 상정)에 견딜 수 있는 재료를 사용해야 하며 용융 아연도금 강재, 스테인리스재 등을 사용하는 것이 바람직하다.

(c) 태양전지 모듈의 설치방법 검토

태양전지 모듈의 설치방법을 검토하는데 있어서 유의해야 할 점을 이하에 나타냈다.
① 시공, 보수 등 작업이 쉬운 것. 예를 들면 1장씩이라도 해당되는 모듈을 쉽게 교환할 수 있는 것
② 태양전지 모듈의 온도가 상승하는 것을 억제하기 위해 지붕과 태양전지 사이에 간격을 둔다. 간격은 시공성을 고려하여 5~10cm 정도가 바람직하다.
③ 미관 및 안정상으로 가대나 지지기구 등의 노출부를 될 수 있는 한 적게 한다.
④ 모듈 고정용 볼트, 너트 등은 작업성을 고려하여 상면 측에서 단단히 조일 수 있는 구조로 하는 것이 바람직하다.
⑤ 다설지역에서는 어레이, 건물 모두 적설하중을 고려하여 적정한 설치방법을 선택하는 것과 동시에 누출이나 동결로 인한 파손에 대해 유효한 대책을 세운다.

● 방화대책

주택 등의 건물을 건축할 지역은 근린시설과의 위치관계나 그 규모 등에 따라 일정한 방화성능이 요구한다. 그 때문에 태양전지를 지붕으로 사용하기 위해서는 그 기술적 기준이나 일본의 국토교통대신이 정한 구조에 준거한 것을 사용해야 한다. 이에 관한 법규를 표 5.8에 나타냈다. 일반적으로

는 국토교통대신이 인정한 태양전지 모듈 선정이 필요하다.

표 5.8 방화대책 관련 법규·조항

입지분류	관련법규·조항	표제
방화지역 준방화지역	법제61조 법제62조 법제63조 령제113조 령제136조 2 령제136조 2의 2 고시1905호	방화지역 내의 건축물 준방화지역 내의 건축물 지붕 목조 등의 건축물의 방화벽 건축물의 기술적 기준 지붕 성능에 관한 기준 외벽·지붕의 구조방법
지정구역	법제22조	지붕
특수 건축물	법제2조 제2호 법제24조 법제27조 령제115조의 2의 2 령제115조의 3	특수 건축물 목조 건축물 등의 특수 건축물의 외벽 내화·준내화건축물로 한 특수 건축물 내화건축물로 하는 것을 필요로 하지 않는 특수 건축물의 기술적 기준 내화건축물 또는 준내화건축물로 꼭 해야 하는 특수 건축물
대규모 목조 건축물	법제25조	대규모의 목조 건축물 등의 외벽 등
건축물의 층 수와 부분에 따른 내화 성능(1)	법제2조 제7호 : 제7호의 2 법제2조 제9호의 2 법제2조 제9호의 3 령제107조 령제107조의 2	내화구조 : 준내화구조 내화건축물 준내화건축물 내화성능에 관한 기술적 기준 준내화성능에 관한 기술적 기준

● 관련 법규

● 방화지역 내 또는 준방화지역 내의 지붕 구조(건축기준법 제63조)

방화지역 또는 준방화지역 내의 건축물 지붕 구조는 시가지에서의 화재를 상상했을때 불똥으로 인한 건축물의 화재 발생을 방지하기 위해 지붕에 필요한 성능에 관해서 건축물의 구조 및 용도의 구분에 맞게 정령(政令)으로 정한 기술적 기준에 적합한 것으로, 국토교통대신이 정한 구조방법을 이용하는 것 또는 국토교통대신의 인정을 받은 것으로 해야 한다.

● 방화지역 또는 준방화지역 내 건축물의 지붕 성능에 관한 기술적 기준
   (건축기준법 시행령 제136조 2의 2)

법제63조 정령으로 정한 기술적 기준은, 다음 각호(불연성 물품을 보관하는 창고 그 외에 이에 속하는 것으로 국토교통대신이 정한 용도로 쓰이는 건축물 또는 건축물 부분으로, 그 지붕 이외의 주

요 구조부가 준불연재료로 만들어진 지붕에 있어서는 제1호)에 게재한 것으로 한다.

① 지붕이 시가지에서 보통 일어날 수 있는 화재로 인한 불똥에 의해 방화상 유해한 발염을 하지 않는 것일 것

② 지붕이 시가지에서 보통 일어날 수 있는 화재의 불똥으로 인해 실내에 달하는 방화상 유해한 용융, 균열 그 밖의 손상을 일으키지 않는 것일 것

● **방화지역 및 준방화지역 이외의 지붕 구조(건축기준법 제22조)**

특정행정청이 방화지역 및 준방화지역 이외의 시가지에 대해 지정하는 구역 내에 있는 건축물의 지붕 구조는, 통상 화재를 가정한 불똥으로 인한 건축물의 화재 발생을 방지하기 위한 것으로 지붕에 필요한 성능에 관해서 건축물의 구조 및 용도의 구분에 맞게 정령으로 정한 기술적 기준에 적합한 것으로, 국토교통대신이 정한 구조방법을 사용하는 것 또는 국토교통대신의 인정을 받은 것으로 해야 한다. 단, 다실 또는 별장이나 그 밖에 이에 속하는 건축물, 총 면적이 10m² 이내의 곳간, 헛간 그 밖에 이에 속하는 건축물의 지붕이 연소할 우려가 있는 이외의 부분에 대해서는 이 법의 저촉을 받지 않는다.

● **법제22조 제1항의 시가지의 구역 내에 있는 건축물의 지붕 성능에 관한 기술적 시준 (건축기준법 시행령 제109조의 5)**

법제22조 제1항의 정령으로 정한 기술적 기준은 다음의 각호(불연성 물품을 보관하는 창고 또는 그 밖의 이에 속하는 것으로 국토교통대신이 정한 용도로 쓰이는 건축물 또는 건축물 부분에서, 지붕 이외의 주요 구조물이 준불연재료로 만들어진 지붕에 있어서는 제1호)에 게재한 것으로 한다.

① 지붕이 보통 일어날 수 있는 화재로 인한 불똥으로 방화상 유해한 발염을 하지 않는 것일 것

② 지붕이 보통 일어날 수 있는 화재로 인한 불똥으로 실내에 달하는 방화상 유해한 용융, 균열 그 밖의 손상을 일으키지 않는 것일 것

● **내화구조(건축기준법 제2조 제7호)**

벽, 기둥, 바닥 그 밖의 건축물 부분의 구조 중, 내화성능(통상 화재가 종료할 때까지 해당 화재로 인한 건축물 도괴 및 연소를 방지하기 위해 해당 건축물 부분에 필요로 하는 성능을 말함)에 관하여 정령으로 정한 기술적 기준에 적합한 철근 콘크리트 구조, 벽돌 구조, 그 밖의 구조로, 국토교통대신이 정한 구조방법을 사용하는 것 또는 국토교통대신의 인정을 받은 것을 말한다.

● **준내화구조(건축기준법 제2조 제7호의 2)**

벽, 기둥, 바닥 그 밖의 건축물 부분의 구조 중, 준내화성능(통상 화재에 의한 연소를 억제하기 위해 해당 건축물 부분에 필요로 하는 성능을 말한다. 제9의 3 및 제 27조 제1항과 같음)에 관해 정령으로 정한 기술적 기준에 적합하는 것으로, 국토교통대신이 정한 구조방법을 사용하는 것 또는 국토

교통대신의 인증을 받을수 있는 것을 말한다.

● 방화구조(건축기준법 제2조 제8호)

건축물의 외벽 또는 처마 밑 구조 중, 방화성능(건축물 주위에서 발생하는 통상의 화재로 인한 연소를 억제하기 위해 해당 외벽 또는 처마 밑에 필요로 하는 성능을 말함)에 관하여 정령으로 정한 기술적 기준에 적합한 철망 모르타르칠도, 석회반죽칠도 그 밖의 구조로 국토교통대신이 정한 구조방법을 사용하는 것 또는 국토교통대신의 인정을 받은 것을 말한다.

● 불연재료(건축기준법 제2조 제9호)

건축재료 중 불연성능(통상 화재 시에서의 화열로 연소하지 않는 것 외의 정령으로 정한 성능을 말함)에 관하여 정령으로 정한 기술적 기준에 적합한 것으로 국토교통대신이 정한 것 또는 국토교통대신의 인정을 받은 것을 말한다.

Section 4
지상용·평지붕용 태양광발전 어레이 가대 설계

 태양전지 어레이를 지상에 설치하는 경우나 건물의 옥상, 평지붕 등, 위에 설치하는 경우의 설계방법에 대해 설명한다. 설계에 있어서는 사전조사로 설계조건을 충분히 정리한다. 그리고 태양전지 어레이 설계, 가대 설계를 한다.
 그림 5.22에 가대의 설계순서를 나타냈다. 여기에서는 설계조건을 정리한 후, 가대 설계의 기본적인 사고방식과 그것에 입각한 설계 예에 대해 자세히 설명한다.

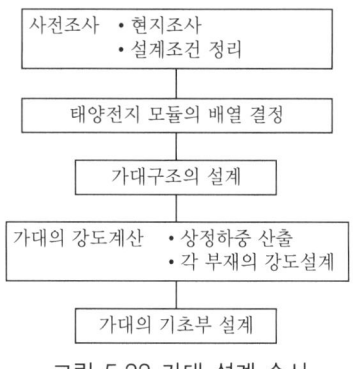

그림 5.22 가대 설계 순서

● 설계조건 정리

 설계에 있어서는 우선 사전조사를 충분히 한 뒤, 그 결과를 바탕으로 설계를 위한 조건을 추출하여 설계내용에 반영시킨다.

● 사전조사
설계를 개시하기 전에 현지조사를 충분히 한다.
(a) 조례 등의 조사
 자치 단체에 따라 조례 등이 다르기 때문에 반드시 조사한다. 지역에 따라서는 시조례 등에 따라 건축제한이 붙는 경우가 있다. 또 인가나 지역주민과의 사이에서 일조권 등의 문제가 발생하지 않도록 설계자와 사전에 충분히 협의한다.
(b) 환경조건 조사
 ① 수광장해(受光障害) 유무 : 산의 그늘, 수목의 그늘, 건물의 그늘, 굴뚝·전봇대·철탑의 그늘 등

으로 태양전지 모듈에 그늘이 발생하면 발전전력량은 큰 폭으로 내려간다. 또 그늘 발생상태에 따라서는 핫스폿이라 불리는 국부발열현상이 발생한다. 주변의 건물이나 수목의 낙엽 등으로 인한 영향이 있는지 없는지를 조사한다. 또한 모래먼지나 화산재 등의 퇴적물에 대해서도 조사한다. 수목은 종류에 의하지만 1년에 0.3~0.5m 전후로 성장하는 것에 대해 고려해야 한다. 예를 들면, 인가의 수목에 의해 태양광이 차단될 수 있는 경우에는 일부를 잘라도 된다는 허락을 받아두어야 한다.

② 염해·공해의 유무 : 해안지역 부근에서는 염해의 유무·녹 발생상황을 조사한다. 염해가 있는 지역에서는 다른 종류의 금속 접촉에 의한 접촉부식이 뚜렷이 나타나기 때문에 금속 간에 절연물을 사용하는 등의 대책을 세워야 한다. 또 중공업지대나 통행량이 많은 도로 옆 등에서 대기 중의 아황산가스 농도가 높은 지역에서는 금속의 녹·부식이 진행된다. 따라서 강재를 사용하여 용융아연도금(JIS H 8641) 처리를 할 경우에는 아연 부착 두께를 환경에 따라 바꿔야 한다. 20년 정도의 내구성을 얻으려면 중공업지대나 해안지대에서는 $550~600g/m^2$(HDZ 55) 이상, 교외지역에서는 $400g/m^2$(HDZ 40) 이상인 아연도금량이 필요하다.

③ 동계적설·빙결·뇌해 상태 : 과거 30년 정도의 지역 날씨 데이터를 입수하여, 최다적설 시에서도 태양전지 어레이가 매몰되지 않는 높이로 한다. 또 태양전지 어레이의 경사각도를 10~20cm의 적설의 자중으로 쉽게 떨어지게 하고 잘 빙결되지 않는 각도로 50~60°를 설정하면 적설에 의한 발전 손실을 줄일 수 있다.

유도뢰에 의한 기기 파손을 방지하기 위해 선 사이에 피뢰소자를 내장하지만, 특히 낙뢰가 많은 지역에서는 피뢰침 설치도 검토한다.

④ 자연재해 : 설치 예정 장소가 주위보다 저지대인 경우, 집중호우나 태풍 시에 배수가 잘 안 되거나 물이 고이는 경우는 없는지, 근처 하천이 범람하여 어레이가 수몰하는 등의 가능성이 없는지, 과거의 사례를 포함하여 조사한다. 그 밖에 오랜 기간 거주하고 있는 연장자에게 경험을 묻는 것도 국지적인 기상조건을 아는 데 유효하다.

⑤ 조류의 분비물에 의한 피해 : 조류의 분비물에는 유분이 있어 부착건조되면 비 등으로는 쉽게 닦이지 않아 수광장해가 된다. 주변의 건물 옥상이나 지상에 비둘기, 까치, 그 밖의 들새의 똥이 부착되어 있지 않은지, 그 양은 어느 정도인지 알아보고 또 부근의 수목·삼림의 유무 등의 주변상황을 조사하여, 필요하다면 조류접근방지철물을 설치한다.

(c) 설치조건 조사

① 설치예정 장소 조사 : 지상(대지)에 설치하는 경우에는 진흙이나 모래의 흩날림, 작은 동물에 의한 피해를 방지하는 목적으로, 지상 1m 정도 공간을 두는 것이 바람직하다. 제방에 설치하는 경우에는 집중호우 등으로 인한 사면의 붕괴 위험성이 없는지, 사면토 속의 배수를 촉진시키는 배수관 설치 등의 필요성도 검토한다. 지반강도를 충분히 얻을 수 없는 경우에는 말뚝박이 작업이나 제방 각도를 가능한 작게 하는 등의 공사가 필요하다.

또 기초를 검토할 때 필요한 지내력(地耐力)에 대해 미리 조사한다. 또한 직하에 활단층이 없는지 등을 국토교통성의 공사사무소 등에 문의한다.

건물 옥상에 설치하는 경우에는 들보의 위치나 방수구조 등 건물의 구조에 관한 사항이나 쿨링타워 등에 의한 그늘의 영향을 정확하게 조사하고, 태양전지 어레이의 설치장소, 방향, 가대 각도 등의 최적설계를 한다.

이 때, 배수구배의 방향도 고려하여 배수의 장해가 없는 기초구조로 한다. 또 벽면에 설치할 때는 태양전지의 온도상승으로 인한 출력저하를 일으키지 않도록, 자연대류에 의한 방열의 공극·배기구를 설치해야 한다.

② 건물의 상태 : 기축건물의 옥상이나 개인주택의 평지붕 위에 설치하는 기초 및 어레이는 풍압, 적설로 건물 자체에 가해지는 최대하중을 견딜수 있는 충분한 강도를 건물이 갖추고 있는지 검토한 뒤에 설계한다.

또 누수대책이나 방화대책도 충분히 세워야 한다. 이중·삼중의 방화대책이나 배수를 특히 고려해야 한다. 또 신축건물의 경우 태양전지 어레이의 기초부까지 방수를 포함하여 건축업자에게 시공하면, 건물철근과 직결한 강도가 높은 앵커 볼트를 준비할 수 있으며 방수도 완전해진다. 또 건물 공사의 일부가 되므로 공사비가 저렴해진다.

③ 자재의 반입경로 : 설치장소에 미치는 도로 폭이나 포장의 내하중, 가공배전선이나 전화선의 유무, 높이 등을 조사하여 공사 시의 자재반입에 대비한다.

● 설계조건 추출

(a) 태양전지 어레이의 방위각과 경사각

남향에 설치할 수 있는 장소를 골라 20~50° 전후의 경사각이 되도록 한다. 또 그늘의 영향을 받지 않도록 배려한다. 이제까지 일본에 설치한 예를 보면, 경사각은 설치장소의 위도와 거의 동일하게 하는 것이 이상적이지만, 비용을 낮추기 위해 설치각도를 작게 하는 경우도 많다. 독립전원인 경우에는 월마다 일사량이 크게 변동하므로, 부하와의 균형이나 겨울의 적설을 고려하여 최저 일사 월에서 측정해 발전량이 가장 큰 각도로 선정한다. 구체적인 설계방법에 대해서는 Section 2를 참조하길 바란다.

(b) 태양전지 어레이용 가대

① 가대의 재질 : 가대의 재질은 환경조건과 내구성으로 선택하고 결정한다. 어레이용 가대는 설치장소에 맞춰 설계하고 제작하는 경우가 많으며, 설계, 가공의 인건비를 줄이기 위해 가능한 한 회사의 표준가대를 사용하는 것이 가장 좋다. 현재 가장 저렴한 것은 내구성을 생각하면 SS 400의 강제 용융아연도금 완성품이다.

스테인리스강 SUS 316는 염해 등에 대해 가장 내성이 높지만 구하기 힘들고 비싸다. 그래서 일본에서는, 특히 해상에 설치하는 경우에는 SUS 304제인 것을 많이 설치하고 있다.

알루미늄 합금제인 것도 사용하고 있지만 비싸고 품종 선택이나 표면처리를 잘못하면, 알루미늄 합금 재질의 특성상 철보다도 활성이 높으므로 부식하는 속도가 빠른 점을 고려해야 한다.

② 가대 강도 : 특수한 호설지대를 제외하고, 최저 자체중량에 풍압력을 더한 하중에 견딜 수 있는 것이어야 한다. 옥상에 설치하는 경우에도 자체중량과 풍압의 최대하중으로 설계하면 된다. 가대의 강도설계방법에 대해서는 다음에 자세히 설명한다.

③ 가대 내용연수 : 내용연수를 몇 년이라 설정할지, 보수는 어느 정도 실시할지 등에 따라 재질을 선택한다. 이하에 내용연수의 기준을 나타냈다.

강제＋도장(도장색) : 5~10년으로 재도장
강제＋용융아연 도금 : 20~30년
스테인리스 : 30년 이상

(c) 가대 고정 기초

지상에 설치하는 경우의 기초는 지내력(地耐力)을 조사하고, 지진에도 견딜 수 있도록 콘크리트 기초 또는 전면 기초로 하고, 충분한 철근을 사용하여 강도를 더한다. 단, 과잉설계가 되는 일이 없도록 하고 충분한 강도를 가진 경제적인 것을 요구한다.

옥상에 설치하는 경우에는 방수층 상황에 따르지만, 가능하면 콘크리트 매입 L형 앵커 볼트 또는 케미컬 앵커로 가대를 고정하는 것이 바람직하다. 앵커를 박지 않는 경우는 강재 또는 콘크리트 등의 중량에 의한 거치형의 기초를 선택한다.

또 중량형강 등을 부설하는 경우는 끝머리를 건물 난간부와 연결하는 것이 바람직하다. 구체적인 기초설계방법에 대해서는 다음에 자세히 설명한다.

● 설계의 세목

여기에서는 태양전지 어레이를 설계할 때 주의해야 할 사항이나 유의해야 할 사항을 설명한다. 설계에 들어가기 전에 참고하길 바란다.

● 태양전지 어레이

(a) 어레이의 경사각

태양전지 어레이의 경사각은 10~90° 범위에서 목적에 맞게 설치되어 있다. 하지만 10° 이하에서는 강우에 의한 자정효과를 충분히 얻을 수 없으며, 태양전지 모듈의 유리면 하부나 알루미늄 테두리 주변에 먼지가 남기 때문에 청소를 해야 하는 경우도 있다.

적설지대에서는 45° 이상의 각도로 하며, 20~30cm 정도의 눈이 쌓이면 자체중량으로 추락하도록 설계하는 것이 바람직하다. 호설지대에서 눈막이가 없으면 바로 아래에 지나가는 보행자 등에게 해를 끼칠 수 있는 지붕에는 태양전지를 설치하지 않는 것이 좋다.

일본에서는 실험설비를 제외하고 계절에 따른 태양의 고도변화에 맞게 태양전지 어레이의 경사각이나 방위각을 가변할 수 있는 구조로 하는 경우는 적다. 일본에서는 미국이나 사막지대와는 달리, 지상에 도달하는 태양광 중 산란광 성분의 비율이 비교적 많기 때문이다. 각도 가변기구의 비용이나 소비될 전력을 생각하면, 태양전지의 설치용량을 조금이라도 많이 해서 발전량을 증가하는 것이 이점이 크다. 단, 다설지역에서 강설기만 60~90°로 경사각을 변경하여 설해를 경감시키고 있는 예가 있다.

(b) 모듈의 설치 방향

태양전지 모듈은 대부분이 직사각형의 모양을 하고 있다. 모듈의 짧은 변이 상하가 되도록 태양전지 어레이에 설치하는 경우를 수직방향이라 하며, 긴 변이 상하가 되도록 설치하는 경우는 수평방향이라 한다.

모듈을 수직방향으로 하는 어레이보다 부속품에 드는 비용이 약간 저감되기 때문에 수평방향으로 설치하는 경우가 많은 반면, 모듈의 알루미늄 테두리와 유리면과의 단차의 수가 약 2배가 되므로 자연강우에 의한 선정효과가 떨어진다. 또 적설의 경우도 같은 이유로 추락효과가 떨어진다. 따라서 진애(塵埃), 화산재, 해염입자 등이 많은 지역 그리고 적설지대에서는 수직방향으로 한다.

단, 회사에 따라 설치방향이 지정되어 있는 태양전지 모듈이 있으므로 주의해야 한다.

(c) 조류접근방지철물

조류접근방지철물은 어레이의 상하좌우부에 날카로운 산 모양의 기구나 직경 1.5~2.0mm인 탄성을 갖춘 스테인리스선 등을 하늘 쪽으로 설치하는 것이 효과적이다. 극세 스테인리스 와이어 몇 개를 새가 멈춰 쉴 수 없도록 어레이 상부에 둘러싸는 방법도 있다.

● 태양전지 어레이용 가대

(a) 가대의 재질

시장에서 유통되고 있는 부재를 사용하면 비용을 절감하고 부품납기일을 짧게 줄일 수 있다. 일반적으로 일반 구조용 압연강재 SS 400(JIS G 3101), 스테인리스강 SUS 304, SU S316(JIS G 4303~4309), 알루미늄 합금 A 6063 T 5(JIS H 4000~4180) 등이 있다. 단, JIS에서는 규정되어 있으나 시장에서 구하기 어려운 부재도 많으니, 강재 회사 또는 강재를 파는 점포에서 부재 일람표나 강재질량 조견표를 구해두면 좋다.

(b) 부재의 녹방지

녹방지를 위해 비교적 저렴하고 장기간 사용할 수 있는 것으로 철의 10~20배인 내식성을 가진 용융아연도금이 널리 보급되어 있다. 용융아연도금(JIS H 8641)으로 할 때, 소형의 얇은 부재에서는 아연의 융액(450℃ 전후의 온도)에 장시간 노출되면 휨과 변형이 발생하기 때문에 두껍게 아연을 부착시키는 것이 어렵고, 용융아연 HDZ 40(400g/m^2) 정도가 한계이다. 두꺼운 부재에서는 HDZ 55(550g/m^2) 정도의 부착량으로 하는 경우가 많고, 험한 환경에서 충분히 사용할 수 있는 점을 고려하여 관공청의 요구사양에서도 이것을 지정하고 있다. 미관을 중시하고 환경과 조화시키기 위해 도장을 하는 경우도 있다. 내후성 도료의 종류로 에폭시계, 아연 리치(Zinc rich)계, 폴리우레탄계, 불소계 등이 있다(JIS K 5500~6917). 재도장은 평균 5~10년에 한번 정도로 생각하면 된다.

(c) 볼트, 너트의 재질

일반적인 재질로는 SWCH 8~10, SS 400, S 35 C의 것을 자주 사용한다. 가격 면에서는 3~5배가 되지만, 잘 부식하지 않는 스테인리스 SUS 304제의 것이나 고력 볼트로서 SWCH 12~45, SS 490, S 35 C, 기타를 사용한다.

(d) 치수 공차

불필요하게 치수를 올리는 것은 구조물의 비용을 올리는 것이 되어 비경제적이다. 일반 구조강을 사용하고, 용융아연도금 완성품으로 하는 경우는 C조급 정도이면, 가공도 쉽고 경제적인 구조물이 된다(JIS B 0405).

● 전기설계

(a) 어레이의 출력전압

태양전지 어레이의 회로를 개방상태로 만들면 태양전지 어레이 최대출력 전압의 약 1.3배인 전압(개방전압)이 발생한다. 커넥터나 단자대, 개폐기 등에도 이 전압이 인가되므로 이들 기기를 선택할 때는 기기의 정격전압이 개방전압 이상인 것을 사용한다.

(b) 배선 케이블 고정

태양전지 모듈의 출력 리드선이나 모듈 간의 케이블은 장기간 바람 등으로 흔들려 진동때문에 파선되지 않도록 고정한다. 보호재가 있는 스테인리스 클램프, 밴드, 안장, 내후성 수지 클램프 등을 이용하여 덕트 행거나 어레이 부재에 고정한다.

(c) 다른 종류 금속의 접촉으로 인한 부식

스테인리스와 알루미늄과 같이 서로 다른 종류의 금속을 조합하는 경우에는 이들 사이에 절연재료를 사용하여 접촉부식을 방지한다. 허가받은 이종(異種) 금속의 조합은 MIL-STD-171 A로 정해져 있다.

(d) 피뢰설비(피뢰침)

일본에서는 태양전지 어레이로 인한 낙뢰 보고는 없다고 해도 되며 따라서, 피뢰침은 일반적으로 설치하지 않는다. 하지만 산정상 부근이나 피뢰가 많은 지역, 또는 중요한 태양전지 시스템의 경우 피뢰침을 설치하는 다른 설비 및 기기와 마찬가지로, 돌침(突針)부의 보호각 60° 이내에 태양전지 어레이가 들어가도록 피뢰침을 설치하면 된다(JIS A 4201).

(e) 기타

① 직류지락검출 : 트랜스리스형 파워컨디셔너를 이용하는 경우에는 파워컨디셔너 내에 직류지락 검출기능을 설치하고 있다.

② 접지등급 : 전기설비기술기준 해석 제17조 등에 의해 300V 이하인 경우에는, D종 접지공사(100Ω), 300V를 넘는 경우에는 C종 접지공사(10Ω)를 필요로 한다.

● 기타

(a) SI 단위표시

1990년에 JIS에서 국제단위계(SI)의 도입이 결정되어, 1995년 이후에의 구단위는 사용할 수 없다. 설계질량은 kg로 표시한다.

예 : 힘 kgf→N, 응력 kgf/cm²→Pa 또는 N/m², 압력 bar→Pa 등

(b) 설계·도면의 제도

설계할 때 도면의 제도는 JIS B 0001~0621「기계제도」, Z 3021「용접기호」, A 0003~0150「건축제도」 등을 토대로 통일하는 것이 바람직하다.

(c) 폐기

자원절약설계를 하여 20~30년 후의 리사이클, 폐기물 처리방법을 고려한다.

● 태양전지 어레이용 가대 설계

태양전지 어레이를 지상 또는 건물 옥상이나 주택의 평지붕 위에 설치하는 경우, 강도가 크고 견고한 기초부분에 설치하는 것을 전제로 하여 가대 설계 방법을 설명한다. 가대(지지물)는 대부분의 경우 강한 구조물이 되지만, 여기에서는 가대가 보유해야 할 기계적 강도를 정하기 위해 필요한 설계용 상정하중 및 가대에 사용할 재료와 그 허용 응력도 등에 대해 설명한다. 또 구조설계는 허용 응력도 설계를 기본으로 하고, 설계용 하중으로는 등가정적(等價靜的) 하중을 전제로 한다.

태양전지 어레이용 가대는 2004년에「태양전지 어레이용 지지물 설계표준(JIS C 8955)」으로 제정되어, 그 후의 법규 및 규격 동향에 적합한 설치형태에 대응하기 위해 2011년에 개정되었다. 이하의 본 항에서는 재검토된 JIS C 8955-2011의 자료를 인용하고 있다.

● 적용범위

대상이 되는 가대는 하단에서 상단까지의 높이가 4m 이하인 태양전지 어레이를 구축하는 지지물로 한다. 또 건재 일체형이나 해발고도 1,000m를 넘는 경우, 지상 60m를 넘는 장소에 설치하는 경우는 제외한다.

● 상정하중

태양전지 어레이용 가대를 구조설계 할 때의 상정하중으로는 영구적으로 작용하는 고정하중과 자연 외력인 풍압하중, 적설하중, 지진하중이 있다. 이 밖에 온도변화에 따른 '온도하중'도 있지만, 용접구조의 긴 물건 이외의 지지물에서는 다른 하중보다 작으므로 제외한다.

① 고정하중(G) : 모듈의 질량(G_M)과 지지물 등의 질량(G_K)의 총합

② 풍압하중(W) : 모듈에 가한 풍압력(W_M)과 지지물에 가한 풍압력(W_K)의 총합(벡터합)

③ 적설하중(S) : 모듈 면의 수직 적설하중

④ 지진하중(K) : 지지물에 가한 수평지진력(강구조 가대에서의 이 지진하중은 일반적으로 풍압하중보다 작은 것이 된다)

하중조건과 하중의 조합은 표 5.9에 의한다. 다설구역에서의 하중 조합에 있어, 건축기준법 시행령 제86조에 의한 적설하중을, 상시는 70%, 폭풍 시 및 지진 시는 35%로 한다. 또한 다설구역은 다음 조건 중 적당한 것을 선택한다.

표 5.9 하중 조건과 조합

하중 조건		일반 지방	다설구역
장기	상시	G	G
	적설 시		$G+0.7S$
단기	적설 시	$G+S$	$G+S$
	폭풍 시	$G+W$	$G+W$
			$G+0.35S+W$
	지진 시	$G+K$	$G+0.35S+K$

① JIS C 8955 6.c)에 의한 수직적설량이 1m 이상인 구역
② 적설의 처음과 끝 간의 일 수(해당 구역 중 적설부분의 비율이 1/2을 넘는 상태가 계속되는 기간의 일 수를 말함) 평균치가 30일 이상인 구역

● 풍압하중

태양전지 어레이용 가대의 구조설계에서 상정하중 중에서 최대가 되는 것은 일반적으로 풍압하중(풍하중이라고도 함)인 경우가 많다. 태양전지 어레이의 바람에 의한 파괴의 대부분은 강풍 시에 발생하지만, 여기에 규정하는 풍압하중은 강풍에 의한 파괴를 방지하는 목적으로 설계할 경우에 적용할 수 있다.

(a) 설계용 풍압하중

어레이에 작용하는 풍압하중은 식 (5.5)로 산출한다.

$$W = C_w \times q \times A_w \tag{5.5}$$

여기에, W : 풍압하중 [N]
 C_w : 풍력계수
 q : 설계용 속도압 [N/m²]
 A_w : 수풍면적 [m²] …… (어레이 면의 견부면적. 표 5.13 참조)

(b) 설계용 속도압

설계용 속도압은 다음 식으로 산출한다.

$$q = 0.6 \times V_0^2 \times E \times I \tag{5.6}$$

여기에, q : 설계용 속도압 [N/m²]

　　　V_0 : 설계용 기준풍압 [m/s]

　　　E : 환경계수

　　　I : 용도계수

① 설계용 기준풍속 : 건설지점의 지방에서 과거에 발생한 태풍 기록에 입각한 풍해의 정도, 그 밖의 바람의 성질과 특성에 맞게 30~46m/s의 범위 내에서 정한 풍속을 이용한다(부록참조).

② 환경계수 : 환경계수는 식 (5.7)로 산출한다.

$$E = E_r^2 \times G_f \tag{5.7}$$

여기에, E : 환경계수

　　　E_r : 식 (5.8) 또는 식 (5.9)로 산출하는 평균 풍속의 높이·방향의 분포를 나타내는 계수

　　　G_f : 표 5.10에 나타내는 돌풍영향계수

(H가 Z_b 이하인 경우)

$$E_r = 1.7 \left(\frac{Z_b}{Z_G}\right)^\alpha \tag{5.8}$$

표 5.10 돌풍영향계수

지표면 조도 구분 \ 어레이면 평균 지상고 H [m]	(1) 10이하인 경우	(2) 10 초과 40 미만인 경우	(3) 40 이상인 경우
I	2.0	(1)과 (3)에 게재한 수치를 직선으로 보간(補間)한 수치	1.8
II	2.2		2.0
III	2.5		2.1
IV	3.1		2.3

표 5.11 Z_b, Z_G 및 α

	지표면 조도 구분	Z_b [m]	Z_G [m]	α
I	도시계획 구역 외에서 매우 평탄하고 장해물이 없는 것으로 특정 행정청이 규정으로 정한 구역	5	250	0.10
II	도시계획 구역 외에서 지표면 조도 구분 I구역 이외의 구역(어레이의 지상고가 13m 이하인 경우를 제외), 또는 도시계획 구역 내에서 지표면 조도 구분 IV의 구역 이외의 구역 중, 해안선 또는 호안선(대안까지의 거리가 1,500m 이상인 것에 한함. 이하 같음)까지의 거리가 500m 이내인 구역(단, 어레이의 지상고가 13m 이하인 경우 또는 해당 해안선 또는 호안선에서의 거리가 200m를 넘고 또 어레이의 지상고가 31m 이하인 경우를 제외)	5	350	0.15
III	지표면 조도 구분 I, II 또는 IV 이외인 구역	5	450	0.20
IV	도시계획 지역 내에서 도시화가 매우 뚜렷하고 특정 행정청이 규칙으로 정한 구역	10	550	0.27

표 5.12 용도계수

태양광발전시스템의 용도 등	용도계수
매우 중요한 태양광발전시스템	1.32
통상의 태양광발전시스템	1.0

(H가 Z_b를 넘는 경우)

$$E_r = 1.7 \left(\frac{H}{Z_G}\right)^\alpha \tag{5.8}$$

여기에 Z_b, Z_G 및 α : 지표면 조도 구분에 맞게 표 5.11에 게재한 수치

　　H : 어레이 면의 평균 지상고[m]

③ 용도계수 : 태양광발전시스템 용도에 의한 중요도에 맞는 계수로 표 5.12에 의한다. 통상의 태양광발전시스템 풍속의 설계용 재현기간을 50년이라 하면, 이것이 용도계수의 1.0에 상당한다.

(c) 풍력계수

① 모듈 면의 풍력계수 : 풍력계수는 풍동실험으로 결정된다. 단, 표 5.13에 나타낸 설치형태의 경우에는 근사식 (5.10)~식 (5.17)에 따라 산정하든지 또는 해당 표의 비고에 나타낸 계수를 사용해도 좋다.

표 5.13 태양전지 모듈 면의 풍력계수

설치형태	풍력계수(C_w)		비고
	순풍(정압)	역풍(부압)	
지상설치 (단독)			가대가 여러 개인 경우에 주위 단부는 근사치의 수치를, 중앙부는 근사치 수치의 1/2을 사용해도 좋다. 흰색 화살표는 풍향, 검은색 화살표는 풍압력의 방향(이하 같음)
지붕설치형			지붕동에 기와 등 높이 10cm 이상의 돌기가 있는 경우, 근사식의 부하 수치는 1/2로 해도 좋다. 또 적용범위는 벽선의 내측으로 하며, 처마 및 박공벽은 제외한다.
평지붕형			지붕주변부에 설치하는 경우는 적용범위 외로 한다. 지붕주변부란 지붕단부에서 각각 변의 길이 10%의 범위(3m를 넘는 경우는 3m로 함)

[지상설치(단독) 정압의 경우]

$$C_w = 0.65 + 0.009\theta \tag{5.10}$$

단, $15° \leq \theta \leq 45°$

[지상설치(단독) 부압의 경우]

$$C_w = 0.71 + 0.016\theta \tag{5.11}$$

단, $15° \leq \theta \leq 45°$

(지붕설치형 정압의 경우)

$$C_w = 0.95 - 0.017\theta \tag{5.12}$$

단, $12° \leq \theta \leq 27°$

(지붕설치형 부압의 경우)

$$C_w = -0.1 + 0.077\theta - 0.00026\theta^2 \tag{5.13}$$

단, $12° \leq \theta \leq 27°$

(평지붕형 정압의 경우)

$$C_w = 0.785 \tag{5.14}$$

단, $0° \leq \theta \leq 15°$

$$C_w = 0.65 + 0.009\theta \tag{5.15}$$

단, $15° \leq \theta \leq 45°$

(평지붕형 부압의 경우)

$$C_w = 0.95 \tag{5.16}$$

단, $0° \leq \theta \leq 15°$

$$C_w = 0.71 + 0.016\theta \tag{5.17}$$

단, $15° \leq \theta \leq 45°$

여기에, θ : 어레이 면의 경사각도(°)

표 5.14 골조의 단면형상

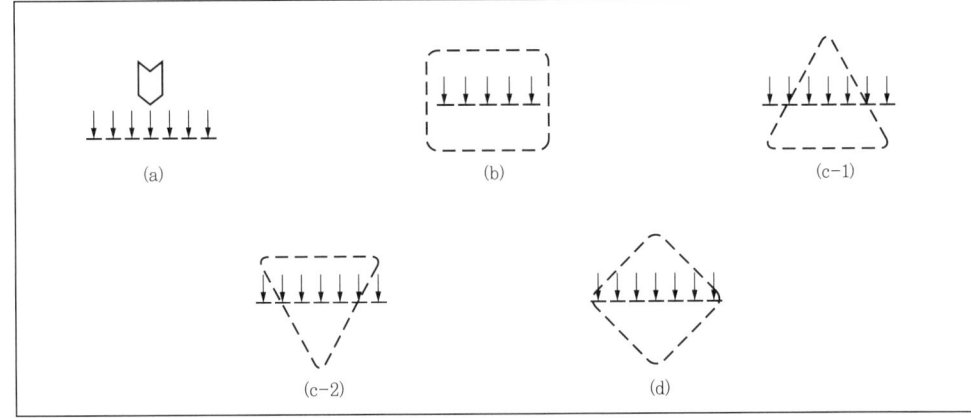

비고 1. 그림은 격자 들보 및 격자 기둥의 단면을 나타낸다.
    2. 풍압작용 면적으로는 풍향 ▷이 작용하는 방향에서 본 래티스 구조의 견부면적으로 한다.

② 지지물 구성재의 풍력계수 : 지지물의 골조 및 단체 부재에 작용하는 풍압의 풍력계수는 풍동실험으로 정한다. 단, 지지물의 골조 및 단체 부재가 표 5.14 및 표 5.15에 나타낸 단면형상인 경우에는 표 5.15 및 표 5.16에 나타낸 수치를 사용해도 좋다.

● 적설하중

설계용 적설하중은 식 (5.18)로 산출한다.

$$S = C_s \times P \times Z_s \times A_s \tag{5.18}$$

여기에, S : 적설하중 [N]
C_s : 구배계수
P : 눈의 평균 단위하중(적설 1cm 당 $N \cdot m^{-2}$)
Z_s : 지상 수직적설량 [m]
A_s : 적설면적(어레이 면의 수평 투영면적) [m^2]

(a) 구배계수

식 (5.18)에서의 구배계수 C_s는, 식 (5.19)로 산출한다.

$$C_s = \sqrt{\cos(1.5\beta)} \tag{5.19}$$

여기에, β : 적설면의 구배(°)

단, β가 60°를 넘는 경우에는 C_s를 0으로 할 수 있다.

(b) 눈의 평균 단위하중

식 (5.18)에서 눈의 평균 단위하중 (P)는 적설 1cm 마다 1m^2이므로, 일반 지방에서는 20N 이상, 다설구역에서는 30N 이상이 된다.

(c) 적설량

어레이 면의 설계용 적설량은 지상에서의 수직적설량(Z_s)으로 하고, 식 (5.20)으로 계산한 적설량에 해당 구역의 국소적 지형요인에 의한 영향을 고려한다. 단, 해당 구역 또는 그 근방 구역의 기상 관측 지점에서 지상 적설 심의 관측자료를 토대로 통계처리를 하는 등, 해당 구역에서의 50년 재현 기대치를 구할 수 있는 경우에는 해당 방법에 따르는 것이 가능하다.

표 5.15 단체부재(單體部材)의 풍력계수

단면형상		풍력계수	단면형상		풍력계수
→ ○	원형단면	1.20 주(1) (0.75)	→ T	'T'형 난변 변의 길이 비 약 1:2	1.80
→ □	사각단면 풍향에 정체	200	→ ⊢	T형 단면 변의 길이 비 약 1:2	2.00
→ ◇	사각단면 풍향에 45° 경사	1.50	→ ⊣	T형 단면 변의 길이 비 약 1:2	1.50
→ ▢ r,d	사각단면 r부 r/d=0.2이상	1.20	→ I	H형 단면 변의 길이 비 약 1:2	2.20
→ ⬡	육각팔각단면	1.40	→ H	H형 단면 변의 길이 비 약 1:2	1.90
→ ◁	삼각형 단면	1.30	→ ⊐	구형 단면 변의 길이 비 약 1:2	2.10
→ ▷	삼각형 단면	2.00	→ ⊏	구형 단면 변의 길이 비 약 1:2	1.80
→ L	등변 산형강	2.00	→ ⊔	구형 단면 변의 길이 비 약 1:2	1.40
→ ⌐	등변 산형강	1.80	→ +	십자단면	1.80
→ L	부등변 산형강 변의 길이 비 1:2	1.60	→)	반원형	2.30
→ ⌐	부등변 산형강 변의 길이 비 1:2	1.70	→ C	반원형	1.20
→ Γ	부등변 산형강 변의 길이 비 1:2	2.00	→ |	평강 세로로 긴 것	2.00
→ ⌐	부등변 산형강 변의 길이 비 1:2	1.90	→ |	평강(플레이트) 사각에 가까운 것 (3차원류)	1.20

주(1) 괄호 내의 수치는, 다음 계산 식으로 구할 수 있는 풍속 $V[\text{m}\cdot\text{s}^{-1}]$를 넘는 경우를 나타낸다.
$V=5.84/d$ 여기에, d는 부재의 외형치수법[m]

비고 1. 지상 및 지붕설치의 기초 풍력계수 C는 1.2로 한다.
  2. 표 속의 →는 풍향을 나타낸다.
  3. 골조에서 동종 단면재 풍력계수에 대해 풍력계수의 다른 방향에 상호대칭으로 혼용할 때는 구조와 부재의 풍향을 생각해 상기의 평균치를 찾아도 된다.
     예 : 등변 산형강의 경우(2.0+1.8)/2=1.9

$$Z_S = \alpha \times l_s + \beta \times r_s + \gamma \tag{5.20}$$

여기에, l_s : 구역의 표준적인 해발고도[m]

r_s : 구역의 표준적인 해율(구역에 맞게 부표 2의 R란에 게재하는 반경[km]의 원 면적에

대한 해당 원내의 바다 그 밖에 이에 속하는 것에 대한 면적의 비율)
$α, β, γ$: 구역에 맞게 부표 2의 해당 각 란에 게재하는 수치

표 5.16 래티스 구조물의 풍력계수

종류	ϕ	(1) 0.1 이하	(2) 0.1 초과 0.6 미만	(3) 0.6
강관(鋼管)	(a)	$1.4kz$	(1)과 (3)에 게재한 수치를 직선적으로 보간한 수치	$1.4kz$
	(b)	$2.2kz$		$1.5kz$
	(c-1, c-2)	$1.8kz$		$1.4kz$
	(d)	$1.7kz$		$1.3kz$
형강(形鋼)	(a)	$2.0kz$		$1.6kz$
	(b)	$3.6kz$		$2.0kz$
	(c-1, c-2)	$3.2kz$		$1.8kz$
	(d)	$2.8kz$		$1.7kz$

비고 표의 기호 의미는 다음과 같다.
  ϕ : 충실율(바람을 받는 부분의 가장 바깥 테두리로 둘러싸인 면적에 대한 견부면적의 비율)
  kz : 다음에 게재한 표로 계산한 수치

H의 적용범위		kz
H가 Z_b 이하인 경우		1.0
H가 Z_b를 넘는 경우	Z가 Z_b 이하인 경우	$\left(\dfrac{Z_b}{H}\right)^{2\alpha}$
	Z가 Z_b를 넘는 경우	$\left(\dfrac{Z}{H}\right)$

이 표에서 Z_b 및 $α$는 표 5.11의 수치를 나타내는 것으로 한다.
  Z : 해당 부분의 지표 면에서의 높이[m]
  H : 어레이 면의 평균 지상고[m]

● 지진하중

설계용 지진하중은 일반 지방에서는 식 (5.21), 다설구역에서는 식 (5.22)로 산출한다.

$$K = k \times G \tag{5.21}$$
$$K = k \times (G + 0.35S) \tag{5.22}$$

여기에, K : 지진하중 [N]
  k : 설계용 수평진도
  G : 고정하중 [N]
  S : 적설하중 [N]

(a) 설계용 수평진도

수평진도는 건물에 단단하게 설치하는 방식에 대해서 가구(架構)부분 및 기초부분은 모두 식 (5.23)으로 산출한다. 또 어레이의 전도 및 이동 등에 따른 위해를 방지하기 위한 유효한 조치를 취하고 있는 경우에는, 중량기초를 이용하여 건물로 설치하는 방법도 유효하며, 가구부분에 대해서는 식 (5.23), 기초부분에 대해서는 식 (5.24)로 산출한다. 단 용도계수 1.5를 이용한 태양광발전시스템에는 적용하지 않는다.

$$k \geqq 1.0 \times Z \times I$$
$$k \geqq 0.5 \times Z \times I$$

여기에, Z : 지진지역계수(1.0~0.7), I : 용도계수

(b) 용도계수

용도계수는 표 5.17에 의한다.

표 5.17 용도계수

태양광발전시스템의 용도	용도계수
매우 중요한 태양광발전시스템	1.5
통상 설치하는 태양광발전시스템	1.0

● 재료와 그 허용 응력도

(a) 재료 선정

태양전지 어레이용 가대의 구성재는 특별한 경우를 제외하고 JIS에 제정된 강재, 알루미늄 합금재, 또는 그와 동등한 품질을 가진 재료를 사용한다(표 5.18).

표 5.18 지지물 구성재의 예

재료의 종별	선정대상 재료의 규격
강재	JIS G 3101, JIS G 3106, JIS G 3114, JIS G 3302, JIS G 3350 JIS G 3444, JIS G 3466
알루미늄 합금재	JIS H 4100

(b) 허용 응력도

① 구조용 강재 : 장기하중의 설계응력에 대한 구조용 강재의 허용 응력도는 다음에 의한다. 단기하중은 그 1.5배로 한다.

  a) 허용 인장 응력도 : $\sigma_r/1.5$ \hfill (5.25)

    단, $0.7\sigma_B/1.5$ 이하

b) 허용 압축 응력도 : $\sigma_r/1.5$ (5.26)

c) 허용 휨 응력도 : $\sigma_r/1.5$ (5.27)

d) 허용 전단 응력도 : $\sigma_r/(1.5\times\sqrt{3})$ (5.28)

  단, $0.7\sigma_B/(1.5\times\sqrt{3})$ 이하

e) 허용 지압 응력도 : $1.1\sigma_r$ (5.29)

여기에, σ_r : 재료의 항복점 응력도 [N·mm^{-2}]

  σ_B : 재료의 인장 강도 [N·mm^{-2}]

② 구조용 알루미늄 합금재 : 장기하중의 설계응력에 대한 구조용 알루미늄 합금재의 허용 응력도는 다음에 의한다. 단기하중은 그 1.5배로 한다.

a) 허용 인장 응력도 : $\sigma_{0.2}/1.5$ (5.30)

  단, $(5\sigma_B/6)\times(1/1.5)$ 이하

b) 허용 전단 응력도 : $\sigma_{0.2}/(1.5\times\sqrt{3})$ (5.31)

  단, $(5\sigma_B/6)\times[1/(1.5\times\sqrt{3})]$ 이하

c) 허용 압축 응력도 : $\sigma_{0.2}/1.5$ (5.32)

  단, $(5\sigma_B/6)\times(1/1.5)$ 이하

d) 허용 휨 응력도 : $\sigma_{0.2}/1.5$ (5.33)

  단, $(5\sigma_B/6)\times(1/1.5)$ 이하

e) 허용 지압 응력도

  1) 핀 및 접촉부 : $\sigma_{0.2}/1.1$ (5.34)

  단, $(5\sigma_B/6)\times(1/1.1)$ 이하

  2) 미끄러짐지승 또는 롤러지승부 : $1.9\sigma_{0.2}$ (5.35)

여기에, $\sigma_{0.2}$: 최소내력치[N·mm^{-2}]

③ 볼트 : 볼트의 허용 응력도는 상기의 ① 또는 ②의 허용 응력도에 준한다.

④ 용접 : 아크 용접 이음의 목 단면에 대한 허용 응력도는 다음의 각 항에 의한다.

a) 맞대기 용접 이음의 허용 응력도는 접합되는 모재(母材)의 허용 인장 응력도라 한다.

b) 필릿 용접의 허용 응력도는 접합되는 모재의 허용 전단 응력도라 한다.

c) 서로 다른 종류의 강재를 용접하는 경우는 접합되는 모재의 허용 응력도 중, 작은 수치를 취한다.

d) 알루미늄 합금재가 아크 용접으로 풀림을 받는 경우에는 강도 저하를 고려한다.

부재의 응력도는 전기설비기술기준 해석 및 전기학회 전기규격조사회 표준규격(JEC)에 의해 JIS로 정해진 재료의 항복점(내력) 또는 인장 강도를 토대로 산출하고 있고, 건축기준법에서는 일본 건설성 고시(2000년 건고 제2464호)에서 재료의 기준강도가 정해져 이를 토대로 산출하고 있다. 양자의 큰 차이는 재료의 두께 구분으로, JIS가 3단계($t\leq16$, $16<t\leq40$, $t>40$)인 것에 반해, 고시는 2단계($t\leq40$, $t>40$)로 되어 있는 점이다(표 5.19 참조).

어레이용 지지물에 사용하는 재료의 두께는 거의 16mm 이하로 전기설비기술기준 해석 및 JEC의

기준을 채용하는 것으로 했다.

또 참고로 보통 사용되는 재료의 허용 응력도를 표 5.20에 나타냈다.

표 5.19 허용 응력도의 전기계와 건기법(建基法) 비교(예)

단위($N \cdot mm^{-2}$)

	허용 응력도의 종류	두께 t[mm]	전기 JEC	건기법
SS-400 SM-400	인장	$t \leq 16$	161.7	156.8
		$16 < t \leq 40$	156.8	156.8
	압축	$t \leq 16$	161.7	156.8
		$16 < t \leq 40$	156.8	156.8
	휨	$t \leq 16$	161.7	156.8
		$16 < t \leq 40$	156.8	156.8
	전단	$t \leq 16$	93.1	90.4
		$16 < t \leq 40$	88.2	90.4
	지압	$t \leq 16$	269.5	-
		$16 < t \leq 40$	254.8	-

(c) 부재 접합

부재의 접합은 볼트 접합, 용접 접합 또는 이들과 동등 이상의 품질을 얻을 수 있는 방법을 사용해야 한다. 구조내력상 주요한 부분인 이음 또는 방법은, 그 부분의 존재 응력을 전달할 수 있는 구조로 해야 한다.

(d) 방식(防食)

지지구조 부재는 부식 및 잘 노후되지 않는 재료를 사용하는 것을 제외하고, 효과적인 방식을 위해 조치를 한 것을 사용한다.

표 5.20 부재의 허용 응력도

단위($N \cdot mm^{-2}$)

	조건	압축	인장	휨	전단	지압
강재 SS-400	장기	161.7	161.7	161.7	93.1	269.5
	단기	245	245	245	137.2	401.8
볼트 SS-400	장기	-	117.6	-	88.2	294
	단기	-	176.4	-	132.2	441
알루미늄 합금 (6063-T5)	장기	71.54	71.54	71.54	41.16	98
	단기	107.8	107.8	107.8	62.72	147

① 도금 : 지지물에 사용하는 강재의 방식을 도금하는 경우는 용융아연도금 또는 이것과 동등 이상의 도금을 한다.

또, 용융아연도금의 품질, 시험, 검사, 표시 등은 JIS H 8641에 의한다.

② 도장 : 지지물에 사용하는 강재의 방식을 도장하는 경우 사용환경을 고려해 사양을 결정한다.

● 태양전지 어레이용 가대의 강도계산

태양전지 어레이용 가대는 설치하는 장소, 지역, 모양이나 상태 등에 따라 예상할 수 있는 하중이 달라지기 때문에 그때마다 상세설계가 필요하다. 기본적인 가대는 패널 프레임, 서포트 레그, 베이스 레일 등으로 구성되어 있다.

상세설계가 필요한 경우는 건축기준법, 강구조 설계기준(편집 : 일본건축학회), JIS C 8955 「태양전지 어레이용 지지물 설계기준」 등의 전문서를 참고로 설계하는 것을 권장한다.

다음은 하기의 조건으로 JIS C 8955 「태양전지 어레이용 지지물 설계기준」에 입각한 강도계산서의 사례를 소개한다.

● 설계조건
① 시공지 : 도쿄도 미나미구
② 풍속 : 34m/s(건축기준법 제87조 제2항)
③ 구역 : 일반 지역
④ 태양전지 어레이의 설치 높이 : 지상고 20.0m
⑤ 어레이 설치분류 : 지붕설치형/평지붕형
⑥ 어레이 경사각도 θ : 30°
⑦ 태양전지 모듈 길이 : 1,290×990×36(내풍압강도 3,000N/m^2)
⑧ 태양전지 모듈 질량 : 151.9N(15.5kg)
⑨ 태양전지 모듈 장수 : 3장
⑩ 가대재질/부재형식 : SS400 용융아연도금강/경량구형강

⑪ 개략도

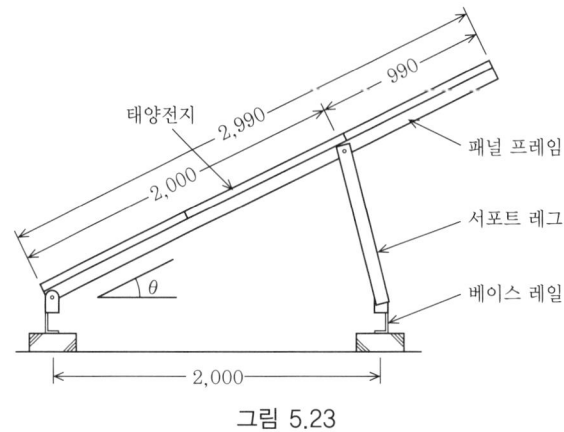

그림 5.23

● 강도계산

(a) 고정하중(G)

	1가대 당의 구성은		수풍면적 A_w 3.83m²
	태양전지	3장 질량	470.4N(48.0kg)
	패널 프레임	2개 질량	235.2N(24.0kg)
	서포트 레그	2개 질량	80.4N(8.2kg)
		어레이 질량	786.0N(80.2kg)

(b) 풍압하중(W)

설계용 풍압하중은 다음 식으로 구할 수 있다.

$$W = C_w \times q \times A_w$$

여기서, W : 풍압하중 [N] (5.36)

C_w : 풍력계수

q : 설계용 속도압 [N/m²]

A_w : 수풍면적 [m²]

① 설계속도압

$$q = 0.6 \times V_0^2 \times E \times I \tag{5.37}$$

여기서, q : 설계용 속도압 [N/m²]

V_0 : 설계용 기준풍속 (34m/s)

I : 용도계수

E : 환경계수

a) 용도계수 I

통상의 태양광발전시스템의 경우 $I = 1.0$ (5.38)

b) 환경계수 E

Ⅲ : 지표면 조도 구분 Ⅰ, Ⅱ, Ⅳ 이외의 구역 $E=1.969$ (5.39)

따라서 설계속도압

  $q = 0.6 \times V_0^2 \times E \times I = 1,366.1 \text{N/m}^2 (139.4 \text{kg/m}^2)$ (5.40)

② 풍력계수

어레이 각 30°의 경우

$C_w = 0.65 + 0.009\theta$ 일 때

  정압(순풍) $C_w = 0.92$ (5.41)

$C_w' = 0.71 + 0.016\theta$ 일 때

  부압(역풍) $C_w' = 1.19$ (5.42)

③ 풍압하중 : 정압 시의 풍압하중을 W, 부압 시의 풍압하중을 W'라 하면, 식 (5.36)~식 (5.42)로 다음과 같이 된다.

〈정압 시〉 1가대에 작용하는 풍압하중은

  $W = C_w \times q \times A_w = 4,813.8 \text{N} (491.2 \text{kg})$

〈부압 시〉 1가대에 작용하는 풍압하중은

  $W' = C_w' \times q \times A_w = 6,225.9 \text{N} (635.3 \text{kg})$

(c) 적설하중(S)

설계용 적설하중은 다음 식으로 구할 수 있다.

  $S = C_S \times P \times Z_S \times A_S$ (5.43)

여기서, S : 적설하중 [kg]

   C_S : 경사계수

   P : 눈의 평균 단위질량(적설 1cm 당[N/m²])

   Z_S : 지상 수직선 가장 깊은 적설량 [cm]

   A_S : 적설면적 = A_w [m²]

① 경사계수

  적설면 경사 : $C_S = 0.84$

② 눈의 평균 단위질량(일반 지방) : $P = 20.0 \text{N/m}^2 \cdot \text{cm} (2.0 \text{kg/m}^2)$

③ 지상 수직선 가장 깊은 적설량 [cm] : $Z_S = 50.0 \text{cm}$

④ 설계용 지상 적설하중 : $P \times Z_S = 1,000 \text{N/m}^2 (102.0 \text{kg/m}^2)$

⑤ 적설하중 : $S = 3,220.6 \text{N} (328.6 \text{kg})$

(d) 지진하중(K)

지진하중은 다음 식으로 구할 수 있다.

  $K = C_1 \times G$ (5.44)

여기서, K : 지진하중 [kg]

   C_1 : 지지층 전단력 계수

G : 고정하중

$K = 1.0G$
$\quad = 786\text{N}(80.2\text{kg})$

● 하중 조건과 하중의 조합

하중 조건과 조합은 다음 표에 의한다. 이 강도계산에서는 일반 지방의 하중 조건 조압에 따라 최대가 된다. 단기 폭풍 시는 G+W의 조합으로 검토한다.

표 5.21

하중 조건		일반 지방	각 하중[N]	각 하중[kg]
장기	상시	G	786.0	80.2
	적설 시	G	786.0	80.2
단기	적설 시	G+S	4,006.6	408.8
	폭풍 시	G+W	7,011.9	715.5
	지진 시	G+K	1,571.9	160.4

G : 고정하중 S : 적설하중 W : 풍압하중 K : 지진하중

● 태양전지 모듈 검토

① 단기 폭풍 시

〈정압 시〉 단위 면적당 하중은

$\quad W = C_w \times q = 1{,}256.8\text{N}/\text{m}^2 (128.2\text{kg}/\text{m}^2)$

〈부압 시〉 단위 면적당 하중은

$\quad W' = C_w' \times q = 1{,}625.7\text{N}/\text{m}^2 (165.9\text{kg}/\text{m}^2)$

태양전지 모듈의 내풍압 강도는 $3{,}000\text{N}/\text{m}^2 (306.1\text{kg}/\text{m}^2)$

(정압 시·부압 시 모두) $1{,}256.8 < 3{,}000$

$\quad\quad\quad\quad\quad 1{,}625.7 < 3{,}000$ 따라서 안전하다.

② 단기 적설 시

단위 면적 당 하중은

$\quad S 840.9\text{N}/\text{m}^2 (85.8\text{kg}/\text{m}^2)$

$\quad 840.9 < 3{,}000$ 따라서 안전하다.

(주) 모듈의 내풍압 강도는 각 제조회사에 확인할 것

● 가대재료 선정

일반적인 가대의 주요 구성부재인 패널 프레임, 서포트 레그, 베이스 레일 등은 각 하중조건을 만족시킨 재료를 선정한다. 또 각 부재의 강도계산은 각각의 가대 형상에 맞게 해야 한다.

Section 5

지상·평지붕 설치의 태양전지 어레이 기초부 설계

태양전지 어레이의 기초에 작용하는 하중으로 가장 먼저 생각할 수 있는 것은 풍하중이다. 또 어레이 자체도 바람을 받는 면적이 큰 구조물이기 때문에 강풍이 불면, 미끄럼이나 전도 또는 날아가는 경우를 생각할 수 있다. 여기에서는 강풍이 발생했을 경우, 태양전지 어레이용 기초의 안정검토에 대해 알아본다.

● 기초의 구조 선정

● 지상설치인 경우

구조물의 기초에는 표 5.22와 같이 5종류의 형식으로 나눌 수 있다. 여기에서는 어레이 주위에 바람을 막는 것이 없고, 지반은 단단한 모래지반을 예상했다. 그 때문에 구조는 간단하고 견고한 구조물, 시공은 저렴하고 쉽게 구할 수 있는 재료를 사용하여 행할 수 있는 공법으로 직접기초를 채용한다.

직접기초 중에서도 형식의 차이에 따라 독립 푸팅(footing) 기초와 복합 푸팅 기초의 경우를 검토한다(그림 5.24).

독립 푸팅 기초란 도로표식 등으로 많이 이용되고 있는 푸팅 기초이다. 복합 푸팅 기초는 2개 또는 그 이상의 기둥에서의 응력을 단일 기초로 지지하는 것이다.

표 5.22 기초의 종류

- 직접기초 : 지지층이 얕은 경우 많이 이용된다.
- 말뚝기초 : 지지층이 깊은 경우 많이 이용된다.
- 심초(深礎) : 철탑 등의 기초에 많이 이용된다.
- 케이슨 기초 : 하중규모가 큰 경우 많이 이용된다(장대교량 기초 등).
- 강관 널말뚝 기초 : 하천 내의 교량 등에 많이 이용된다.
- 연속 기초 : 지지층이 대심도인 경우에 많이 이용된다.

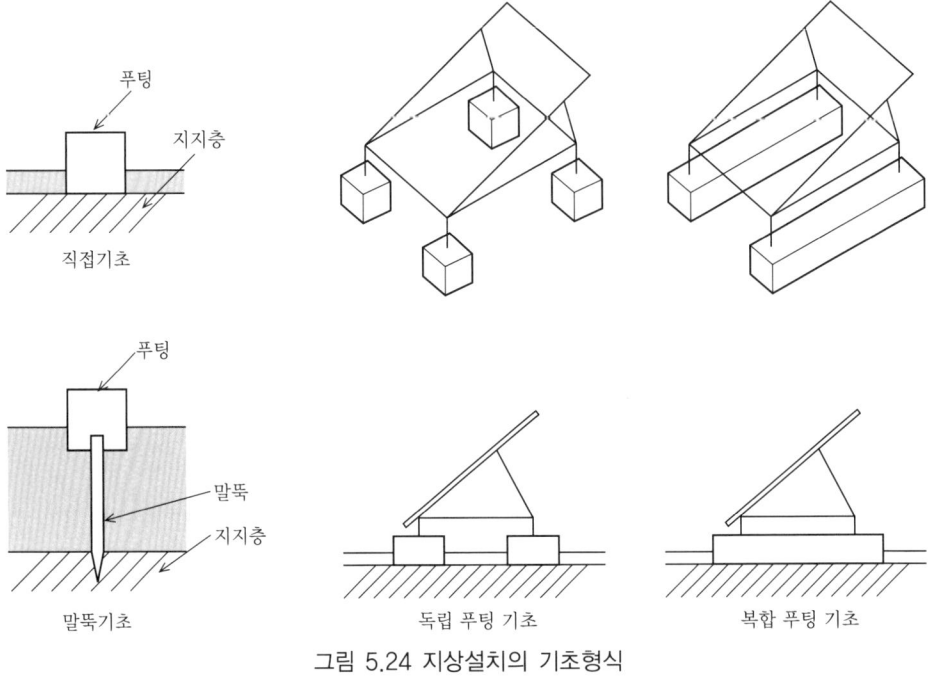

그림 5.24 지상설치의 기초형식

● 평지붕 설치인 경우

옥상설치를 전제로 생각하면 일반적인 기초는 그림 5.25와 같이 된다. 건물 외의 부위에 설치하는 경우는 상황에 맞는 설치와 상세한 검토가 필요하다.

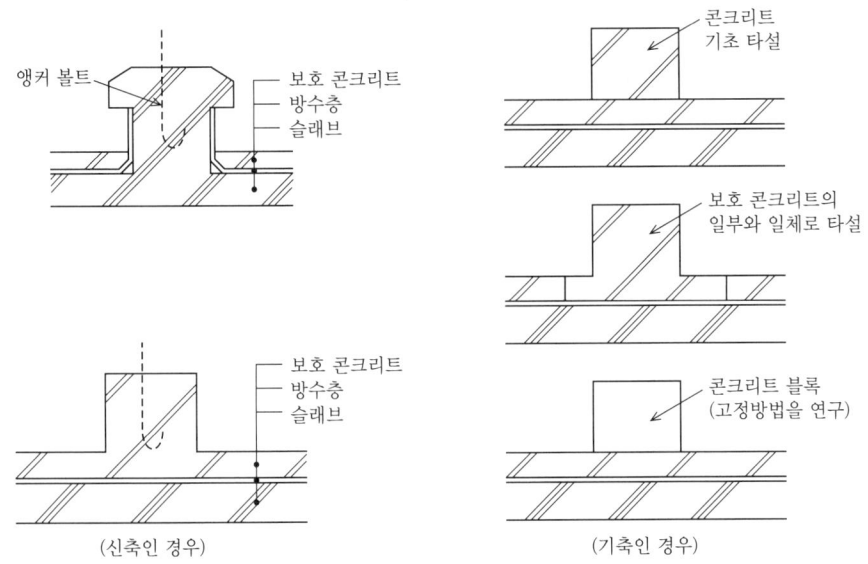

그림 5.25 옥상설치의 기초형식

신축건물에 설치할 때는 콘크리트 기초를 옥상 슬래브로부터 일체적으로 일으켜 세워 사전에 타설한 앵커 볼트에 가대철골을 설치할 수 있다. 이 경우는 고정 상태도 견고하고, 또 방수층이 기초와 둘레를 자르고 있으므로 기초나 가대 등의 하중이 방수층에 걸리지 않고, 방수층의 개수도 비교적 용이하다. 특히 대형 가대, 긴 가대 등에는 바람직하다.

단, 보통의 규모라면 시공의 간이함이나 경제성을 고려할 때 방수층의 보호 콘크리트 위에 기초 콘크리트를 만드는 것도 일반적이다. 기초 콘크리트에는 사전에 앵커 볼트를 넣어 둔다.

한편, 기존에 지어진 건물에서는 특별한 경우를 제외하고(예를 들면, 방수층 개수), 방수층을 파손하여 옥상 슬래브에서 기초를 쌓는 것은 어렵고, 방수 보호 콘크리트의 위에 콘크리트 기초를 설치하거나 콘크리트 블록 등을 고정하여 기초로 하는 방법을 실시하고 있다. 기초의 고정방법은 신축과 같이 일체적인 시공을 할 수 없기 때문에, 케미컬 앵커나 콘크리트의 부착력을 이용하여 필요에 맞게 주변 벽이나 고정 가능 장소로 설치 보강한다. 경제성을 포함하여 총합적인 판단을 하길 바란다.

산업용 태양광발전시스템의 전기설계

 산업용 태양광발전시스템을 설치하는 경우에 전기설비기술기준 해석 및 전력품질확보에 관련된 계통연계 기술요건 가이드라인과의 적합성, 태양전지 어레이의 구성, 파워컨디셔너와 접속함 선정, 계통연계 보호장치 선정, 시스템 간 전기적 접속의 결정법 등, 전기설계에 대해 일반적인 검토내용과 함께 다음과 같은 설계 전제조건에서의 사례에 따라 설명한다. 이 전기설계 전에 태양전지의 용량이나 설치방법에 대해서는 검토되고 있는 것으로 한다.

- 시스템 : 방재대응형 태양광발전시스템
- 계약전력 : 업무용 전력 200kW
  　　　　　수전전압 6,600V
- 태양전지 출력용량 : 30kW
- 방재부하 : 전등·펌프 등 3kW 24시간
- 태양전지 모듈(25℃, 1,000W/m², AM 1.5)

최대출력	140W
최대출력 동작전압	20V
최대출력 동작전류	7A
개방전압	24V
외형치수법[m]	1,150×1,000×35

으로 설계를 진행한다.

● 전기설비기술기준 해석 및 전력품질확보에 관련된 계통연계 기술요건 가이드라인과의 정합성·전기방식 결정

 가장 먼저 전기설비기술기준 해석 및 전력품질확보에 관련된 계통연계 기술요건 가이드라인(이후, 가이드라인이라 함)을 토대로 전기방식을 결정한다.

 「가이드라인 제2장 연계에 필요한 기술요건, 제1절 공통사항, 1. 전기방식」은 테두리 안에 나타낸 것과 같이 규정되어 있으며 3상 회로에 연계하는 것이 보통이다. 하지만 이 조문에 의하면, 상 간의 전압불평형으로 인한 영향이 사실상 문제가 되지 않을 때는 단상에 연계해도 괜찮다.

[가이드라인 제2장 연계에 필요한 기술요건, 제1절 공통사항]
1. 전기방식
(1) 전기설비 등의 전기방식은 (2)에 정한 경우를 제외하고, 연계하는 계통의 전기방식과 동일하게 한다.
(2) 발전설비 등의 전기방식은 다음 조건의 어느 것에라도 해당하는 경우, 연계하는 계통의 전기방식과 달라도 괜찮은 것으로 한다.
① 최대 사용전력에 비해 발전설비 등의 용량이 매우 적고, 상 간 불평형에 의한 영향이 실제로 문제가 되지 않는 경우

실제로는 빌딩이나 학교 등 전등회로에는 단상 3선 방식으로 공급되어 있는 경우가 많이 있으며, 단상회로에 연계하는 것이 전류 밸런스 상황이 좋아지는 경우도 있다.

최종 결정은 전력회사가 하지만 단상부하가 큰 업무용 전력의 경우에는 단상연계도 검토해야 할 것이다. 전압은 구내 저압 배전선의 전압에 맞춰 보통은 200V가 된다. 전등회로에 연계하는 경우에는 단상 200/100V 연계가 된다.

실시 예에서는 3상 200V 회로로 연계하는 기술을 보여준다.

• 계통연계 보호장치 결정

전기설비기술기준 해석(이후 전기해석이라 함)을 토대로, 계통연계 보호장치를 결정한다. 계통연계의 전압 구분은 수전점의 전압으로 결정되며 6,600V 수전의 경우에는 고압연계가 된다.

고압연계의 경우에는 저압연계에서 필요한 과전압계전기(OVR), 부족전압계전기(UVR), 주파수상승계전기(OFR), 주파수저하계전기(UFR) 이외에 계통단락사고 보호를 위해 지락과전압계전기(OVGR)를 고압 측에 설치하고, 지락과전압계전기(OVGR) 동작 시에는 태양광발전시스템의 운전을 정지한다.

하지만 다음에 조건이 만족스러울 때는 지락과전압계전기(OVGR) 설치를 생략할 수 있으므로 이 조건을 활용하여 비용 절감에 힘쓴다.

[전기해석 제8장 분산형 전원의 계통연계설비]
고압연계 시의 계통연계용 보호장치(제229조)
229-1 표※5 구내저압선에 연계하는 경우라서 분산형 전원의 출력이 수전전력에 비해 매우 적으며, 단독운전 검출장치 등은 고속으로 단독운전을 검출하며, 분산전원을 정지 또는 해열(解列)하는 경우(이하 생략)

라고 기재되어 있으며, 이것을 해설하면,

> '발전설비의 출력용량이 수전전력의 용량에 비해 매우 적다' 는 것은 분산형 전원의 출력용량이 계약전력의 5% 정도 이하(기준이며, 구내의 최저부하에 대해 항상 분산형 전원의 출력용량이 적고, 수동적 방식의 단독운전 검출장치 등으로, 신속한 해열을 실시할 수 있는 경우에는 이를 넘어 운용할 수 있다) 또는 10kW 이하(배전계통의 규모나 해당 배전계통 내의 다른 분산형 전원의 연계상황에도 의하지만, 10kW 이하라면 이제까지의 연계실적에서 문제가 없다고 생각된다)중 어느 것에나 해당하는 경우를 가리킨다.

라고 되어 있다. 이 조건에 적합한 연계를 간주 **저압연계**라고 한다.

최종적으로는 전력회사와의 협의사항으로 되어 있으며, 계획할 때는 미리 전력협의를 해두는 것을 장려한다. 또 역조류용 전력량계 설치에 대해서도 전력회사와 상담해두어야 한다.

상기의 조건을 적용하면 이 실시 예는 지락과전압계전기(OVGR)를 생략할 수 없기 때문에 통상의 고압연계를 채용하게 된다.

● 태양전지 어레이의 구성

설치장소가 결정되면 태양전지 모듈의 배치와 전기적인 접속 설계를 한다. 현재 실용화되어 있는 파워컨디셔너는 직류 입력전압이 300V인 것이 많아, 태양전지 모듈의 정격전압이 약 300V가 되도록 1스트링의 직렬 장수를 선정한다.

$$\text{태양전지 모듈 직렬 장수}(S_n) = \frac{\text{파워컨디셔너 직류 입력전압}}{\text{모듈 최대출력 동작전압}}$$

$$= \frac{300V}{20V} = 15$$

가 되며, 15직렬이 된다. 이를 1스트링 15직렬이라 표현한다.

계속해서 병렬 장수를 결정한다.

$$\text{태양전자 모듈 병렬 장수}(P_n) = \frac{\text{시스템 출력전력[W]}}{\text{모듈 최대출력[W]} \times 1\text{스트링 직렬 장수}(S_n)}$$

$$= \frac{3,000W}{140W \times 15S} ≒ 14.28$$

이 되며, 15병렬을 채용한다.

따라서 태양전지 정격출력용량은 140W의 모듈을 255매 사용하기 때문에 31.5kW가 된다.

실제로는 16직렬 14병렬 등도 생각해 볼 수 있으며, 모듈 배열이나 모듈 간 배선의 편리함, 그늘의 영향을 최소화 시킬 수 있는 모듈 간의 배선방법 등도 고려하여 직·병렬 매수를 결정한다.

● 파워컨디셔너 선정

Chapter 3의 Section 6을 참고로 하여 파워컨디셔너를 선정한다. 최근에는 10kW 단위의 유닛 인버터를 많이 사용한다. 유닛 인버터를 사용한 시스템은 그림 5.26과 같은 직류공통방식과 그림 5.27과 같은 직류분할방식이 있기 때문에, 인버터 설치장소의 선정에 맞추어 어느 쪽을 채용할지를 결정한다. 축전지가 있는 경우에는 직류회로에 축전지를 접속할 필요가 있기 때문에 직류공통형을 채용한다.

파워컨디셔너는 태양전지용량과 같은 용량을 선정하는 경우가 많지만, 태양전지가 수직면에 설치되어 있을 때 등은 태양전지용량보다 작은 용량을 선정해도 지장이 없다.

파워컨디셔너를 선정하는 데 주의해야 할 사항은 Chapter 3의 파워컨디셔너 종류와 선정에서 설명하고 있지만, 전기적으로는 태양전지의 전압변동범위와 파워컨디셔너의 최대전력 추종제어범위를 포함한 직류 입력범위와의 정합성을 확인할 필요가 있다. 태양전지의 개방전압이 파워컨디셔너의 최대 입력전압을 넘지 않도록 확인한다.

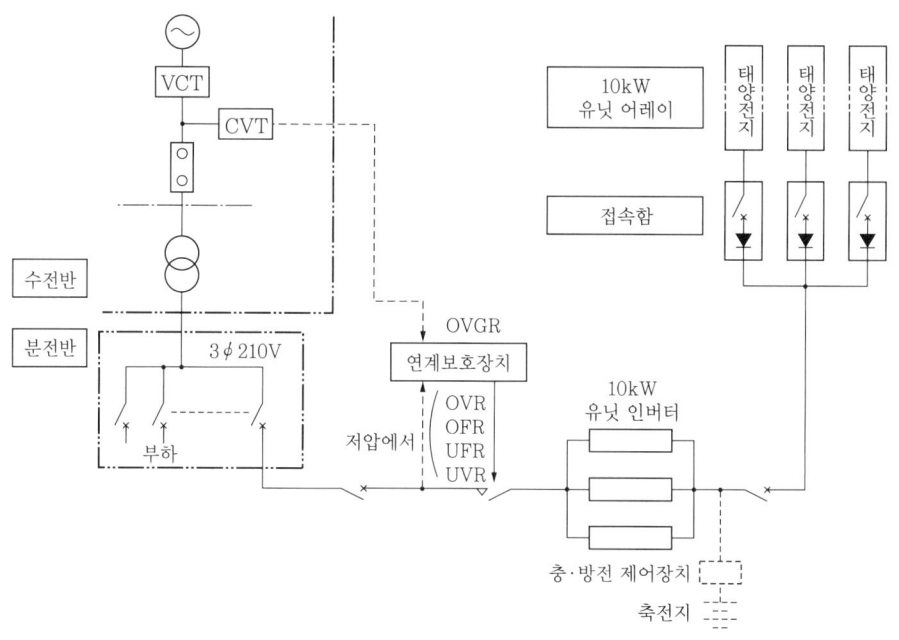

그림 5.26 유닛 인버터를 이용한 시스템(직류공통방식)

접속함은 태양전지 모듈 회사나 파워컨디셔너 회사보다 시스템에 적합한 것이 공급되고 있는 것도 있다.

스트링 수나 직류전압·전류에 적합한 회로 수나 부품정격으로 되어 있는지, 기기의 크기에 비해 배선이 많으므로 배선이나 배관 단말의 수납공간이 배려되어 있는지 아닌지, 접속되는 전선의 두께와 단자의 정합성, 점검 시 각 스트링 마다 분리가 되는지 아닌지 등을 검토해야 한다. 가대의 구성에 맞게 배선하기 쉽도록 회로 수와 함수를 결정한다.

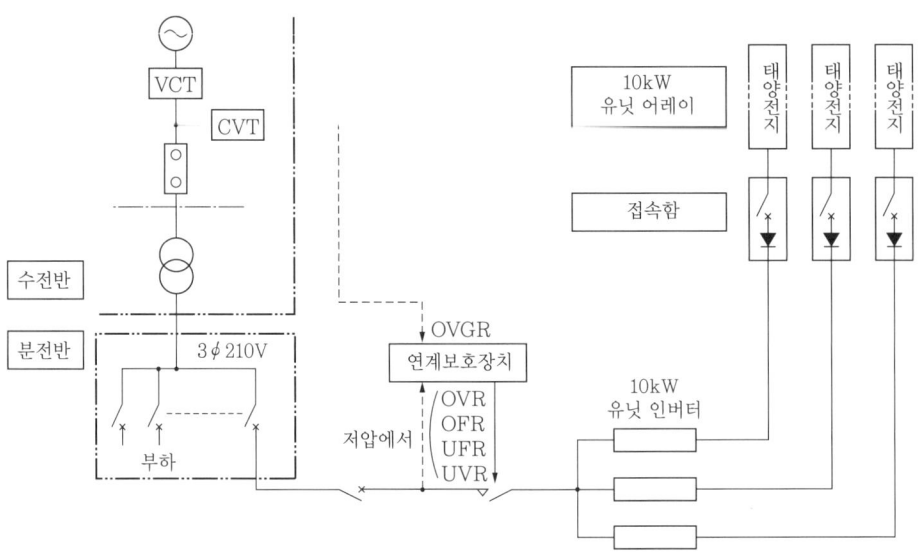

그림 5.27 유닛 인버터를 이용한 시스템(직류분할방식)

● 계통연계 보호장치의 설계

지락과전압계전기(OVGR)를 제외하고는 파워컨디셔너 내에 계통연계 보호장치를 내장한 것이 많다. 지락과전압계전기(OVGR)는 고압 수전설비 내에 검출용 영상전압검출기(CVT)를 설치해야 하기 때문에 설치공간 확보 및 파워컨디셔너와 수전설비 사이에 배선이 가능하도록 해야 한다.

또, 각종 계전기 등이 전력회사에서 지정한 설정이 가능한지를 확인한다.

● 시스템 간 전기적 접속의 결정법

시스템을 구성하는 기기 간 배선에 대해 설명한다.

• 태양전지 모듈 간과 태양전지 모듈과 접속함 간의 배선

최근 태양전지 모듈은 커넥터가 있는 리드선을 표준으로 갖추고 있는 것이 많다.

이때는 리드선으로 모듈 간을 접속한다. 단자대 방식인 것은 접속용 전선을 준비한다. 전압강하나 기계적 강도를 고려하여 케이블은 $2mm^2$ 정도의 600V 가교 폴리에틸렌 케이블(CV) 등이 이용되고 있다.

• 접속함과 파워컨디셔너 간의 배선

접속함에 태양전지출력을 일단 수용한다. 접속함 출력의 직류간선은 전(全) 용량의 케이블에서 파워컨디셔너로 배선을 하는 방식으로 한다. 보통은 직류 주회로 전선의 전압강하를 1~2% 정도로 선정한다. 전압강하 산출은 Chapter 6의 Section 6. 전기배선공사를 참조하길 바란다.

직류 측 정격전류(I_{dc})는 다음과 같은 식이 된다.

$$I_{dc} = \frac{30,000\text{W}}{300\text{V}} = 100\text{A}$$

접속함과 파워컨디셔너 간의 거리를 약 50m로 하며, 전압강하를 1%로 하면 내선규정표에 의해 60mm²를 선정한다.

• **파워컨디셔너와 연계용 배선용 차단기까지의 배선**

구내 배전선과의 접속은 수전설비의 저압반이나 구내 분전반에 전용 브레이커를 설치하여 실시한다. 전압강하는 보통 1~2% 정도로 선정하며, 전선은 가교 폴리에틸렌 케이블(CV 케이블) 등을 이용할 수 있다.

교류 측 정격전류(I_{ac})는 다음 식이 된다.

$$I_{ac} = \frac{30,000\text{W}}{\sqrt{3} \times 200\text{V}} \fallingdotseq 86.6\text{A}$$

파워컨디셔너는 연계 브레이커 가까이에 설치하는 것으로 하며 전류용량보다 38mm² 더 채용한다.

• **접지선에 대해서**

기기 간 접속에는 반드시 접지선을 동시에 접속한다. 접지 방법에 대해서는 Chapter 6의 Section 6. 접지공사를 참조하길 바란다.

30kW 시스템의 경우에는 내선규정 1350-3에 의거 5.5mm²로 되지만, 여유를 가지고 8mm²를 채용한다.

● **기타**

산업용 시스템에는 계측장치나 표시장치가 부속되는 경우가 많다. 특히 신축인 경우에는 배선 루트를 정하고 배관 등도 미리 해두면 좋다.

Chapter 6

태양광발전시스템의 시공

태양광발전시스템의 시공은 태양전지 어레이 지붕 위 등의 설치나
파워컨디셔너 등의 기기 설치공사와 태양전지 모듈 간의 배선이나
각 기기 간을 접속하는 전기공사로 나눌 수 있다. 여기서는 그 시공순서와
시공에 있어서의 주의사항 및 구체적인 시공방법에 대해 상세하게 설명한다.
태양전지는 일사를 받고 있는 한 발전하고 있으므로, 시공하는데 있어서는
활선공사를 어쩔 수 없이 해야 한다. 또 옥상이나 지붕 위 등의
높은 곳에서 하는 작업이 많기 때문에 안전대책에 대해서는 특히 주의해야 한다.

Section 1

시공순서와 주의사항

이번에는 산업용 태양광발전시스템의 설치공사에 관한 일반적인 시공순서 및 시공에 대한 안전대책, 기설물에 대한 양생·보호에 관해 설명한다.

설치공사는 크게 기초공사, 기기설치공사, 전기공사, 검사로 나눌 수 있다. 또 철제가대, 금속제 외함이나 금속제 배관은 누전 등에 의한 감전사고 방지를 위한 접지공사가 필요하다. 또한 파워컨디셔너나 접속함, 집전함 등의 반류(盤類)를 벽면에 설치할 때에는 벽면의 보강공사 등이 필요해진다.

시공에 있어서는 「노동안전위생법」 및 관련 법규, 또한 시공하는 시주 측의 규칙에 입각하여 충분한 안전대책을 실시하는 것이 중요하며 특히 감전방지, 추락·낙하방지 등에도 주의하길 바란다. 또 기설 건축물에 설치하는 경우도 많기 때문에 기설물의 양생·방호도 필요하다.

● 산업용 시스템의 시공순서 및 관리 포인트

산업용 태양광발전시스템을 설치하는 경우, 시공순서의 흐름과 항목마다의 관리 포인트에 대해 그림 6.1에 나타냈다. 또 시공순서의 흐름에 대해서는 하나의 예이며, 현장의 상황에 의해 전후·병행작업이 된다.

● 안전대책

시공에 있어서는 「노동안전위생법」 및 그 관련성령에 입각하여 안전하게 작업해야 한다. 특히, 지붕이나 옥상 등의 높은 곳에서의 작업이 주가 되기 때문에 추락·낙하 사고방지 및 감전사고방지에 주의하길 바란다. 여기에서는 일반적인 안전대책을 설명한다.

● 복장 및 추락 방지

작업자는 자신의 안전확보와 2차 재해방지를 위해, 작업에 적합한 복장으로 작업에 종사해야 한다 (그림 6.2).

① 헬멧(안전모) 착용
② 안전대(생명줄) 착용
③ 안전화 또는 미끄럼 방지 운동화 등 착용
④ 요대 착용(공구의 낙하방지에도 이용한다)

● 감전방지

태양전지 모듈 1장의 출력전압은 직류 20V에서 100V 정도이며, 필요한 장의 수를 직렬로 접속하면 종단전압은 개방전압으로 250V에서 500V 정도의 고전압이 된다. 감전사고 방지를 위해 이하의 안전대책이 필요하다.

① 작업 전에 태양전지 모듈 표면에 차광시트를 붙여 태양광을 차폐한다. 또는 모듈 간의 접속 케이블 등, 접속순서를 사전에 검토하고 무전압 또는 저전압이 되게 한다.
② 저압용 절연장갑을 착용한다.
③ 절연처리된 공구를 사용한다.
④ 강우·강설 시 작업은 하지 않는다(감전사고의 원인이 될 뿐만 아니라, 미끄러짐에 의한 추락·전락사고로도 이어진다).

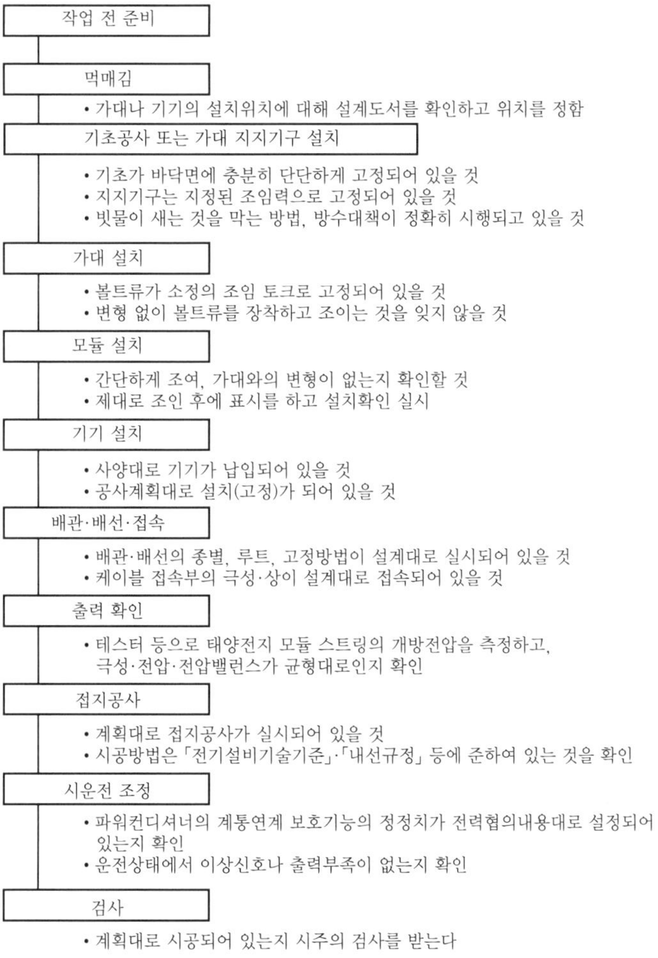

```
작업 전 준비
   │
   ▼
먹매김
   • 가대나 기기의 설치위치에 대해 설계도서를 확인하고 위치를 정함
   │
   ▼
기초공사 또는 가대 지지기구 설치
   • 기초가 바닥면에 충분히 단단하게 고정되어 있을 것
   • 지지기구는 지정된 조임력으로 고정되어 있을 것
   • 빗물이 새는 것을 막는 방법, 방수대책이 정확히 시행되고 있을 것
   │
   ▼
가대 설치
   • 볼트류가 소정의 조임 토크로 고정되어 있을 것
   • 변형 없이 볼트류를 장착하고 조이는 것을 잊지 않을 것
   │
   ▼
모듈 설치
   • 간단하게 조여, 가대와의 변형이 없는지 확인할 것
   • 제대로 조인 후에 표시를 하고 설치확인 실시
   │
   ▼
기기 설치
   • 사양대로 기기가 납입되어 있을 것
   • 공사계획대로 설치(고정)가 되어 있을 것
   │
   ▼
배관·배선·접속
   • 배관·배선의 종별, 루트, 고정방법이 설계대로 실시되어 있을 것
   • 케이블 접속부의 극성·상이 설계대로 접속되어 있을 것
   │
   ▼
출력 확인
   • 테스터 등으로 태양전지 모듈 스트링의 개방전압을 측정하고,
     극성·전압·전압밸런스가 균형대로인지 확인
   │
   ▼
접지공사
   • 계획대로 접지공사가 실시되어 있을 것
   • 시공방법은 「전기설비기술기준」·「내선규정」 등에 준하여 있는 것을 확인
   │
   ▼
시운전 조정
   • 파워컨디셔너의 계통연계 보호기능의 정정치가 전력협의내용대로 설정되어
     있는지 확인
   • 운전상태에서 이상신호나 출력부족이 없는지 확인
   │
   ▼
검사
   • 계획대로 시공되어 있는지 시주의 검사를 받는다
```

그림 6.1 시공 순서 및 관리 포인트

그림 6.2 작업 시 복장과 안전장비

● 그 밖의 사고방지
① 전동공구를 사용하는 경우에 그 공구의 취급, 휴대방법에 충분히 주의할 것
② 부재의 절단작업 시에는 필요에 맞게 보호장갑, 보호안경, 방진 마스크 등을 착용할 것
③ 안전구획(작업영역) 명시, 작업 동선 확인·확보, 출입(진입)금지 처리를 할 것
④ 지붕·옥상부에서는 강풍이 부는 경우가 많고 태양전지 모듈을 혼자서 들었을 때 등, 바람에 날릴 우려가 있기 때문에 여러 명이 운반할 것

양생·방호

공사 실시 때의 환경은 신축은 물론 기설 건물에 설치하는 경우가 많기 때문에, 기설 설비나 건물의 파손·손상으로부터 지키기 위해 필요에 맞는 양생·보호를 해야 한다. 베니어(veneer)판이나 팰릿(pallet), 비닐시트 등을 이용하는 경우가 많지만, 지붕 등의 경우는 비산방지 대책도 마련하는 것이 중요하다.

Section 2

반입작업

설치공사를 할 때, 자기재(資機才)나 공사에 필요한 것을 지붕·옥상 등으로 반입하는 작업이 필요하다. 이번에는 반입 작업에 관련된 주의사항이나 반입용 중기에 대해 설명한다.

● 반입(반출) 시의 주의사항

반입 작업을 실시하기 전에는 반입(양중) 작업계획을 세워 시공한다. 작업계획서에는 작업범위, 중기 설치위치, 안전구획, 감시원의 배치 위치 및 작업 스케줄(시간표)에 대해서 분명하게 기록한다. 그 중에서도 중기 사용 시의 선회 위치(범위)와 적하의 중량은 사전확인을 제대로 하고, 과부하가 되지 않도록 충분히 검토해야 한다. 최근에는 검토의 부족으로 인한 중기의 전도사고가 각종 공사현장 등에서 발생하고 있다.

또 작업영역 주변에 가공배전선 등이 있는 경우, 견인차 등의 중기 암선단부가 가공배전선 등을 건드릴 가능성이 있기 때문에, 공사착수 전에 전력회사와 사전협의한 후, 가공배전선(절연전선·전력케이블·통신선 등)에 방호관을 씌우는 등의 보호를 한다.

● 중기(견인차) 규격

반입 시 사용하는 중기(견인차)에는 회사·형식마다 사양서가 준비되어 있으며, 다음 항목 등에 대해서 사전 확인 및 현장에서의 적합성을 검토한다.
- 주요 제원
- 정격 총 하중표
- 작업 반경 양정도
- 최소 직각 통로 폭
- 주요 치수도, 외관도

Section 3
기초공사

● 평지붕식 가대의 기초

평지붕식 가대의 설치에서는 가대와 건축물(또는 지면)을 잇는 가대기초가 매우 중요한 구조물이 된다. 설치하는 가대(모듈 등도 포함)가 상정하중(고정하중, 풍압하중, 적설하중, 지진하중 등)으로 기초저면에서 떨어지거나 옆으로 미끄러지는 현상이 일어나지 않게 공사를 시공하고 또한 건축물 자체가 이 하중에 견딜 수 있는지 확인하는 것이 중요하다(그림 6.3).

독립기초인 경우는 지붕구조재와의 일체화가 필요하기 때문에, 건축구조도를 참조하여 현지 조사를 실시하는 것이 중요하다.

특히, 경량발포 콘크리트(ALC) 패널의 지붕 또는 벽에 설치하는 경우에는 ALC 패널재의 강도 및 설치방법에 관해 충분히 검토해야 한다.

이 점에 대해서는 ALC 협회에서 「ALC 패널 구조설계지침·동해설」, 「ALC 패널 설치공법 표준·동해설」, 「ALC 패널 가공 및 방수」 등이 간행되어 있으므로 참조하길 바란다.

기초를 설치하기 위해 가공 중 지붕 등에 갖추어져 있는 방수기능에 대한 손상이 우려될 때는, 방수공사 기능을 가진 사람이 하며 방수기능이 확인된 공법을 사용하는 등 확실하게 방수처리를 해야 한다. 특히 기설방수의 보증기한 내에 방수공사를 시공하는 경우, 만일 누수 등이 발생한 경우를 대비해서 책임 소재가 명확하도록 사전에 조정하고 확인하는 것이 중요하다.

그림 6.3 평지붕식 가대와 기초

● 앵커 볼트(anchor bolt)

RC 구조의 지붕에서는 케미컬 앵커를 이용해서 시공되는 경우가 있다. 케미컬 앵커의 시공은 사용할 케미컬 앵커 회사에서 지정한 공법으로 실시한다. 지붕면(옥상)이나 벽면 콘크리트 두께에도 주의해야 한다. 또 건축기준법에 따른 강도를 가지는 기초시공 및 앵커시공을 해야 한다.

공사는 기초공사의 기능을 가진 사람이 하며, 방수공사에 대해서도 방수공사의 기능을 가진 사람이 한다. '후시공 앵커'의 시공은 일본 건축 후시공 앵커협회의 후시공 앵커 기술자 자격인정제도에서 인정한 자격이 있는 사람이 하는 것이 원칙이다.

● 설치기초

중량기초를 이용하는 경우는 구체 슬래브에 직접 접합되어 있지 않기 때문에, 풍압하중 및 지진하중으로 들뜨거나 옆으로 미끄러지는 일이 발생하지 않도록 충분히 검토해야 한다. 중량기초는 기초의 중량(엄밀하게는 가대나 태양전지 모듈의 중량도 포함)으로 동작을 억제하기 때문에 필연적으로 무거워진다. 그 때문에 지붕면의 강도뿐만 아니라 건축물 자체의 강도도 확인해야 한다. 설치할 건축물의 건축을 설계한 설계·건축회사에서 강도확인을 하는 것이 좋다.

중량기초 설치에서는 방수층 위에 직접 기초를 설치하면 방수층을 손상시킬 우려가 있기 때문에, 완충용 고무시트를 까는 등, 기초를 직접 방수층 위에 두지 않도록 시공한다. 또 화학반응으로 방수층이 열화(경화·균열)할 우려가 있기 때문에, 사용재료의 화학 성능 등 사전확인이 필요하다.

Section 4
어레이 가대공사

● 평지붕식 가대

● 가대 설치
레이아웃 그림에 입각하여 가대를 가조립하고, 전체의 균형을 보면서 가고정한다. 이때 가대의 볼트를 완전히 조이면 나중에 태양전지 모듈을 설치할 때 변형이 있는 경우, 태양전지 모듈을 고정할 수 없게 될 가능성이 있다.

● 태양전지 모듈 설치
레이아웃 그림에 입각한 태양전지 모듈을 가대에 가고정한다.
가대의 변형을 조정하고 가대의 볼트를 제대로 조인다.
태양전지 모듈의 고정을 볼트 너트 및 필요에 맞게 눌러 기구 등을 사용하여 확실하게 고정한다.
다 조이면 다시 확인하고 볼트의 윗부분에 확인 표시를 한다.

● 태양전지 모듈 간 배선
스트링를 나타낸 배선도 등을 토대로 태양전지 모듈 간의 케이블 접속을 한다.
이때, 태양전지 모듈에 부속되어 있는 케이블의 커넥터는 극성으로, 형상이 다른 것이 일반적이지만 사전에 극성을 확인하여 접속한다. 접속 시 연결이 불완전한 경우, 저항치가 올라가 발열하거나 경우에 따라서는 화재발생의 원인이 되므로 확실하게 접속되어 있는 것을 확인해야 한다.
또 태양전지 모듈은 1장이라도 빛이 닿으면 수십 V의 전압이 발생되므로 감전되지 않도록 충분히 주의해야 한다.

● 어레이 출력전압(개방전압) 확인
태양전지 모듈의 배선·결선이 확인되면, 스트링 마다 출력전압(개방전압)의 테스터 등을 이용해 측정한다. 회사의 사양서 등에 기재되어 있는 규정의 전압이 나와 있는지, 또 다른 스트링 출력전압치와 큰 차이가 없는지 확인한다.

● 경사지붕(구배지붕)식 가대

● 가대 지지 철물 설치

레이아웃 그림에 입각하여 가대 지지기구를 설치할 위치를 표시하고, 지지기구를 설치한 다음 고정한다. 고정할 때에는 회사 지정의 조임력으로 작업을 한다. 이때도 설치 확인 후에 표시해야 한다. 또 절판(折板)지붕 구조의 참고도 등을 그림 6.5에 나타냈다.

● 가대 설치

레이아웃 그림에 입각한 가대를 가조립하고 전체의 균형을 보면서 가고정한다. 이때 가대의 볼트를 완전히 조이면, 나중에 태양전지 모듈을 설치할 때 변형이 생긴 경우 태양전지 모듈을 고정할 수 없는 경우가 생길 수 있다. 또 최근에는 가대를 사용하지 않고 태양전지 모듈을 지지기구를 직접 고정하는 직접부착방식도 시공되고 있다.

그림 6.4 경사지붕(구배지붕)식 가대

● 태양전지 모듈의 설치 및 태양전지 모듈 간 배선

레이아웃 그림에 입각하여 태양전지 모듈을 가대에 가고정한다.
가대의 변형을 조정하고, 가대의 볼트를 제대로 조인다.
태양전지 모듈의 고정을 볼트너트 및 필요에 맞게 누르고 기구 등을 사용하여 확실하게 고정한다.
다 조이면 다시 확인을 하고 볼트의 윗부분 등에 확인 표시를 한다.
경사지붕식 가대나 태양전지 모듈 직접부착 방식의 경우, 태양전지 모듈을 고정한 후에는 태양전지 모듈 간의 케이블 배선 및 접속이 불가능해지기 때문에, 태양전지 모듈 1장의 설치가 끝날 때마다 배선·접속을 한다. 작업 내용 및 주의점은 평지붕식 가대공사와 마찬가지다.

● 어레이 출력전압(개방전압) 확인

어레이 출력전압(개방전압) 확인은 평지붕식 가대공사와 마찬가지다.

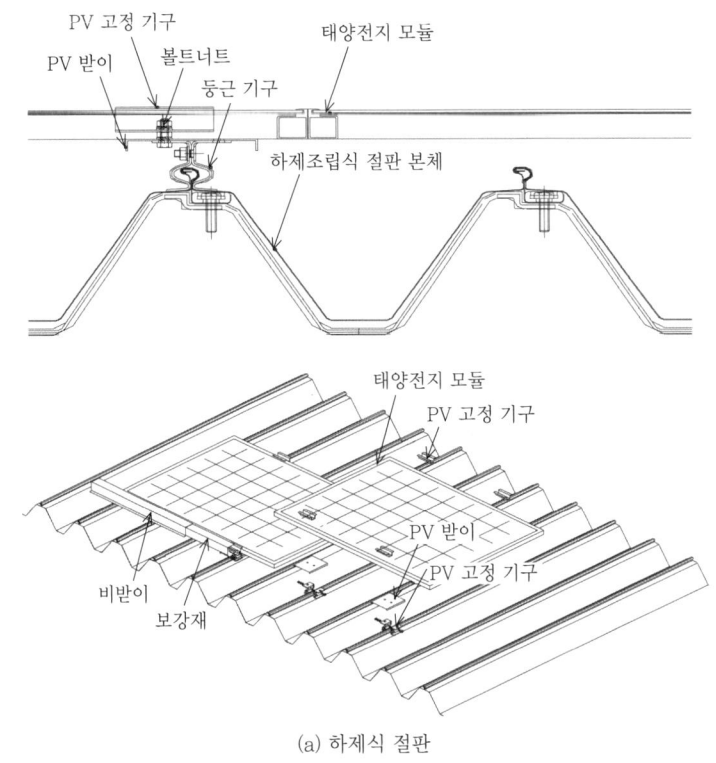

(a) 하제식 절판

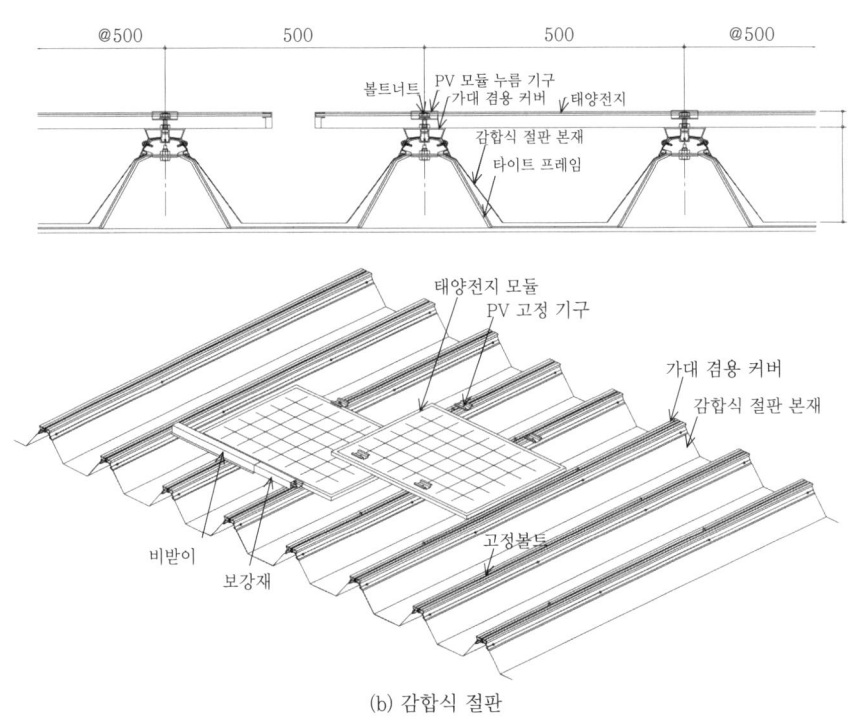

(b) 감합식 절판

그림 6.5 절판 지붕의 외관과 구조(참고)

Section 5

기기설치 공사

● 태양전지 모듈 설치

태양전지 모듈 설치방법은 Section 4. 어레이 가대 공사에서 설명한 내용대로 실시하길 바란다. 또 최근에 지은 건축물에서는 건재 일체형 태양전지 모듈을 사용하는 경우가 늘고 있지만, 설치에 대해서는 건축공사와의 상반되는 관계상, 건축공사에 포함되는 경우가 많다. 또 태양전지 모듈 간 배선공사에 대해서도 건축공사와의 조정이 중요하다.

● 주변기기 설치

● 기기 반입

기기의 반입 작업에 대해서는 Section 2. 반입 작업을 참고로 하고, 또 안전대책에 대해서는 Section 1. 시공의 순서와 주의사항을 지켜, 안전하게 작업을 하길 바란다(그림 6.6). 특히 100kW 이상의 파워컨디셔너는 크기 및 중량을 사전에 확인하고, 반입경로와 설치장소에 지장이 없는지 사전에 현지조사를 한다. 또 대형기기에는 기기본체의 중심(重心)을 나타내는 실(seal)이나 표시 등을 하고 있으므로, 반입 시의 낙하, 이동 시의 전도방지 대책 등의 안전 대책에 반영시킬 필요가 있다. 또 반입할 때는 사양대로 기기가 납입되어 있는지, 수입검사를 실시하길 바란다.

● 기기 설치

태양광발전시스템의 구성기기는 태양전지 모듈, 가대 외, 파워컨디셔너, 접속함이나 집전함, 어레이 출력 개폐기, 계측장치, 표시장치, 일사계, 기온계, 기상신호 변환기함, 차단기, 전력용 메이커 등이 있다. 또, 계측·표시관계는 발전(發電)에 직접적인 관계는 없지만 시스템의 운전상태 확인이나 발전 전력량 파악, 환경 활동의 PR 등을 할 때에 도입한다.

그림 6.6 러프터레인 크레인과 안전대책

그림 6.7 기기 벽면 설치 예

　향후 발전전력의 안전매수제도가 도입될 경우에는 승압트랜스나 VCT(전력수급용 계기용 변성기) 등의 설비가 또 추가된다. 현재 파워컨디셔너나 접속함 등은 실외에 설치하는 경우가 많으며, 접속함 등의 반류나 파워컨디셔너의 벽걸이형 등은 평지붕식 가대에서는 가대의 뒷면 등에 설치하는 경우가 많다.

　최근 증가하고 있는 경사지붕식 가대나 태양전지 모듈 직접부착방식의 경우는 건축물의 벽면 등에 설치하는 경우가 많다. 평지붕식 가대인 경우는 가대에 설치한 태양전지 모듈의 그늘로 직사일광을 피할 수 있지만, 벽면 설치인 경우는 설치할 장소에 따라 직사일광이 닿으며, 반(함)내 온도의 상승으로 고장의 원인도 되기 때문에 북면이나 그늘이 지는 위치에 설치하길 바란다.

　하지만 설치공간 관계상 어쩔 수 없는 경우는 회사 등으로 확인이나 문의를 하여, 필요에 따라 반(함) 표면에 차광(차열)판 등의 설치를 검토해야 한다.

파워컨디셔너를 설치할 경우에는 냉각에 필요한 공간 확보가 필요하기 때문에, 회사의 설치 매뉴얼에 기재되어 있는 이격거리를 준수해야 한다. 또 파워컨디셔너를 포함하여 기기를 벽면에 설치하는 경우는 벽 자체가 기기의 중량에 견딜 수 있는 구조로 되어 있는지 사전에 확인해야 한다(Section 3. 기초 공사 참조). 또 설치할 장소는 보수 및 점검을 용이하게 할 수 있는 장소가 되도록, 배치 설계 시에 배려해야 한다. 파워컨디셔너 운전 시는 운전음이나 열, 전자적 소음이 발생하기 때문에 설치장소에 대해서는 설치자와 사전에 확인해봐야 한다. 연계점이 되는 분전반 내 브레이커는 역접속가능형을 사용하고, 시스템의 용량에 맞는 브레이커(차단기)를 선정해야 한다. 특히 기설 분전반을 사용하는 경우는 주의해야 한다.

전기배선 공사

  태양광발전시스템의 전기배선공사는 태양전지 모듈에서 파워컨디셔너까지의 직류배선공사, 파워컨디셔너에서 연계점까지의 교류배선공사, 또 계측·표시장치를 설치하는 경우는 통신(신호)선 공사가 있으며 그에 대한 시공방법에 대해 설명한다.

  일반적으로 시행되는 전기공사는 교류배선공사이며 부하와 병렬로 접속하는 공사가 대부분을 차지하지만, 태양광발전시스템의 경우 태양전지 모듈에서 파워컨디셔너까지의 전기공사는 직류배선공사이며, 직렬·병렬로 접속하는 경우가 많고, 접속 시 극성(+, − 또는 p, n)을 충분히 확인하는 것이 중요하다. 또 시공에 있어서는 전기설비기술기준(전기)과 이 성령을 만족시키는 기술요건인 전기설비기술기준 해석(전기해석)에 대해서 및 (사)일본전기협회 발행인 내선규정에 준해야 한다.

  또 시주 독자로 규정을 정하고 있는 경우에는 그 규정에도 준해야 한다.

  전기배선공사를 시공하는 경우는 제2종 전기공사사 또는 인정 전기공사 종사자 등의 자격이 필요하며 전기공사사법에 준해야 한다. 작업을 실시할 때는 Section 1. 시공순서와 주의사항에서 설명한 작업에 맞는 안전보호구를 착용하는 것과 동시에 안전대책을 충분히 세워 작업하는 것이 중요하다.

  시공에 대한 관련기준은 Section 8. 시공관련기준에 기재하므로 참조하길 바란다.

● 케이블·배관 선정

  케이블의 종류에는 VV, CV, PNCT 등이 있는데 쉽게 구할 수 있다. 시공성을 고려하며 장기간 사용에 견딜 수 있는 CV 케이블을 사용할 것을 장려한다. CV 케이블은 JIS C 3605에 규정된 자기소화성이 있는 케이블이지만 화재 시에는 연소하는 경우가 있다. 연소방지효과를 향상시키는 데는 케이블 표면에 방화도료를 도포하든지 난연성 CV 케이블을 사용한다.

  또 최근에는 친환경 에코전선(EM전선) 등도 사용하고 있다. 케이블 사이즈에 대해서는 회로단락 전류가 흐를 수 있는 사이즈인 것을 선정하지만, 케이블의 긍장을 고려한 전압강하를 2% 정도 이내로 억제할 수 있는 사이즈를 선정하는 것을 함께 권장한다(표 6.1).

  또 사용하는 배관에 대해서도 금속관, 합성수지관 또는 랙 등, 현장의 상황에 맞게 사용한다. 배관사이즈 선정에 대해서도 허용전류 및 배관 점유율 등을 고려한 뒤 선정하길 바란다(내선규정 : 3110절, 3115절, 3120절 등 참조).

표 6.1 전압강하 및 전선의 단면적 계산식(구리도체)

회로의 전기방식	전압강하	전선의 단면적
직류 2선식 교류 2선식	$e = \dfrac{35.6 \times L \times I}{1,000 \times A}$	$A = \dfrac{35.6 \times L \times I}{1,000 \times e}$
단상 3선식	$e' = \dfrac{17.8 \times L \times I}{1,000 \times A}$	$A = \dfrac{17.8 \times L \times I}{1,000 \times e'}$
3상 3선식	$e = \dfrac{30.8 \times L \times I}{1,000 \times A}$	$A = \dfrac{30.8 \times L \times I}{1,000 \times e}$

e : 각 선 간의 전압강하[V]
e' : 외측선 또는 각 상의 1선과 중성선 사이의 전압강하[V]
A : 전선의 단면적[mm²]
L : 전선 1개의 길이[m]
I : 전류[A]

배관·배선공사

태양전지 모듈에서 접속함 또는 파워컨디셔너로의 배선은 스트링단의 태양전지 모듈 케이블에, 일부분의 커넥터부 전용 연장 케이블을 접속하고, 다른 한쪽은 필요에 맞게 절단하여 접속함 또는 파워컨디셔너로 접속한다. 이 전용 연장 케이블은 제조회사 지정품으로 되어 있으므로, 태양전지 모듈과 같은 제조회사의 것을 조달하여 사용한다.

케이블을 접속함이나 집전함, 파워컨디셔너 등의 기기에 접속할 때는 압착단자 또는 압축단자를 이용해 단말가공을 한다. 이때 CV 케이블의 가교 폴리에틸렌 절연체는 내후성에 떨어지기 때문에, 비닐시스를 벗겨낸 절연체 그대로 사용하면 몇 년 만에 절연체에 균열이 생겨 절연불량을 일으킨다.

이를 방지하기 위해 자기융착 테이프 및 보호 테이프를 필요량 감아, 내후성을 유지시키는 것과 함께 반드시 극성(상)이나 선번을 표시한다. 이것은 모든 케이블 접속작업에 공통된 중요사항이다.

태양전지 어레이를 지상에 설치하는 경우에는 지중배선을 하는 경우가 있다. 지중배선 또는 지중배관하는 경우, 지표면에서 1.2m 이상의 깊이에 매설한다(그림 6.8). 케이블을 매설하는 경우는 케이블을 보호하는 처리가 필요하고, 지진이나 지반침하에 견딜 수 있는 기준으로 그 연장이 30m를 넘을 때 마다 지중함(핸드홀) 등을 설치하는 대책을 세울 것을 권장한다(그림 6.9, 그림 6.10).

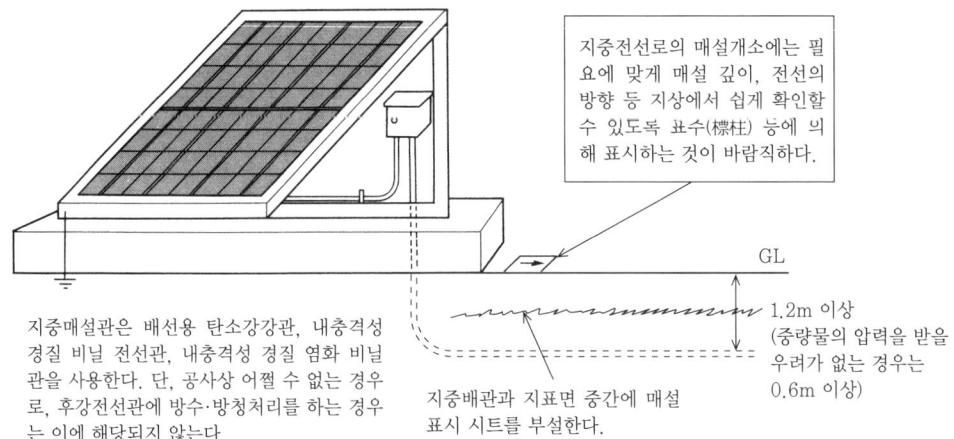

그림 6.8 지중배선의 시공

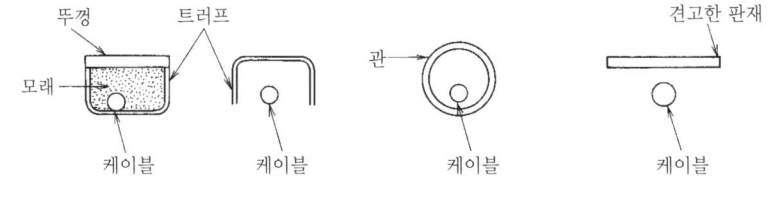

그림 6.9 매설 케이블의 보호방법

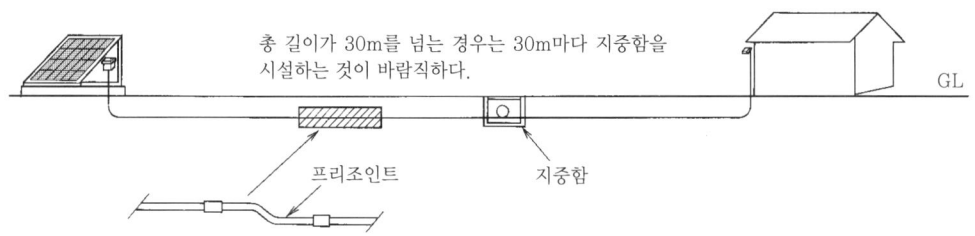

[주] 지진, 지반침하 등이 발생해도 배관이 도중에 손상, 절단되지 않도록 배관 도중에 프리조인트 시공을 하며, 또 지중함 내에는 케이블의 여분을 둘 것

그림 6.10 지진·지반침하로부터 배선을 보호하는 방법

태양전지 어레이의 사전검사

태양전지 모듈의 배선·결선작업이 끝나면 각 스트링의 극성확인, 전압확인, 단락전류 확인, 지락의 유무 등을 확인한다. 최종적으로는 공사 준공 검사 시에도 실시하지만, 배선·결선을 끝낸 단계에서 사전에 확인하는 것이 시공불량의 위험을 예방할 수 있게 된다. 또 이 기록을 준공 검사 시의 기록과 조합하는 것으로 이상의 유무확인에도 도움이 된다.

● 전압·극성 확인

태양전지 모듈이 올바르게 시공되어 사양서에 입각한 전압이 나오고 있는지, 양극·음극의 극성에 오류가 없는지 테스터나 직류전류계로 확인한다(주 : 다이오드의 극성이 잘못되어 있으면 무전압이 된다).

또 다른 스트링과의 데이터에 큰 차이가 없는지 비교 및 확인을 한다. 다른 스트링과 현저하게 차이가 있는 경우 배선상태를 다시 체크한다.

● 단락전류 측정

태양전지 모듈의 사양서에 입각한 단락전류가 흐르는지 직류전류계로 측정한다. 다른 스트링과 뚜렷하게 수치에 차이가 있는 경우, 전기와 마찬가지로 배선상태를 다시 체크한다.

방화구획 관통부 처리

방화구획 관통부 처리는 화재가 발생한 경우에 방화대상물의 벽, 바닥, 들보 등을 통과하는 전선배관의 관통부에서, 다른 설비로 연소·확대되는 것을 방지하는 것에 있다. 배선을 실외에서 실내로 관통하는 부분의 처리방법으로 내화성, 차염성, 차열성을 갖출 수 있다. 그 시공방법에 관한 법령으로 이하에 나타낸 건축기준법 시공령이 있으며 이를 만족해야 한다.
- 건축기준법 시공령 제107조(내화성능에 관한 기술적 기준)
- 건축기준법 시공령 제108조(방화성능에 관한 기술적 기준)
- 건축기준법 시공령 제109조의 2(차염성능에 관한 기술적 기준)
- 건축기준법 시공령 제112조(방화구획)

접지공사

누전으로 인한 인명사고 및 화재로부터 인명과 재산을 지키기 위해 전기기기의 접지를 충분히 해 두는 것이 중요하다. 전기기기의 가대, 금속관, 금속선피, 금속주름관, 금속덕트, 케이블의 피복금속체 등이 그 대상이 된다.

● 접지공사의 종류

접지공사에는 A종 접지공사, B종 접지공사, C종 접지공사 및 D종 접지공사가 있다. A종, C종 및 D종 접지공사에서는 전기기기나 케이블의 피복금속외장 등의 비(非)충전부에, 또 B종 접지공사는 특고압 또는 고압을 저압으로 변압하는 변압기의 저압 측전로에 한다. 각종 접지공사에서의 접지저항치는 표 6.2에 나타난 수치 이하로 할 것(전기해석 제17조, 제21조)

단, 이하의 모두 해당하는 경우는 태양전지 모듈에 접속하는 직류전로에 시설하는 기계기구이며,

사용전압이 300V를 초과하여 450V 이하인 철대 및 금속성 외함에 설치하는 C종 접지공사의 접지 저항치는 전기해석 제17조 제3항 제1호의 규정에 의하지 않고, 100Ω 이하로 만들 수 있다(전기해석 제29조 제4항).

① 직류전로는 비접지일 것
② 직류전로에 접속하는 역변환장치(파워컨디셔너)의 교류 측에 절연변압기를 시설할 것
③ 태양전지 모듈의 출력(복수의 태양전지 모듈을 시설한 경우에 있어서는 그 합계의 출력. 이하 같음)이 10kW 이하일 것
④ 기계기구(태양전지 모듈, 제46조 제1항 제2호 및 제3호에 규정한 기구, 역변환장치(파워컨디셔너) 및 피뢰기를 제외함)가 직류전로에 시설되지 않을 것

표 6.2 접지공사의 종류와 그 접지저항치

접지공사의 종류	접지저항치
A종 접지공사	10Ω
B종 접지공사	변압기의 고압 측 또는 특별강압 측 전로의 일선지락 전류 암페어 수에서 150(주기생략)을 제외한 수치에 동등한 옴 수
C종 접지공사	10Ω (저압전로에서 해당 전로에 지락이 생긴 경우에 0.5초 이내에 자동으로 전로를 차단하는 장치를 시설할 때는 500Ω)
D종 접지공사	100Ω (저압전로에서 해당 전로에 지락이 생긴 경우에 0.5초 이내에 자동으로 전로를 차단하는 장치를 시설할 때는 500Ω)

표 6.3 기계기구의 구분에 의한 접지공사의 적용

기계기구 구분	접지공사의 종류
300V 이하의 저압용인 것	D종 접지공사
300V를 초과하는 저압용인 것	C종 접지공사
고압용 또는 특고압용인 것	A종 접지공사

● 기계기구 접지

전기해석 제29조에 의해 전로에 시설하는 기계기구의 철대 및 금속제 외함은 표 6.3에 따라 접지공사를 할 것

태양광발전시스템의 경우는 태양전지 모듈, 가대, 접속함이나 집전함의 외함, 파워컨디셔너의 외함, 금속배관 등의 노출비충전 부분은 누전으로 인한 지진이나 화재 등을 방지하기 위해, 태양전지 어레이(1스트링)의 출력전압이 300V 이하에서는 D종 접지공사, 300V를 넘는 경우에는 C종 접지공사를 할 것

● 태양광발전시스템의 직류전로의 접지

태양전지 모듈에서 파워컨디셔너까지의 직류전로(어레이 주회로)는 지락이 단락사고로 연결될 우려가 있기 때문에, 보통 접지공사는 하지 않는다(JIS C 8954 : 2006 5.7.2, 해설 4.3.13).

단 박막 모듈을 사용하는 경우 직류 측 음극접지를 실시하고, 또 절연 트랜스 내장형 파워컨디셔너 사용 또는 트랜스리스형 파워컨디셔너를 사용할 경우, 절연 트랜스의 설치가 별도로 필요한 경우가 있기 때문에 필요에 맞게 제조회사에 사전에 확인해야 한다.

● 접지선의 두께

C종 및 D종 접지선 공사의 접지선 두께는 전기해석 제17조로 인장 강도 0.39kN 이상의 금속선 또는 직경 1.6mm 이상의 연동선(軟銅線)으로 규정되어 있지만, 기기의 고장 시에 흐르는 전류의 안전성, 기계적 강도, 내식성을 고려하여 결정한다. 그 접지선의 두께는 내선규정 1350-3으로 정해져 있으므로 확인하길 바란다.

● C종 및 D종 접지공사의 시설방법

접지공사를 할 때에는 다음의 사항을 고려할 것
① 접지할 기계기구의 금속제 외함, 배관 등과 접지선의 접속은, 전기적으로나 기계적으로도 확실하게 할 것
② 접지선이 외상을 입을 우려가 있을 때는 접지해야 할 기기에서 60cm 이내의 부분 및 지중부분을 제외하고, 합성수지관(두께 2mm 미만의 합성수지제 전선관, CD관을 제외함), 금속관(가스철관을 포함) 등에 넣는다(내선규정 1350-3).
③ 저압전로에 누전차단기 등의 지락차단장치(0.5초 이내에 동작하는 것)를 시설하면 접지저항치는 500Ω 까지 완화된다(전기해석 제17조).
④ 알루미늄과 구리를 접속하는 경우, 접속부분에 수분 등이 스며들면 알루미늄이 부식한다. 이를 방지하기 위해 알루미늄용 단자 등을 사용하며, 그 접속부분에 컴파운드를 도포한다.

● C종 또는 D종 접지공사의 특례

C종 또는 D종 접지공사를 하는 금속체와 대지 간의 사이가 전기적 및 기계적으로 확실하게 접속되며, 그 사이의 전기저항치가 C종 접지공사인 경우는 10Ω, D종 접지공사인 경우는 100Ω 이하이면, 각각의 접지공사를 하는 것으로 간주한다(전기해석 제17조)(내선규정 1350-4).

● 건물철골의 접지극

대지와의 사이의 전기저항치가 2Ω 이하인 수치를 유지하고 있는 건물의 철골과 그 밖의 금속체(철근의 경우는 모든 철근이 대지에 전기적으로 접속되어 있다고는 할 수 없으므로 인정하지 않는다)는 이것을 비접지식 고압전로에 시설하는 기계기구인 철대 또는 금속제 외함에, 시공하는 A종 접

지공사 또는 비접지식 고압전로를 결합하는 변압기의 저압전로에 끌어당겨 B종 접지공사의 접지극에 사용할 수 있다(전기해석 제18조).

또 C종 및 D종 접지공사에서 건물의 철골(철근만인 것은 포함하지 않음)과 대지와의 사이에 전기저항치가 표 6.2에 나타난 접지저항치를 확보할 수 있는 경우는 해당 건물의 철골을 각종 접지극으로 사용할 수 있다(내선규정 1350-8).

● 금속관 등의 접지공사

금속관 등의 접지는 전선의 절연열화 등으로 금속관에 누전 위험을 방지하기 위해 실시된다. 금속관 및 각 기관과의 구체적인 설치공사에 대해서는 내선규정 3110절을 참조하길 바란다.

● 접지극

매설 또는 타설 접지극으로는 동판(銅板)이나 동봉(銅棒) 등을 사용하는 것이 바람직하며, 매설장소는 가능한 물기가 있는 곳으로, 토질이 균일하고 가스나 산 등에 의해 부식될 우려가 없는 장소를 골라 지중에 매설 또는 타설해야 한다. 접지극의 종류와 치수는 표 6.4를 참조하길 바란다.

접지극과 접지선과의 접속은 은납 혹은 그 밖의 확실한 방법으로 해야 한다(내선규정 1350-7).

● 접지저항 측정

접지저항 측정에는 접지저항계를 이용해서 접지전극 및 보조전극 2개를 사용해서 측정한다.
접지저항의 측정방법에 대해서는 Chapter 7을 참조하길 바란다.

표 6.4 접지극의 종류와 치수(내선규정 1350-7)

종류	길이
동판	두께 0.7mm 이상, 면적 900cm^2(단면) 이상
동봉, 동용 부강봉	직경 8mm 이상, 두께 0.9m 이상
아연도금가스관 후강전선관	외경 25mm 이상, 길이 0.9m 이상
아연도금철봉	직경 12mm 이상, 길이 0.9m 이상
동복강판	두께 1.6mm 이상, 길이 0.9m 이상, 면적 250cm^2(단면) 이상
탄소 피복 강봉	직경 8mm 이상(강심), 길이 0.9m 이상

● 뇌해대책

태양광발전시스템은 지붕이나 건물의 옥상에 설치하기 때문에 낙뢰의 피해를 입을 가능성이 높다. 낙뢰에 의한 직접적인 피해를 받지 않아도 접지계통 등을 통해서 들어가는 피해를 받을 가능성이 있으며, 사실 피해를 받은 예도 있다. 이 경우 파워컨디셔너나 태양전지 모듈의 손상 또는 계측 시스템의 통신 불능 등의 장해가 발생한다. 이 때문에 건축기준법 또는 필요성에 맞게 피뢰설비를 설치해야 한다.

● 피뢰설비의 설치기준

높이 20m를 넘는 건축물, 공작물 및 위험물의 저장창고 등에는 유효한 피뢰설비를 설치하도록 규정되어 있다. 또 법규와는 별도로 낙뢰로 인한 재해를 받을 우려가 있는 건축물에는 적절한 피뢰설비를 하는 경우가 있다. 따라서 태양광발전시스템 설비를 설치할 때, 높이 20m를 넘는 상황이 생긴 경우는 피뢰설비를 설치해야 한다.

피뢰설비의 설치에 관해서는 건축기준법 제33조에서 '높이 20m를 넘는 건축물에는 유효하게 피뢰설비를 설치해야 한다. 단, 주위 상황에 따라 안전상 지장이 없는 경우에는 이에 해당하지 않는다'고 정해져 있다(기초기준법 시공령 제129조의 14 : 설치, 129조의 15 : 구조).

● 자주설치

낙뢰가 많은 지방, 또 여름철에는 법의 규정 이외라도 자발적으로 적절한 피뢰설비를 설치하여 안전을 확보하고 있는 예가 있다.
- 과거에 낙뢰한 사실이 있거나 부근에 낙뢰가 있었던 건물
- 평지의 외딴집, 산 또는 언덕 정상에 있는 건물
- 다수의 사람이 모여있는 건축물(학교, 병원, 백화점 등)
- 가축을 다수 사육하고 있는 축사 등
- 중요업무를 하는 구조물
- 미술상, 화학상, 역사상, 귀중한 건물 및 귀중한 물품을 수용하는 건축물
- 많은 전자기기를 갖고있는 건조물

● 뇌해 대책의 순서

뇌해를 방지하기 위한 방법으로 크게 다음의 3가지를 들 수 있다.
① 등전위화 : 각각의 접지를 접속하는 것으로 전위차를 억제한다.
② 바이패스 : 각종 배선과 접지(기기 케이스) 사이에 서지 방호 디바이스(어레스터 : SPD, Surge Protective Device)를 설치하는 것으로, 침입한 뇌 서지를 기기(기기 구성부품)의 앞에서 접지에 바이패스한다.
③ 절연 : 내뢰 트랜스나 광케이블을 사용하며, 각종 배선에서 침입하는 뇌 서지 전류를 억제한다.

● 대책 실시 예

태양광발전시스템에서의 뇌해 대책으로 보통 접지함 내부에 SPD를 설치하거나 내뢰 트랜스를 설치하는 경우가 많지만, 뇌해 대책을 전체에 실시하면 대책 비용이 고액이 되기 때문에, 낙뢰로 인한 위험과 설비의 중요도를 고려하여 대책을 세운다.

● 계측·표시 시스템

태양광발전시스템을 통해 발전된 전력량 등을 보존 및 기록하거나 가동상황 관리나 확인, 홍보, 환경교육 등으로 활용하기 위해 계측장치 및 표시장치를 설치하는 경우가 많다. 이 계측 시스템 및 표시장치의 기기구성·취급 및 운용방법에 대해서는 Chapter 7에 기재되어 있으므로 참조하길 바란다.

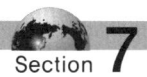

시운전 조정 및 검사

● 시운전 조정

기기설치가 완료되면 태양광발전시스템으로서 시운전 조정을 실시한다. 실시 전에 전력회사와의 사이에서 협의한 계통연계 보호기능의 조정치가 파워컨디셔너에 바르게 설정되어 있는지 여러 명(2명 이상)이 확인한다.

정정치에 오류가 없으면 시운전을 개시한다. (시)운전은 설치한 기기의 회사 취급 설명서를 정독한 후에 실시한다.

● 준공검사

시공·시운전 조정이 끝나면 최종 인도 전 검사를 실시한다.

검사(점검) 항목 및 요령에 대해서는 표 6.5에 기재했다. 점검항목은 설치한 장소 및 환경에 맞춘 내용으로 정리하여 이용할 것. 시주검사 전에 자주검사로 일련의 검사를 실시해둘 것을 권장한다.

표 6.5 준공 시 점검항목 및 점검요령(참고)

구분		점검항목	점검요령
태양전지 어레이	외관 등	1) 표면의 먼지 및 파손	먼지 및 파손이 없을 것
		2) 프레임의 파손 및 변형	파손 및 뚜렷한 변형이 없을 것
		3) 가대의 부식 및 녹	가대의 부식 및 녹이 없을 것 (녹의 진행이 없는 도금강판의 단부는 제외함)
		4) 가대 고정	볼트 및 너트의 느슨함이 없을 것 조임 확인 후 표시할 것
		5) 가대 접지	배선공사 및 접지설치가 확실한 것
		6) 코킹	코킹을 잊거나 준비하지 못했는지 확인할 것
		7) 지붕재 균열	지붕재에 균열 및 어긋남이 없을 것
	측정	1) 접지저항	규정된 접지저항치 이하인 것
		2) 가대 고정	볼트가 규정된 토크 수치로 조여져 있을 것
접속함, 집전함 등	외관 등	1) 외함의 부식 및 파손	부식 및 변형이 없을 것
		2) 방수처리	입구구가 퍼티(putty) 등으로 방수처리 되어 있을 것
		3) 배선의 극성	태양전지로부터의 배선의 극성이 제대로 되어 있을 것
		4) 단자대 나사의 느슨함	확실하게 설치되어 느슨함이 없을 것 조임 확인 후 표시할 것
	측정	1) 절연저항(태양전지 모듈~대지 간)	규정된 절연저항치 이상일 것
		2) 절연저항(각 접속함, 집전함 출력단자~대지 간)	규정된 절연저항치 이상일 것
		3) 개방전압·극성	규정된 전압범위 내일 것(각 회로마다 모두 측정) 극성이 바른 것(각 회로마다 모두 확인)
파워 컨디셔너	외관 등	1) 외함 부식 및 파손	부식 및 파손이 없을 것
		2) 설치	확실하게 고정되어 있을 것 기기주변에 제조회사의 의해 지정된 공간이 확보되어 있을 것 과도한 습기, 유증기, 연기, 부식성 가스, 가연가스, 진애, 화기, 인화물 등이 존재하지 않는 환경일 것 실외에서는 관수·관설의 우려가 없는 환경일 것
		3) 배선의 극성	극성이 바른 것(각 회로마다 모두 확인)
		4) 단자대 나사의 느슨함	확실하게 설치되어 느슨함이 없을 것 조임 확인 후 표시할 것
		5) 접지단자와의 접속	배선공사 및 접지설치가 확실한 것
		6) 자립운전용 배선 확인	전용 콘센트 또는 단자로 전용배선으로 하고, 용량은 15A 이상 (자립회로 사용 시)일 것
	측정	1) 절연저항(파워컨디셔너 입출력 단자~접지간)	규정된 절연저항치 이상일 것
		2) 접지저항	규정된 절연저항치 이하일 것
		3) 수전전압	AC 202±20V일 것(200V 계통인 경우) (수전전압이 높으면 출력전력 억제가 작동하기 쉬운 것에 유의)
기타 (태양광발전용 개폐기 잉여전력계량기 인입구개폐기 등)	외관 등	1) 태양광발전용 개폐기	'태양광발전용'이라 표시되어 있을 것
		2) 잉여전력계량기	역전방지부에서 나사에 느슨함이 없을 것
		3) 인입구개폐기(주간 개폐기 : 분전반내)	역접속 가능형으로 나사에 느슨함이 없을 것
운전·정지	조작 및 외관 등	1) 보호계전기능 설정	전력회사와의 협의치대로일 것
		2) 운전	운전 스위치 "入(운전)"으로 운전할 것
		3) 정지	운전 스위치 "切(정지)"로 순시에 정지할 것
		4) 투입 저지 시한 타이머 동작시험	파워컨디셔너가 정지하고, 소정시간 후 자동개시할 것
		5) 자립운전(기능이 있는 것)	자립운전으로 바꿨을 때, 자립운전용 콘센트에서 사양서의 규정전압이 출력될 것
		6) 표시부의 동작 확인	표시가 정상으로 표시될 것
		7) 이상음 등	운전 중 이상음, 이상진동, 이취 등의 발생이 없는 것
	측정	1) 발생전압 (태양전지 모듈)	태양전지 모듈의 동작전압이 정상(동작전압 판정 체크리스트에서 확인)일 것
발전전력	외관	1) 파워컨디셔너의 출력표시	파워컨디셔너 운전 중, 전력표시부에 사양대로 표시할 것
		2) 전력량계(거래용 계전기) (매전(賣電) 시)(역조가 있을 때)	잉여 미터 회전 및 공급 미터 정지일 것
		3) 전력량계(거래용 계전기) (매전(買電) 시)(역조가 있을 때)	잉여 미터 정지 및 공급 미터 회전일 것

Section 8

시공 관련 기준

시공에 관한 주된 관련기준을 표 6.6에 나타냈다.

표 6.6 시공 관련 기준 일람표

항목	전기설비의 기술기준·해석	내선규정
태양전지에 관한 규정	성령 제5조 해석 제16조, 46조	3588절
전압의 종별에 관한 규정 전선에 관한 규정 전선의 규격에 관한 규정	성령 제2조, 해석 제143조 해석 제4조~6조, 제8조~제11조 해석 제12조	1105절 1355절
전로의 절연에 관한 규정	해석 제13조, 19조	1345절
접지에 관한 규정	해석 제17조~19조, 24조	1350절
배전반 및 분전반에 관한 규정		1365절
저압 가공 인입에 관한 규정	해석 제71조~82조 해석 제113조, 116조	1370절
충전부분의 노출제한에 관한 규정	해석 제144조, 145조, 150조, 151조	1325절
저압배전방법에 관한 규정	해석 제82조, 144조, 146조, 151조	3100절
금속배관선에 관한 규정	해석 제159조, 167조	3110절
합성수지관에 관한 규정	해석 제158조, 167조	3115절
금속제 주름전선 배관선에 관한 규정	해석 제160조, 167조	3120절
금속선피 배선에 관한 규정	해석 제161조	3125절
합성수지선피 배선에 관한 규정	해석 제156조	3130절
금속 덕트 배선에 관한 규정	해석 제162조, 157조	3145절
라이팅 덕트 배선에 관한 규정	해석 제165조	3150절
비닐 외장 케이블 배선, 클로로프렌 외장 케이블 배선 또는 폴리에틸렌 외장 케이블 배선에 관한 규정	해석 제12조, 164조	3165절
캡타이어 케이블 배선에 관한 규정	해석 제12조, 146조, 160조, 164조 해석 제166조, 171조	3185절
습기가 많은 장소 또는 물기가 있는 장소에 관한 규정	해석 제29조, 156조, 158조, 159조 해석 제160조, 171조	3435절
지중전선로에 관한 규정	해석 제9조, 10조, 11조, 12조, 120조 해석 제121조, 125조	2400절
특수 장소의 시설제한에 관한 규정	해석 제175조~178조	2320절

Section 9

주택용 시스템 시공

● 주택용 시스템의 시공순서

주택용 태양광발전시스템의 표준적인 시공순서를 그림 6.11에 나타냈다. 주택용 시스템의 시공순서는 기본적으로 산업용 시스템과 마찬가지다. 따라서 안전대책이나 감전방지, 양생·보호 등에 대해서는 산업용 시스템의 Section 1. 시공순서와 주의사항을 참조하길 바란다.

여기에서는 주택용 시스템의 구체적인 시공방법에 대해서 대표적인 사례를 소개한다.

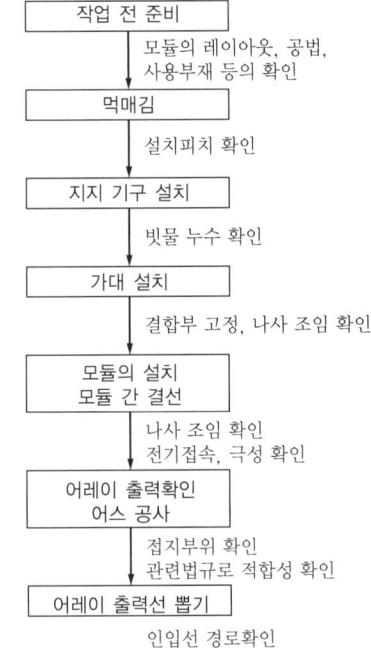

그림 6.11 지붕설치형 표준시공

● 시공방법 선택

주택용 시스템의 경우는 일반적으로 태양전지나 시공부재 등의 기재를 공급하는 시스템 회사가 표준적인 공법이나 사용부재 및 상세한 시공 매뉴얼 등을 준비하고 있으며, 대부분의 경우 이에 따라 설치공사를 한다.

일본의 주택은 지붕의 모양이나 사용하는 지붕재(기와 등)가 매우 많기 때문에, 지붕의 종류나 구조를 확인한 후에 시스템 회사가 제공하는 공법이나 부재 중에서 가장 적합한 것을 선택하는게 중요하다.

● 구체적인 시공방법

● 전통기와로 이은 지붕에 설치

전통 기와지붕 설치에 이용하는 지지기구의 일례를 그림 6.12에 나타냈다. 또 그림 6.13에 이 기구를 전통 기와지붕에 설치한 상태를 나타낸다. 지지기구는 이같이 기와와 기와의 틈에서 지지부가 솟아난 형태로 설치하며, 이 지지부의 설치를 시작으로 가대나 모듈의 설치공사를 한다. 그림 6.14에 그 시공순서의 개요를 나타냈다.

그림 6.12 전통 기와용 지지기구

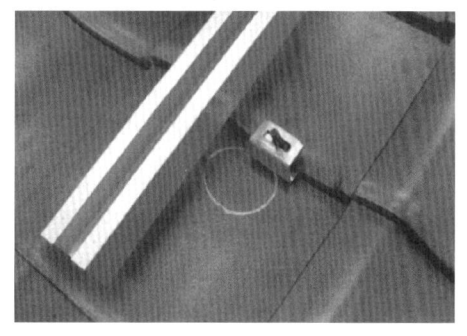
그림 6.13 전통 기와용 지지기구 설치 상태

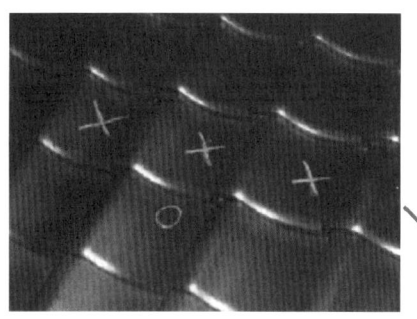
① 지지기구를 설치한 위치를 기와에 표시한다

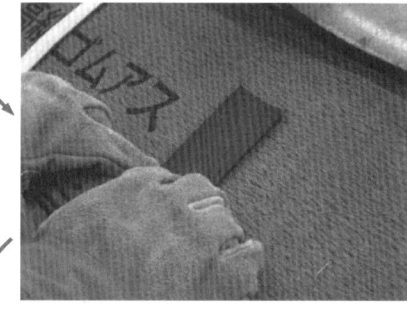
② 지지기구 위치에 방수시트를 붙인다

③ 보강판을 수목에 나사를 박는다

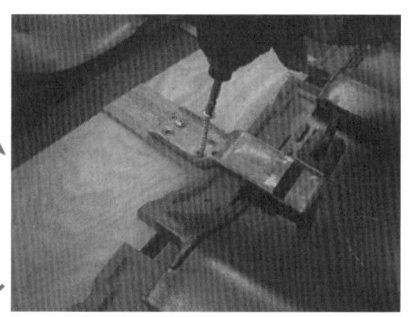
④ 지지기구를 나사로 고정한다

⑤ 지지기구가 닿는 상단의 기와 테두리를 깎는다

⑥ 기와를 원래대로 되돌려 놓는다

그림 6.14 전통 기와용 지지기구 설치 순서

평판기와로 이은 지붕에 설치

평판기와지붕에 사용하는 지지기구의 일례를 그림 6.15에 나타냈다. 또 그림 6.16에 이 기구가 설치된 상태를 나타낸다. 전통 기와에 설치하는 것과 마찬가지로 지지기구는 기와와 기와의 틈에서 지지부가 솟아난 형태로 설치하며, 이 지지부의 설치를 시작으로 가대나 모듈의 설치공사를 한다. 그림 6.17에 그 시공순서의 개요를 나타냈다.

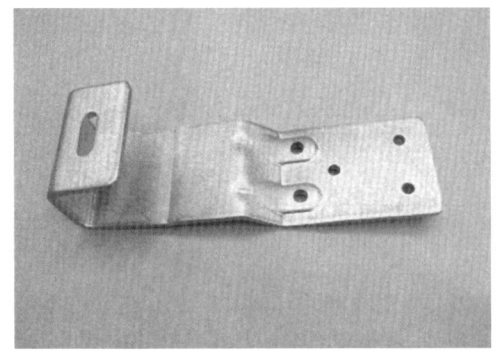
그림 6.15 평판기와용 지지 기구

그림 6.16 평판기와 지지기구 설치 상태

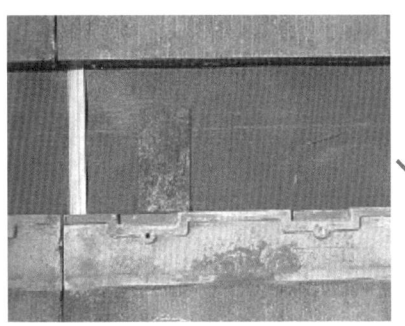
① 기구 설치 위치의 기와를 떼어, 방수 시트를 붙인다

② 보강판을 설치하고 그 위에 지지기구를 고정한다

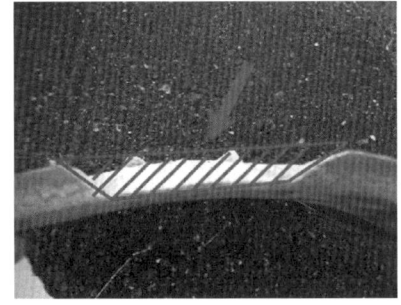
③ 기구 설치 위치의 기와 테두리를 깎는다

④ 기와를 원래대로 되돌려 놓는다

그림 6.17 전통 기와용 지지기구 설치 순서

● 화장 슬레이트로 이은 지붕에 설치

화장 슬레이트로 이은 지붕에 사용하는 기구의 하나의 예를 그림 6.18에 나타냈다. 또 그림 6.19는 이 기구가 설치된 상태를 나타낸다. 화장 슬레이트용 기구는 기와용 지지기구와는 달리, 지붕재 위에서 직접 나사로 조여 고정하는 타입이 많다. 그림 6.20에 그 시공순서의 개요를 나타냈다.

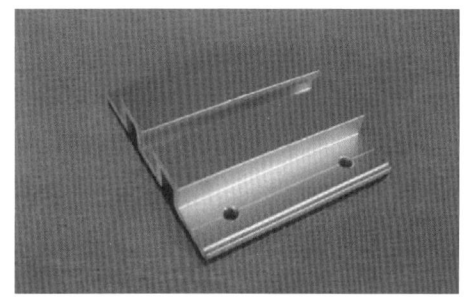

그림 6.18 화장 슬레이트용 기구

그림 6.19 화장 슬레이트용 기구 설치 상태

① 기구 장착 위치를 먹매김한다

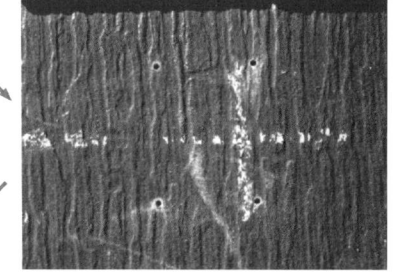

② 기구 장착 위치에 미리 구멍을 뚫는다

③ 미리 뚫은 구멍에 코킹제를 주입한다

④ 슬레이트 사이에 방수 시트를 삽입한다

⑤ 나사로 기구를 고정시킨다

그림 6.20 슬레이트용 기구의 취급 순서

Chapter 6

● 가대 및 모듈 설치

전통 기와의 기구가 장착된 전통 기와지붕을 예로 가대(세로랙, 가로랙)의 설치공정을 그림 6.21에, 또 모듈의 설치공정을 그림 6.22에 나타냈다.

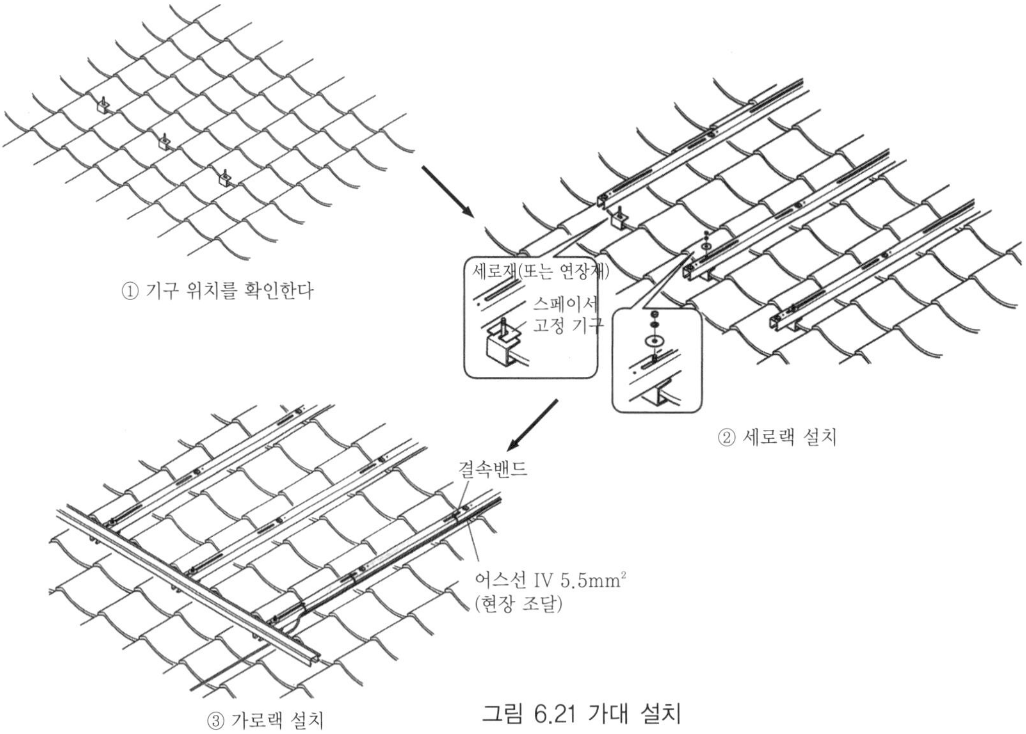

① 기구 위치를 확인한다

② 세로랙 설치 — 세로재(또는 연장재), 스페이서, 고정 기구

③ 가로랙 설치 — 결속밴드, 어스선 IV 5.5mm² (현장 조달)

그림 6.21 가대 설치

① 모듈 설치

② 모듈을 눌러 기구로 고정 — 태양전지 모듈 각 단에 눌러 기구를 장착한다

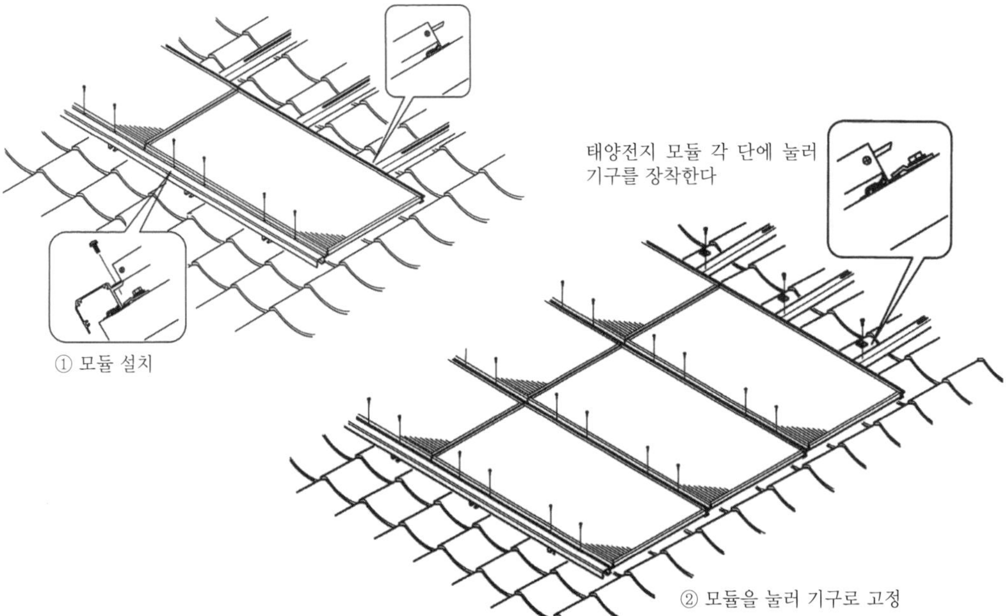

그림 6.22 모듈 설치

● 전기공사

전기공사를 실시하는데 있어서는 시스템 회사의 매뉴얼을 따르는 것과 동시에 전기해석이나 내선 규정 등 관련된 법규 및 기준에 따를 것

태양전지 어레이의 전기적 접속은 파워컨디셔너의 입력사양에 적합한 전류·전압이 되도록 직병렬을 조합하여 구성한다. 일반적으로 결정계 실리콘 태양전지는 모듈 1장당 전압이 낮으므로 여러 장~수십 장의 모듈을 직렬로 접속하여 스트링을 구성, 이를 필요한만큼 병렬로 접속하여 태양전지 어레이를 구성한다. 또 아몰퍼스 실리콘 등의 박막계 태양전지는 모듈 1장당의 전압이 높기 때문에, 직렬 수는 1~여러 장 정도로, 대부분의 경우 병렬접속에 따라 태양전지 어레이를 구성한다(그림 6.23 참조).

태양전지 어레이에서의 출력 케이블은 접속함을 통해 파워컨디셔너의 입력 측 단자에 접속한다(접속함 기능이 파워컨디셔너에 내장되어 있는 타입도 있다). 또 파워컨디셔너에서의 출력은 계통 측에 접속하지만 그 접속은 그림 6.23과 같이 2가지 방법이 있다.

한 가지는 계약 브레이커와 주전원 누전 브레이커와의 사이에서 전력선을 분기하여, 그 위치에 태양광발전용 브레이커를 설치하여 접속하는 방법이다(접속 A). 또 한 가지 방식은 실내 분전반의 송단자 부분에 태양광발전용 브레이커를 설치하여 그곳에 접속하는 방법이다(접속 B). 그림 6.24에 접속 예를 나타냈다.

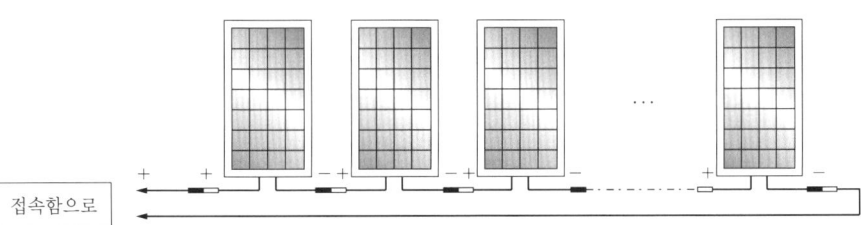

(a) 결정 실리콘계 태양전지 모듈은 1장당의 전압이 낮기 때문에, 스트링의 구성은 직렬접속이 기본이 된다.

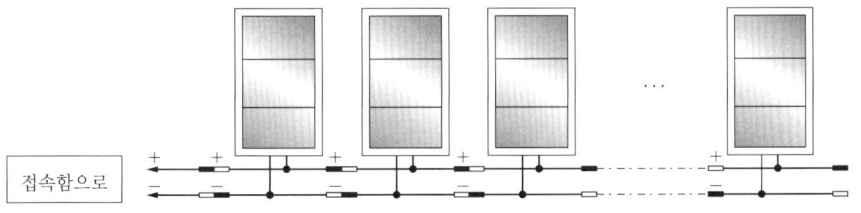

(b) 박막계 태양전지 모듈은 1장당의 전압이 높기 때문에, 스트링 구성은 병렬접속이 기본이 된다.

그림 6.23 태양전지 모듈 간 접속 예

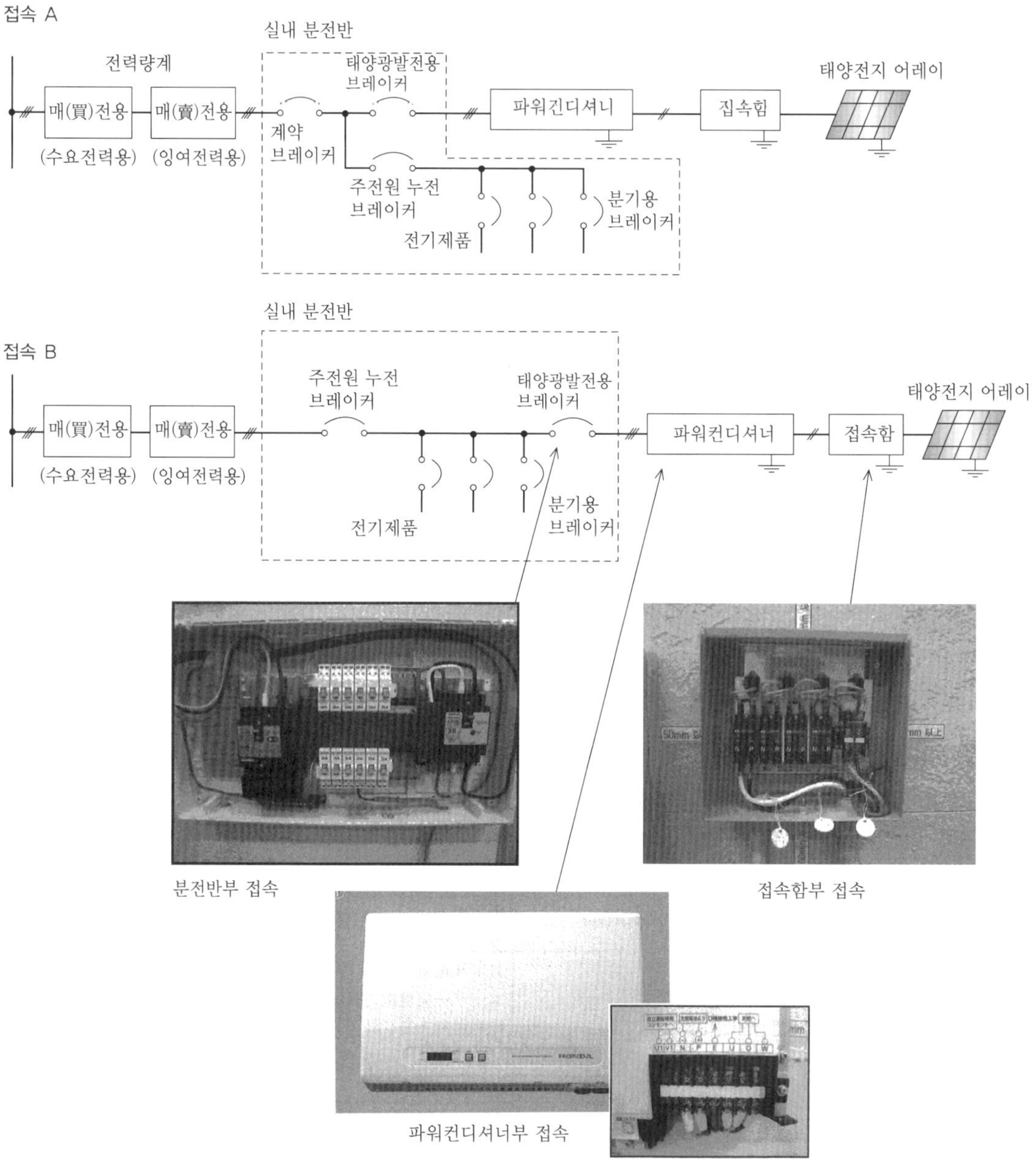

그림 6.24 전력계통으로의 접속 예

Chapter 7

태양광발전시스템의 보수점검과 계측

자가용 전기공작물로서 취급하는 태양광발전시스템은 보안규정에 따라 정기적으로 점검해야 한다. 또 일반가정 등에 설치하는 소출력(50kW 미만)의 태양광발전설비는 일반용 전기공작물로 취급하며, 법을 토대로 한 정기점검은 요구하지 않지만 일상점검, 자주점검으로 보안을 확보해야 한다. 여기에서는 보수점검의 종류 및 구체적인 실시방법에 대해 설명한다. 또 태양광발전시스템 발전전력량 등의 계측방법에 대해 간단하게 설명한다.

Section 1
태양광발전시스템의 보수점검

태양광발전시스템의 보수점검은 크게 완성 시의 점검, 일상점검, 정기점검으로 나뉜다.

● 시스템 완성 시 점검

완성 시 점검(준공 시 검사)에 대해서는 Chapter 6 Section 7. 시운전 조정 및 검사를 참조

● 일상점검

일상점검은 주로 외관점검으로 매월 1회 정도 실시한다. 표 7.1의 점거항목에 따라 시행한다. 이상이 발견되면 전문 기술자에게 상담을 의뢰한다.

표 7.1 일상 점검항목 및 점검요령(JEM-TR228에서 발췌)

구분		점검항목	점검요령
태양전지 어레이	외관 확인	a) 유리 등 표면의 먼지 및 파손	현저한 먼지 및 파손이 없을 것
		b) 가대 부식 및 녹	부식 및 녹이 없을 것
		c) 외부 배선(접속 케이블) 손상	접속 케이블에 손상이 없을 것
중계단자함(접속함)	외관 확인	a) 외함의 부식 및 파손	부식 및 파손이 없을 것
		b) 외부 배선(접속 케이블) 손상	접속 케이블에 손상이 없을 것
파워컨디셔너	외관 확인	a) 외함의 부식 및 파손	외함의 부식·녹이 없고, 충전부가 노출되어 있지 않을 것
		b) 외부 배선(접속 케이블) 손상	파워컨디셔너에 접속되는 배선에 손상이 없을 것
		c) 통풍 확인 (통기공, 환기 필터 등)	통기공을 막지 않을 것 환기 필터(있는 경우)가 막히지 않을 것
		d) 이음, 이취, 발연 및 이상과열	운전 시 이상음, 이상한 진동, 이취 및 이상한 과열이 없을 것
		e) 표시부의 이상 표시	표시부에 이상 코드, 이상을 나타내는 램프 점등, 점멸 등이 없을 것
		f) 발전상황	표시부의 발전상황에 이상이 없을 것

● 정기점검

자가용 전기공작물의 경우에는 보안규정에 입각한 정기점검을 해야 한다. 정기점검 주기는 전기

보안협회 등에 위탁하는 경우 규정에 의해 빈도가 지시되어 있다. 1,000kW 미만의 경우는 매년 2회 이상으로 되어 있다. 장려하는 점검항목을 표 7.2에 나타냈다. 한편, 일반가정 등에 설치되는 50kW 미만의 소출력인 태양광발전시스템의 경우에는, 일반용 전기공작물로 인정되어 법적인 의무는 없지만 자발적으로 정기점검을 하는 것이 바람직하다.

표 7.2 정기점검 항목 및 점검요령(JEM-TR228에서 발췌)

구분		점검항목	점검용량
태양전지 어레이[1]	외관, 지촉 등	접지선 접속 및 접속단자의 느슨함	접지선에 확실히 접속되어 있을 것 나사에 느슨함이 없을 것
중계단자함(접속함)	외관, 지촉 등	a) 외함 부식 및 파손	부식 및 파손이 없을 것
		b) 외부 배선의 손상 및 접속단자의 느슨함	배선에 이상이 없을 것 나사에 느슨함이 없을 것
		c) 접지선 손상 및 접속단자의 느슨함	접지선에 이상이 없을 것 나사에 느슨함이 없을 것
	측정 및 시험	a) 절연저항	〈태양전지 - 접지선〉 0.2MΩ 이상[2] 측정전압 DC 500V (각 회로마다 모두 측정) 〈출력단자 - 접지 간〉 1MΩ 이상, 측정전압 DC 500V
		b) 개방전압	규정된 전압일 것 극성이 제 위치에 있을 것 (각 회로마다 모두 측정)
파워컨디셔너	외관, 지촉 등	a) 외함의 부식 및 파손	부식 및 파손이 없을 것
		b) 외부 배선의 손상 및 접속단자의 느슨함	배선에 이상이 없을 것 나사에 느슨함이 없을 것
		c) 접지선의 손상 및 접속단자의 느슨함	접지선에 이상이 없을 것 나사에 느슨함이 없을 것
		d) 통풍 확인(통기공, 환기 필터 등)	통기공을 막지 않을 것 환기 필터(있는 경우)가 막히지 않을 것
		e) 운전 시 이상음, 진동 및 이취의 유무	운전 시에 이상음, 이상 진동 및 이취가 없을 것
	측정 및 시험	a) 절연저항(파워컨디셔너 입출력 단자 - 접지 간)	1MΩ 이상 측정전압 DC 500V
		b) 표시부의 동작확인(표시부 표시, 발전전력 등)	표시상황 및 발전상황에 이상이 없을 것
		c) 투입 저지 시한 타이머 동작 시험	파워컨디셔너가 정지하고, 잠시 후 자동시동할 것
기타 태양광발전용 개폐기	외관, 지촉 등	a) 태양광발전용 개폐기의 접속단자의 느슨함	나사에 느슨함이 없을 것
	측정	a) 절연저항	1MΩ 이상, 측정전압 DC 500V

주(1) 태양전지 어레이에 대해서는 다음 사항에 따라 점검하는 것이 바람직하다.
 - 태양전지 모듈에 표면의 먼지, 유리 균열 등의 손상·변색이 일어나지 않았는가?
 - 가대의 변형, 녹, 손상 및 모듈 설치부의 느슨함이 없는가?
 (2) 절연저항의 허용치
  300V를 넘는 절연저항의 허용치는 0.4MΩ 이상이 된다.

점검방법과 시험방법

● 외관 검사

● 태양전지 모듈·태양전지 어레이의 점검

태양전지 모듈은 수송 중에 파손되는 경우도 있으므로 시공 시 충분히 외관을 체크한다. 태양전지 모듈을 지붕 위 등에 설치하면 세부 체크가 곤란해지므로, 공사의 진행상황에 맞게 설치 직전 또는 시공 중에 태양전지 셀의 균열, 깨짐, 변색 등을 확인한다. 또 태양전지 모듈의 표면 유리의 균열, 흠, 변형 등을 확인하고, 백시트나 프레임 등에 흠 또는 변형 등이 없는지 충분히 체크한다.

일상점검 시, 정기점검 시에는 태양전지 어레이의 외관을 관찰하고, 태양전지 모듈 표면의 오염, 유리 균열 등의 손상, 변색, 낙엽 등의 유무 확인, 가대 등의 녹 발생 유무를 확인한다. 먼지가 많은 설치장소에서는 태양전지 모듈 표면의 먼지 검사와 청소를 해야 하는 경우가 있다.

● 배선 케이블 등 점검

태양광발전시스템은 한번 설치하면 그 상태로 오랫동안 사용하므로, 전선·케이블 등이 설치공사 시의 흠이나 변형 등이 원인이 되어 절연저항의 저하나 절연파괴를 일으키는 경우도 있다. 따라서 공사가 끝나면 체크할 수 없는 부분에 대해서는 적절히 공사 도중에 외관검사 등을 실시하여 기록을 남겨둔다. 일상점검 시, 정기점검 시에는 외관점검으로 배선의 손상 유무를 확인한다.

● 접속함·파워컨디셔너

접속함·파워컨디셔너 등의 전기기기는 수송 중 진동으로 접속부의 나사단자가 느슨해지는 경우가 드물게 있다. 또 공사현장에서 배선접속을 한 부분도 가접속상태로 남아 있거나 시험 등으로 인해 일시접속을 푸는 경우가 있다. 따라서 시공 후, 태양광발전시스템을 운전할 때는 전기기기 및 접속함 등의 케이블 접속부를 체크하고 조임상태도 확인하여 기록해둔다. 또 양극(+또는 P단자), 음극(-또는 N단자)의 차이 또는 직류회로와 교류회로의 접속 오류 등은 중대사고로 이어질 수도 있으므로 충분히 체크한다.

일상점검 시, 정기점검 시에는 외관점검으로 접속단자의 느슨함이나 손상의 유무를 확인한다.

- **축전지 그 밖의 주변기기 점검**

축전지 등 그 밖의 주변장치가 있는 경우는 위에 기술한 것과 마찬가지로 점검하고, 그것의 기기 공급 회사가 권유하는 점검항목을 점검하는 방법으로 한다.

운전상황 확인

- **소리, 진동, 냄새에 주의**

운전 중 이상음, 진동, 악취 등에 주의하고 평상시와 다르다고 느꼈을 때는 점검을 실시한다. 설치자가 점검할 수 없는 경우에는 기기회사 또는 전기보안협회에 의뢰하여 점검할 것을 권한다.

- **운전상황 점검**

주택용 태양광발전시스템의 경우는 전압계, 전류계 등의 계측기기는 없지만 최근에는 소형 모니터가 보급되어 있어 발전전력, 발전전력량 등이 표시된다. 이들 데이터가 평상시와 크게 다른 수치를 나타낸 경우에는 기기회사 또는 전기보안협회에 의뢰하여 점검할 것을 권한다. 또 산업용 태양광발전시스템은 자가용 전기공작물인 경우가 많으며, 보안협회 등에 의한 정기점검을 통하여 운전상황을 확인한다. 산업용 태양광발전시스템은 계측장치, 표시장치의 설치도 많이 되어 있으므로 일상의 운전상황 확인은 이것만으로도 가능하다.

- **축전지 그 밖의 주변기기 점검**

상기와 마찬가지로 점검하고 기기공급 회사가 지정한 점검항목을 점검한다.

태양전지 어레이 출력 확인

태양광발전시스템에서는 소정의 출력을 얻기 위해 다수의 태양전지 모듈을 직렬 및 병렬로 접속하여 태양전지 어레이를 구성한다. 따라서 설치장소에서 접속작업을 하는 곳이 있으며, 이들 접속의 오류 유무를 체크해야 한다. 또 정기점검 시에도 태양전지 어레이의 출력을 확인하는 것으로, 동작 불량인 태양전지 모듈의 발견이나 배선 결함 등의 발견에 도움이 될 수 있다.

- **개방전압 측정**

태양전지 어레이 각 스트링의 개방전압을 측정하고, 개방전압의 불규칙으로 동작불량인 스트링이나 태양전지 모듈 검출 및 직렬접속선의 결락사고 등을 검출하기 위해 시행한다. 예를 들면 태양전지 어레이 하나의 스트링 속에 극성을 잘못 접속한 태양전지 모듈이 있으면, 스트링 전체의 출력전압은 올바른 접속 시의 개방전압보다 훨씬 낮은 전압이 측정된다. 따라서 바르게 접속되었을 때의 개방전압을 카탈로그 또는 사양서에서 확인하고, 그것과 측정치를 비교하면 극성이 잘못된 태양전지 모듈이 있는 것을 판단할 수 있다. 일사조건이 나쁘기 때문에 카탈로그 등으로 계산한 개방전압과 다소의 차가 있는 경우에도, 다른 스트링의 측정결과와 비교하면 태양전지 모듈의 불량상태를 판단할 수 있다.

측정에 관한 유의사항은 다음과 같다.

① 태양전지 어레이의 표면을 세정하는 것이 바람직하다.
② 각 스트링의 측정은 안정한 일사강도를 얻을 수 있을 때 한다.
③ 측정시각은 일사강도, 온도의 변동을 가능한 적게 하기 위해 맑은 날 남중시(南中時)의 전후 1시간으로 실시하는 것이 바람직하다.
④ 태양전지는 비가 오는 날에도 주간에는 전압을 발생하고 있으므로 충분히 주의하여 측정한다.

(a) 시험기재

직류전압계(테스터)

(b) 개방전압 측정회로 예

개방전압 측정회로 예를 그림 7.1에 나타냈다.

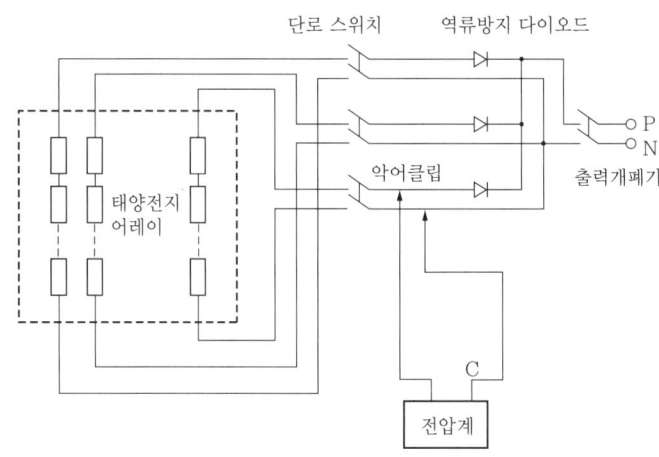

그림 7.1 개방전압 측정회로 예

(c) 측정 순서

① 접속함의 출력개폐기를 OFF한다.
② 접속함의 각 스트링의 단로 스위치를 모두 OFF한다(단로 스위치가 있는 경우).
③ 각 모듈에 그늘이 지지 않았는지 확인한다(각 모듈이 균일한 일사조건이 되기 쉬운 약간 흐린 날씨라면 평가하기 쉽다. 단 아침과 저녁의 낮은 양의 일사조건은 피한다).
④ 측정할 스트링의 단로 스위치만 ON하여(단로 스위치가 있는 경우), 직류전압계로 각 스트링의 P-N단자 간의 전압을 측정한다. 테스터를 이용하는 경우, 전류측정렌지를 잘못하면 단락전류가 흘러 위험하기 때문에 충분히 주의해야 한다. 또 디지털 테스터를 이용하는 경우는 극성표시(+, -)를 확인한다.

(d) 평가
각 스트링의 개방전압의 수치가 측정 시 조건하에서 타당한 수치인지 아닌지를 확인한다(각 스트링의 전압차가 모듈 1장분의 개방전압 1/2보다 작은 것을 기준으로 한다).

● 단락전류 확인
태양전지 어레이의 단락전류를 측정하는 것으로 태양전지 모듈의 이상 유무를 검출할 수 있다. 태양전지 모듈의 단락전류는 일사강도에 따라 큰 폭으로 변화하기 때문에 설치장소에서 단락전류의 측정치로 판단하는 것은 곤란하지만, 동일 회로조건의 스트링이 있는 경우는 스트링 상호비교로 어느 정도 판단할 수 있다. 이 경우에도 안정된 일사강도를 얻을 수 있을 때 하는 것이 바람직하다.

● 절연저항의 측정

태양광발전시스템의 각 부의 절연상태를 확인하고, 통전해도 되는지 아닌지를 판단하기 위해 절연저항을 측정한다. 운전개시 시, 정기점검 시 또한 사고 시에 불량 부분을 특정하고 싶은 경우 등에 실시한다.

운전개시 시에 측정된 절연저항치가 그 후에 절연상태의 판단기준이 되므로 측정결과를 기록하여 보관한다.

● 태양전지회로
태양전지는 주간에 항상 전압을 발생하고 있으므로 충분한 주의를 기울여 절연저항을 측정해야 한다. 그래서 이와 같은 상태에서의 절연저항 측정에 적합한 측정장치가 개발될 때까지는 다음의 방법으로 절연저항을 측정할 것을 권한다.

측정할 때는 뇌(雷) 보호를 위해 어레스터 등의 피뢰소자가 태양전지 어레이의 출력단에 설치되어 있는 경우가 많으며, 필요하다면 그 소자의 접지 측을 떼어 둔다. 또 절연저항은 기온이나 습도에 영향을 받기 때문에 절연저항 측정 시의 기온, 온도 등의 기록도 측정치의 기록과 동시에 기록해둔다. 또 우천 시나 비가 갠 직후에는 절연저항의 측정을 피하는 것이 좋다. 다음에 측정순서를 나타냈다.

(a) 시험기재
절연저항계(메거(megger)), 온도계, 습도계, 단락용 개폐기 및 단락용 클립리드

(b) 회로도
절연저항 측정회로(PN 간을 단락하는 방법의 예)를 그림 7.2에 나타냈다.

(c) 측정순서
① 출력개폐기를 OFF한다. 출력개폐기의 입력부에 서지흡수기를 설치한 경우는 접지 측 단자를 떼어 둔다.

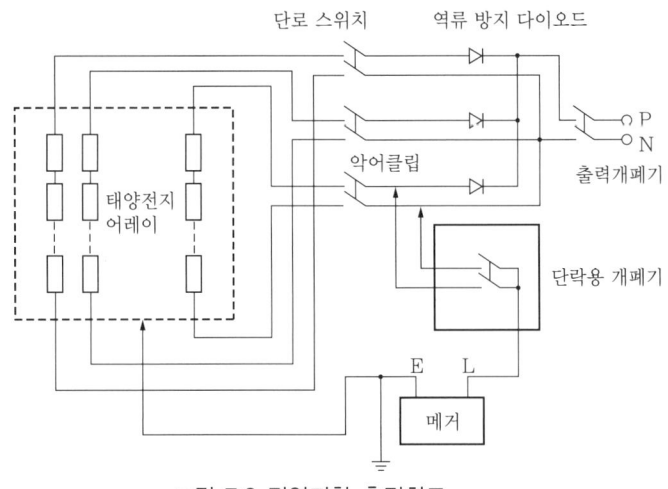

그림 7.2 절연저항 측정회로

② 단락용 개폐기(태양전지의 개방전압보다 차단전압이 높고, 출력개폐기와 동등 이상의 전류차단능력을 가진 직류개폐기의 2차 측을 단락하고, 1차 측에 각각 악어클립을 설치한 것)를 OFF한다.
③ 모든 스트링의 단로 스위치를 OFF한다.
④ 단락용 개폐기 1차 측의 (+) 및 (-)의 악어클립을 역류방지 다이오드보다도 태양전지 측과 단로 스위치와의 사이에 각각 접속한다. 접속 후, 대상이 되는 스트링의 단로 스위치를 ON한다. 마지막으로 단락용 개폐기를 ON한다.
⑤ 메거의 E측을 접지단자에, L측을 단락용 개폐기의 2차 측에 접속한다. 메거를 ON하여 저항치를 측정한다.
⑥ 측정 종료 후, 반드시 단락용 개폐기를 OFF하고 나서 단락 스위치를 OFF하고, 마지막으로 스트링의 악어클립을 분리한다. 이 순서를 절대로 혼동하면 안 된다. 단로 스위치에는 단락전류를 차단하는 기능은 없고, 또 단락상태에서의 악어클립을 분리하면 아크방전이 생겨, 측정하는 사람이 화상을 입을 가능성이 있다.
⑦ 서지흡수기의 접지 측 단자를 복원하여 대지전압을 측정하고 잔류전하의 방전상태를 확인한다.
　비고　일사가 있을 때에 측정하는 것은 큰 단락전류가 흐르기 때문에 꽤 위험하며, 단락용 개폐기를 마음대로 사용할 수 없는 경우에는 절대로 해서는 안 된다. 또 태양전지의 직렬 수가 많고, 전압이 높은 경우는 예측할 수 없는 위험이 많으므로 그러한 위험을 방지하는 의미에서도 하지 않을 것을 권한다.

이상으로 태양전지 어레이의 절연저항 측정을 할 수 있다. 또 측정할 때 태양전지에 덮개를 씌워 태양전지의 출력을 저하시키면 보다 안전하게 측정할 수 있다. 또한 단락용 개폐기 및 전선은 절연고무시트 등으로 대지 절연을 확보해 보다 정확한 측정치를 얻을 수 있다. 또 측정자의 안전을 지키기 위해 고무장갑 또는 마른 목장갑을 착용할 것을 권한다.

측정결과의 판정기준을 표 7.3에 나타냈다.

표 7.3 절연저항의 판정기준

(성령 제58조)

전로의 사용전압 구분		절연저항치[MΩ]
300V 이하	대지전압이 150V 이하인 경우 (대지전압은 접지식의 경우 전선과 대지 간과의 전압, 비접지식의 경우는 전선 간의 전압을 말함)	0.1 이상
	그 밖의 경우	0.2 이상
300V를 넘는 것		0.4 이상

● 파워컨디셔너 회로(절연전압기부착)

측정기구로 500V 절연저항계를 준비한다. 파워컨디셔너의 정격전압이 300V 초과 600V 이하인 경우에는 1,000V의 절연저항계를 이용한다. 측정부분은 파워컨디셔너의 입력회로 및 출력회로로 한다(그림 7.3). 아래에 순서를 나타냈다.

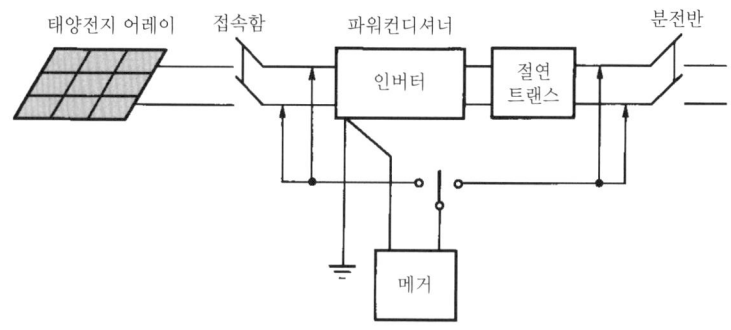

그림 7.3 파워컨디셔너의 절연저항 측정

(a) 입력회로

태양전지회로를 접속함에서 분리하여, 파워컨디셔너의 입력단자 및 출력단자를 각각 단락하고, 나서 입력단자와 대지 간의 절연저항을 측정한다.

접속함까지의 전로를 포함하여 절연저항을 측정하게 된다.

① 태양전지회로를 접속함에서 분리한다.
② 분전반 내의 분기개폐기를 개방한다.
③ 직류 측의 모든 입력단자 및 교류 측의 모든 출력단자를 각각 단락한다.
④ 직류단자와 대지 간과의 절연저항을 측정한다.

(b) 출력회로

파워컨디셔너의 입출력단자를 단락하고, 출력단자와 대지 간의 절연저항을 측정한다.

교류 측 회로를 분전반 위치에서 분리하여 측정하기 때문에 분전반까지의 회로를 포함하여 절연저항을 측정하게 된다. 절연트랜스를 따로 둘 때는 이것도 포함하여 측정한다.
① 태양전지회로를 접속함에서 분리한다.
② 분전반 내익 분기개폐기를 개방한다.
③ 직류 측의 모든 입력단자 및 교류 측의 모든 출력단자를 각각 단락한다.
④ 교류단자의 대지 간과의 절연저항을 측정한다.
측정결과의 판정기준은 표 7.3을 참조할 것

(c) 기타
① 정격전압이 입출력으로 다를 때는 높은 쪽의 전압을 절연저항계의 선택기준으로 한다.
② 입출력단자에 주회로 이외의 제어단자 등이 있는 경우에는 이를 포함하여 측정한다.
③ 측정할 때, 서지흡수기 등의 전격충격에 약한 회로에 대해서는 회로에서 떼어 놓는다.
④ 트랜스리스 파워컨디셔너의 경우는 제조자가 권하는 방법으로 측정한다.

절연내압의 측정

일반적으로 저압회로의 절연은 제작회사에서 충분히 검토하고 또한 제작하고 있다. 절연저항의 측정을 실시하는 것으로 확인할 수 있는 경우가 많기 때문에, 설치장소에서의 절연내압시험은 생략하는 것이 통례이다. 절연내압시험을 실시해야 하는 경우는 다음 요령으로 실시한다.

● 태양전지 어레이 회로
앞에 서술한 절연저항 측정과 같은 회로조건으로 하며 표준 태양전지 어레이 개방전압을 최대사용전압으로 간주하여, 최대사용전압의 1.5배 직류전압 또는 1배의 교류전압(500V 미만일 때는 500V)을 10분간 인가하고 절연파괴 등의 이상 유무를 확인한다. 또 태양전지의 출력회로에 삽입되어 있는 피뢰소자는 절연시험회로에서 빼는 것이 통례이다.

● 파워컨디셔너의 회로
앞에 서술한 절연저항 측정과 같은 회로조건으로 하며, 시험전압은 태양전지 어레이 회로의 절연내압시험의 경우와 같은 시험전압을 10분간 인가하여 절연파괴 등의 이상 유무를 확인한다.
단, 파워컨디셔너 내에는 서지흡수기 등 접지되어 있는 부품이 있으므로 제작회사가 지시하는 방법으로 실시해야 한다.

접지저항의 측정

접지저항계를 이용하여 접지전극 및 보조전극 2개를 사용하고 접지저항을 측정한다(그림 7.4). 접지전극 및 보조전극의 간격은 10m로 하며 직선에 가까운 상태로 설치한다. 접지전극을 접지저항계의 E단자에 접속하고 보조전극을 P단자, C단자에 접속한다. 버튼스위치를 누른 상태에서 접지저항계의 지침이 '0'이 되도록 다이얼을 조정하고 그때의 눈금에서 접지저항치를 읽는다. 측정결과 판정은 표 6.2에 의한다(160쪽). 접지저항의 수치는 접지극 부근의 온도 및 수분의 함유정도에 따라 변화하며 연중 변동하고 있다. 하지만 저항이 가장 높을 때에도 정해진 한도를 넘어서는 안 된다.

측정할 때 접지보조전극을 타설할 수 없는 경우는 간이접지저항계(접지체크)를 사용하여 접지저항을 측정한다(그림 7.5). 이는 주상트랜스의 2차 측 중성점에 B종 접지공사가 되어 있는 것을 이용하는 방법이다. 중성선과 기기접지 단자 사이에 저주파 전류를 흐르게 하고 저항치를 측정하면, 양 접지저항의 합을 구할 수 있으므로 간접적으로 접지저항을 알 수 있다.

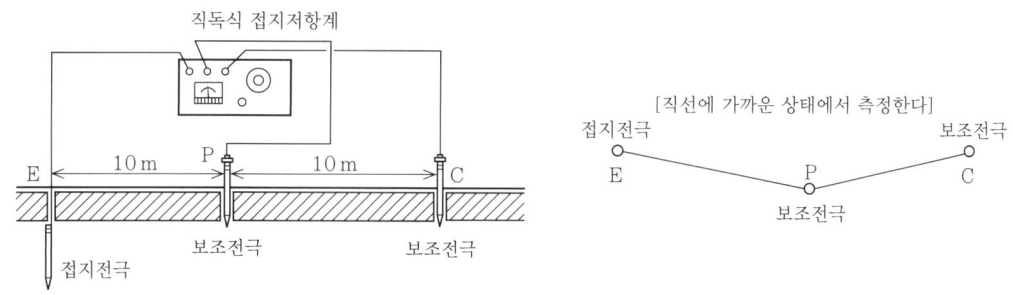

그림 7.4 접지저항의 측정방법

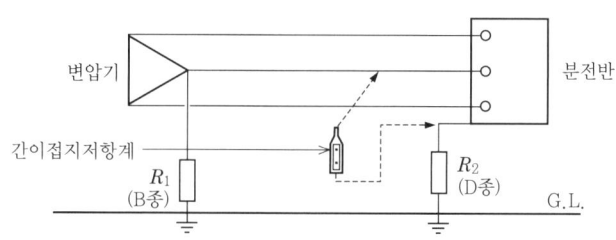

그림 7.5 간이접지 측정방법(전압강하식)

계통연계 보호장치의 시험

계전기 시험기 등을 사용하여 계전기의 동작특성을 체크하는 것과 함께 전력회사와의 협의로 결정된 보호협조에 따라 설치되었는지 확인한다. 계통연계 보호기능 중 단독운전 방지기능에 대해서는 회사에 따라 사용하고 있는 단독운전 방지기능의 방식이 다르기 때문에, 회사에서 권하는 방법으로 실험하든지 회사에서 시험해주어야 한다.

태양광발전시스템 계측

태양광발전시스템의 계측기기나 표시장치는 시스템의 운전상태 감시, 발전전력량 파악, 성능평가를 위한 데이터 수집 등을 목적으로 설치한다. 태양광발전시스템에는 개인주택에 설치하는 것, 공장이나 사무실에 설치하는 것, 발전사업용으로 설치하는 것 또는 연구용인 것 등 여러 시스템이 있으며, 그 용도에 따라 필요한 계측·표시 내용은 다르다.

여기에서는 계측과 표시에 대한 일반적인 생각과 시장에 설치되어 있는 시스템에서 실제로 운용되고 있는 계측·표시설비에 대해 설명한다.

계측·표시에 필요한 기기

계측·표시의 목적은 얻을 수 있는 데이터의 사용목적에 따라 크게 4가지로 나눌 수 있다.
- 시스템의 운전상태를 감시하기 위한 계측 또는 표시
- 시스템에 의한 발전전력량을 알기 위한 계측
- 시스템 기기 또는 시스템 종합평가를 위한 계측
- 시스템의 운전상황을 견학하는 사람 등에게 보여주고, 시스템의 PR을 하기 위한 계측 또는 표시

실제 계측 시스템에서는 이것들을 단독으로 하는 경우와 섞어서 하는 경우가 있다.

또 계측 목적에 따라 계측점이나 계측의 정밀도, 계측치의 취급방식 등이 다르다. 태양광발전시스템의 경우는 일사강도가 시시각각 변화하기 때문에 발전출력도 단시간에 크게 변동한다. 따라서 계측 샘플링 주기나 연산을 적절하게 하지 않으면 계측오차가 발생하는 요인이 된다. 당연히 태양광발전 계측·표시설비 계획 시에는 기기 선택이나 계측·표시시스템의 설계에 충분히 주의해야 한다.

계측·표시 시스템에는 검출기(센서), 신호변환기(트랜스듀서), 연산장치, 기억장치, 표시장치 등이 있다(그림 7.6). 이들의 일부를 사용하거나 조합하여 계측이나 표시를 한다. 그들의 역할이나 선택 시 주의사항을 이하에서 설명한다.

● 검출기

직류 전압은 직접 또는 분압기로 분압하여 꺼낸다. 또 직류의 전류는 직접 또는 션트저항(분류기) 또는 직류용 CT 등을 이용하여 검출한다. 직류전력에 대해서는 직접 검출할 수 있는 간편하고 저렴한 검출기가 없기 때문에, 전압과 전류를 계측하여 그것을 연산(곱셈)하여 구한다.

교류의 전압, 전류, 전력, 역률, 주파수 등의 계측은 직접 또는 VT나 교류용 CT를 통해 검출하며, 지시계기 또는 신호변환기 등으로 신호를 출력한다.

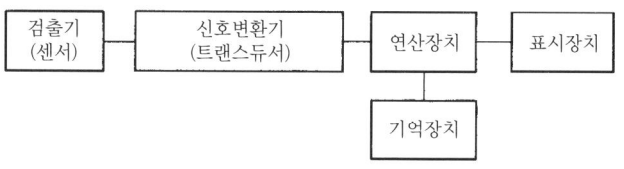

그림 7.6 계측시스템의 개요

● 신호변환기

신호변환기는 검출기에서 검출된 데이터를 컴퓨터나 먼 곳에 설치한 표시장치로 전송하는 경우에 사용한다. 신호변환기는 여러 검출 데이터(전압, 전류, 전력 등)에 맞춘 것이 시판되고 있으며, 그 중에서 필요한 것을 선택하면 된다. 또 신호변환기의 출력신호도, 입력신호 0~100%에 대해 0~5V, 1~5V, 4~20mA 등 여러 가지가 시판되고 있으므로 그 중에서 가장 적합한 것을 선택한다. 또 이들 신호출력은 소음이 잘 들어오지 않도록 실드선 등을 사용해서 전송하는 것이 바람직하다. 또 4~20mA의 전류신호로 전송하면 소음 걱정은 줄어든다.

● 연산장치

연산장치에는 앞에 서술한 직류전력과 같이 검출 데이터를 연산해야 하는 것에 사용하는 것과 짧은 시간의 계측 데이터를 적산하여, 일정 기간마다의 평균치 또는 적산치를 얻는 것이 있다. 필요로 하는 데이터가 많은 경우는 컴퓨터를 사용하여 연산하면 되지만, 단독 또는 매우 적은 데이터만 연산하는 경우는 개별로 연산기를 준비하는 경우도 있다.

● 기억장치

연산장치로 컴퓨터를 사용하는 경우 기억장치는 그 메모리 기능을 활용하여 기억하고, 필요하다면 콤팩트 디스크 등에 데이터를 이동하여 보존하는 방법이 일반적이다. 또 최근에는 계측장치 자체에 기억장치가 갖춰져 있는 것이 있고, 컴퓨터를 이용하지 않고도 메모리 카드 등에 데이터를 기록할 수 있는 타입의 계측기도 있다.

주택용 시스템의 경우

주택용 시스템의 경우는 일반적으로 전력회사에서 공급받은 전력량과 설치자가 전력회사로 역조류 한 잉여전력량을 계량하기 위해 2대의 전력량계(매(買)전계와 매(賣)전계)가 설치된다.

주택용 파워컨디셔너에는 운전상태를 감시하기 위해, 발전전력의 검출기능과 그 계측결과를 표시

CT : 전류기   VT : 계기용 전압기

하기 위한 LED나 액정 디스플레이 등의 표시기를 갖추고 있다. 이 기능으로 설치한 태양광발전시스템의 누적발전량이나 순시발전량 등의 기본정보를 얻을 수 있다.

그림 7.7 매전(賣電)용, 매전(買電)용 전력량계

(a) 벽 설치 타입

(b) 무선 타입

그림 7.8 주택용 표시기

최근에는 파워컨디셔너와는 별도로 표시장치를 설치하고, 거실 등의 떨어진 위치에서 태양광발전시스템의 운전상태를 모니터할 수 있는 제품이 판매되고 있다. 이 같은 장치 속에는 특정의 발전량을 곱하거나 CO_2의 삭감량을 표시하거나 하는 등, 다양한 표시기능을 갖춘 것도 시판되고 있다(그림 7.7, 7.8 참조).

● 시험연구용 시스템의 경우

시험연구용 시스템의 경우는 측정항목, 측정주기, 연산방법, 데이터 수집 및 기억방법 등을 연구목적에 따라 설계하고, 목적에 적합한 계측·표시 시스템을 설치한다. 이 같은 시스템의 측정점 및 측정항목의 예를 그림 7.9 및 표 7.4에 나타냈다.

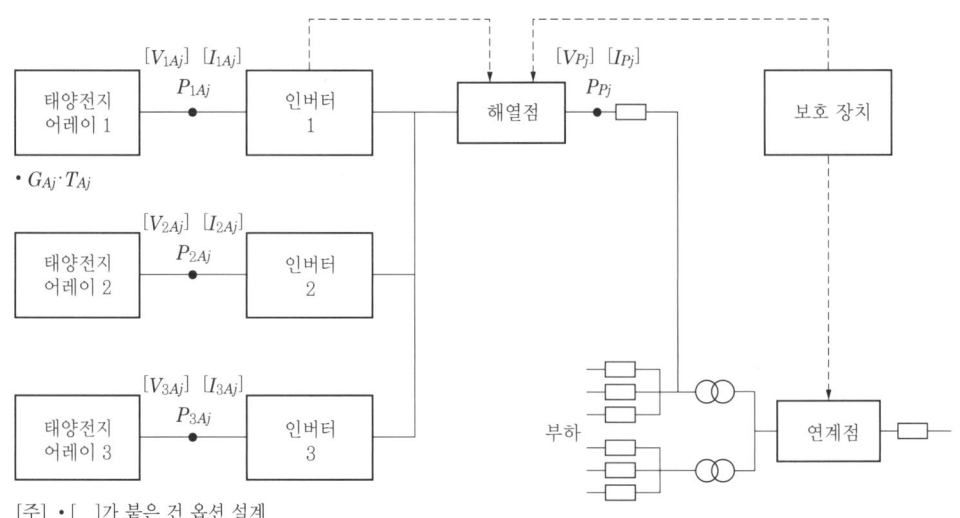

[주] • [ ]가 붙은 건 옵션 설계

그림 7.9 설계점의 예

표 7.4 설계항목의 예

	기호	측정항목	단위	계측 요부	비고
1	G_{aj}	경사일사강도	kW/m^2	○	
2	T_{aj}	기온	℃	○	
3	V_{aj}	인버터 출력전압	V	[○]	○측정항목
4	I_{aj}	인버터 출력전류	A	[○]	[ ]는 옵션
5	P_{aj}	인버터 출력전력	kW	○	
6	V_{naj}	태양전지 출력전압	V	[○]	
7	I_{naj}	태양전지 출력전류	A	[○]	n=1, 2, 3
8	P_{naj}	태양전지 출력전력	kW	○	
9	I_{nbj}	인버터 입력전류	A	[○]	

기상계측

태양광발전시스템의 감시·평가에서는 기상관계 데이터도 중요하다. 일사강도(수평면 또는 태양전지 어레이의 설치각도와 같이 경사면에서의 경사면 일사강도)나 기온, 태양전지 어레이의 온도, 풍속, 풍향, 습도 등을 필요에 맞게 계측한다. 이하에 대표적인 기상계측용 기기의 개요를 설명한다.

일사계측

태양광발전시스템의 성능평가를 한 경우에는 입력이 되는 빛에너지를 정확하게 계측해야 한다. 태양광은 자외선에서 적외선까지 광범위하게 분포되어 있기 때문에(그림 7.10 참조), 이 목적으로 사용하는 계측기는 모든 파장의 빛에너지를 정확하게 검출할 수 있는 것이어야 한다. 이 같은 목적으로 사용하는 계측기로는 일사계라 부르는 장치가 있다(그림 7.11).

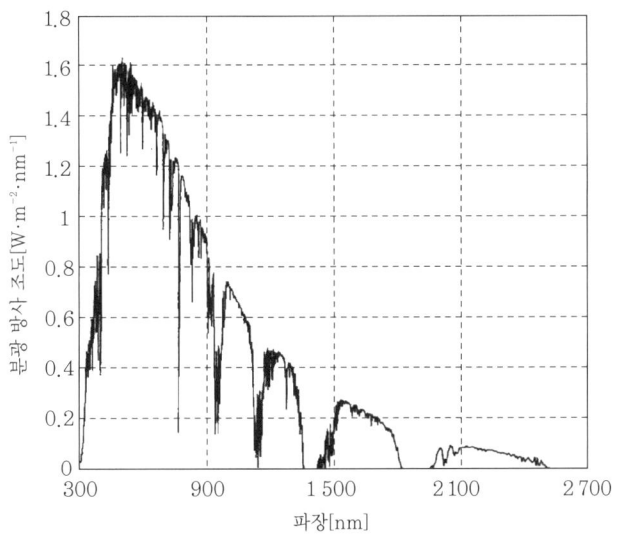

그림 7.10 태양광 스펙트럼

그림 7.11 일사계 외관

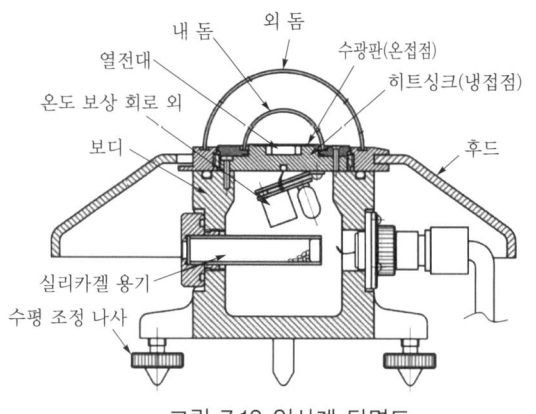

그림 7.12 일사계 단면도

지표에 내리쬐는 빛은 태양에서 직접 방사되어 오는 직달광 외에, 공기 중의 기체분자나 구름에 따라 산란 및 반사한 후에 지표에 닿는 산란광이라 불리는 빛이 있다. 일사계는 이 같은 하늘 전체에서 방사되는 모든 빛을 거두기 위해, 센서 부분은 반구 모양의 유리 돔으로 덮인 구조로 되어 있다. 이 유리돔 내측에는 흑체가 도장된 수광판이 설치되어 있으며, 입사하는 빛은 거의 100% 흡수되어 열로 바뀐다. 수광판에는 다수의 열전대로 구성된 센서가 매입되어 있으며, 빛의 흡수로 인한 온도변화를 이 센서가 전기신호로 변환하는 것으로, 빛에너지를 전기신호로 바꿀 수 있게 되어 있다(그림 7.12). 보통 이 같은 일사계는 대지에 수평으로 설치되어, 하늘에서 방사되는 빛에너지의 계측에 사용한다. 보통 일본에서 태양전지 모듈은 남쪽을 향해 15~45° 정도의 경사각을 두고 설치하는 경우가 많다. 경사진 면에 입사하는 빛의 양은 일사량에서 계산으로 구할 수 있다. 하지만 태양전지 모듈에 입사하는 빛을 보다 정확하게 계측하는 것을 목적으로 하여, 일사계를 태양전지 모듈 어레이의 수광면과 같은 각도로 경사지게 하여 설치하는 경우가 있다. 이 같은 목적으로 설치된 일사계는 경사면 일사계라 불리며 태양광발전시스템의 필드시험 등에 많이 사용되고 있다.

그림 7.13에 경사면 일사계의 설치 예를 나타냈다.

그림 7.13 경사면 일사량

● 기온, 풍속 계측

태양전지는 그 온도로 변환효율이 변동하기 때문에 성능평가에서는 기온의 계측도 중요한 요소가 된다. 게다가 태양전지 모듈이나 설치가대는 강풍 시에 큰 풍하중이 작용하기 때문에 태양광발전시스템 시공이나 설치방식을 평가하는 경우에는 풍향·풍속 등의 기상 데이터 수집도 중요해진다. 이들을 계측하기 위한 온도계나 풍향풍속계의 예를 그림 7.14, 그림 7.15에, 또 설치 예를 그림 7.16에 나타냈다.

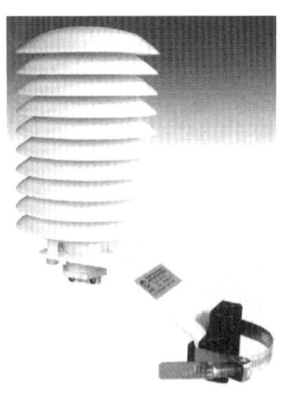

그림 7.14 온도(기온)계   그림 7.15 풍향풍속계   그림 7.16 기상계측기 설치 예

● 표시장치

태양광발전시스템에 부속된 설비로서 견학하는 사람 등을 대상으로 한 표시장치를 설치하는 경우가 있으며, 순시발전량이나 누적발전량 또는 석유 절약량이나 CO_2 삭감량과 같은 환경보존에 대한 공헌도 등의 표시를 한다. 이 같은 표시장치에서는 계측 데이터 수집인 트랜스듀서나 컴퓨터의 출력을 사용하는 경우가 많지만, 이 경우 표시 수치의 자릿수나 표시 변환 간격 등에 주의해야 한다. 예

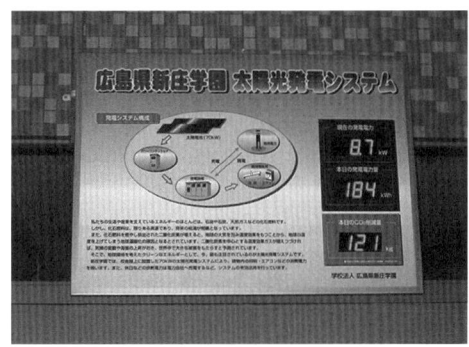

그림 7.17 표시장치

를 들어, 표시의 변환 간격이 길면 태양이 구름에 가려져도 표시되는 발전량은 변화하지 않았거나, 거꾸로 표시 절환이 너무 빨라 일시강도나 다른 데이터와의 관련을 취하기 어려워지는 등의 부자연스러운 인상을 주는 경우가 있다. 이 같은 표시장치에서는 표시하는 데이터 수에도 익하지만 1~5초 간격 정도의 표시 절환이 적당하다. 또 최근에는 액정 모니터 등 얇은 형태의 표시장치를 사용하며, 계측 데이터에 더해 설치되어 있는 태양광발전시스템의 사진이나 전기에너지의 흐름을 동시에 보여지게 하는 등, 보다 시각적으로 효과적인 표시 방법도 증가하고 있다. 그림 7.17에 박형 표시장치와 LED타입 표시장치를 예로 들었다.

Chapter 8
태양광발전시스템 설치의 관계 법령과 절차

태양광발전시스템은 발전설비이며, 「전기사업법」의 규제하에 있다. 그 때문에 동법 및 관계 법령에 따라 설치·운용해야 하며 시스템에 따라서는 법적 절차를 밟아야 한다. 또 대부분의 태양광발전시스템은 전력회사의 배전계통에 접속하여 사용하기 때문에, 그 기술적인 요건을 판단하는 기준이 되는 「전력품질확보와 관련된 계통연계기술요건 가이드라인」과 「전기설비기술기준 해석」을 토대로 전력회사와의 협의가 필요하다. 이 장에서는 이러한 법령 및 규칙의 간단한 설명과 그에 따라 실시해야 할 절차에 대해 간단히 설명한다.

Section 1

태양광발전시스템의 관계 법령

● 전기사업법 관계 법령

 전기사업법, 전기사업법 시행령, 전기사업법 시행 규칙 중에서 밀접한 관계가 있다고 생각되는 항목을 표 8.1에 나타냈다. 1995년 12월 1일부터 전기사업법 및 관계 법령이 개정시행되어, 일반용 전기공작물과 동일한 구내에 설치된 소출력 발전설비에 대해서는 종래의 자가용 전기공작물에서 일반용 전기공작물로 인정받게 되었다. 이에 따라 같은 태양광발전시스템에서도 설치장소나 규모에 따라 다르게 취급하기 때문에 주의해야 한다.

● 전기공작물

● 전기공작물의 정의

 전기공작물은 법제2조에 정의되어 있는 것과 같이 '발전, 변전, 송배전 또는 전기를 사용하기 위해 설치하는 기계, 기구, 댐, 수로, 저수로, 전선로 그 밖의 공작물(선박, 차량 또는 항공기에 설치된 것 외의 정령으로 정해진 것을 제외함)'을 말한다. 정령으로 정해진 전기공작물에서 제외된 공작물은 시행령 제1조에 '전압 30V 미만의 전기적 설치이며, 전압 30V 이상의 전기적 설비와 전기적으로 접속되어 있지 않은 것'이라고 정의되어 있다.

 이는 바꿔 말하면 회로전압이 30V 이상인 태양광발전시스템은 모두 전기공작물이 되며, 그 중에서 자가용 전기공작물 또는 일반용 전기공작물로 인정받고 있다.

 또 1995년 개정으로 새롭게 정의된 소출력 발전설비는 출력 20kW* 미만의 태양광발전시스템, 풍력발전, 출력 10kW 미만의 수력발전 및 내연력을 원동력으로 하는 화력발전설비를 대상으로 하고 있지만, 2005년 3월의 개정으로 소출력 발전설비에 연료전지 발전설비가 추가되었다. 또한 2011년 6월에 태양광발전설비는 출력 50kW 미만으로 개정되었다(표 8.1 참조).

● 태양광발전시스템 취급

 전기사업법 개정으로 일반 주택 등에 설치된 저압배전선과의 연계로 출력 50kW 미만의 태양광발전시스템은 소출력 발전설비로 자리매김하여 일반용 전기공작물로 취급한다.

 또 상용전력계통으로의 연계 구분에 대해서 한 설치자 당 전력용량(수전전력의 용량 또는 계통연계에 관계된 발전설비의 출력용량 중 큰 쪽을 말함)은 원칙으로 50kW 미만의 발전설비는 저압배전

표 8.1 전기사업법 관계 법령

대상사항	조항	개요
전기공작물의 정의	법제2조	발전, 변전, 송전, 배전 또는 전기를 사용하기 위해 설치하는 기계, 기구, 댐, 수로, 저수지, 전선로 그 밖의 공작물 (선박, 차량 또는 항공기에 설치된 것 외의 정령에서 정한 것을 제외함)
	령제1조	전기공작물에서 제외되는 공작물을 규정
일반용 전기공작물	법제38조	다음에 게재한 전기공작물 단, 소출력 발전설비 이외의 발전용 전기공작물과 동일한 구내(이에 준하는 구역 내를 포함함)에 설치하는 것 또는 폭발성, 인화성인 것이 존재하기 때문에 전기공작물에 의한 사고가 발생할 우려가 많은 장소이며, 경제산업성령에서 정한 것에 설치하는 것을 제외한다. 一 다른 사람에게서 경제산업성령으로 정한 전압 이하의 전압으로 수전하고, 그 수전장소와 동일한 구내에서 그 수전에 관계된 전기를 사용하기 위한 전기공작물(이것과 동일한 구내에 또한 전기적으로 접속하여 설치하는 소출력 발전설비를 포함함)이며, 그 수전을 위한 전선로 이외의 전선로에 의해 그 구내 이외의 장소에 있는 전기공작물과 전기적으로 접속되어 있지 않은 것 二 구내에 설치하는 소출력 발전설비(이와 동일한 구내에 또한 전기적으로 접속하여 설치하는 전기를 사용하기 위한 전기공작물을 포함함)이며, 그 발전에 관련된 전기를 경제산업성령으로 정한 전압 이하의 전압으로 다른 사람이 그 구내에서 수전하기 위한 전선로 이외의 전선로에 의해 그 구내 이외의 장소에 있는 전기공작물과 전기적으로 접속되어 있지 않은 것
	칙제48조	4「소출력 발전설비」는 다음과 같이 한다. 단, 다음의 각 호에 정해진 설비이며, 동일한 구내에 설치하는 다음의 각 호에 정한 다른 설비와 전기적으로 접속되어, 설비의 출력 합계가 50kW 이상이 되는 것을 제외한다. 一 태양전지 발전설비이며 출력 50kW 미만인 것 二 풍력발전설비이며 출력 20kW 미만인 것 三 수력발전설비이며 출력 10kW 미만인 것(댐을 동반하는 것을 제외함) 四 내연력을 동력으로 하는 화력발전설비이며 출력 10kW 미만인 것 五 연료전지 발전설비(고체 고분자형인 것이며 최고 사용압력이 0.1MPa 미만인 것에 한함)이며 출력 10kW 미만인 것
사업용 전기공작물	법제38조	일반용 전기공작물 이외의 전기공작물
자가용 전기공작물	법제38조	전기사업용으로 제공하는 전기공작물 및 일반용 전기공작물 이외의 전기공작물
공사계획	법제47조 칙제62조	자가용 전기공작물의「공사계획」인가 등
	법제48조 칙제68조	「공사계획」의 사전 신고
사용 전 검사	법제49조 칙제65조	「사용 전 검사」
주임기술자	법제43조	「주임기술자 선임」
	칙제52조	사업장 또는 설비마다 자격이 있는 사람을 선임
		주임기술자의「불선임 승인」
보안규정	법제42조 칙제50조	「보안규정」을 정하여, 사용·개시 전에 신고할 것

[주] 법 : 전기사업법, 령 : 전기사업법 시행령, 칙 : 전기사업법 시행 규칙

선(전압 600V 이하)과 또, 2,000kW 미만의 발전설비에서는 고압배전선(전압 600V 초과 7,000V 이하)과 각각 연계할 수 있다.

이들에 대해 표 8.2에 태양광발전시스템의 출력용량 및 수전전력의 용량에 의한 계통연계의 구분 및 전기공작물의 분류를 나타냈다.

이 같이 한 설치자 당 전력용량에 따라 계통연계의 구분이 다르며, 전기공작물 취급 및 여러 절차도 다르기 때문에 주의해야 한다.

표 8.2 태양광발전시스템 분류

한 설치자 당 전력용량		계통연계 구분*	전기공작물의 종류
태양광발전시스템의 출력용량[kW]	수전전력의 용량 (계약전력)[kW]		
50미만	50미만	저압배전선과의 연계	일반용 전기공작물 (소출력 발전설비)
	2,000미만	고압배전선과의 연계	자가용 전기공작물
50이상	50미만	고압배전선과의 연계	
	2,000미만		

* 계통연계의 구분에 대해서 발전설비의 한 설치자 당 전력용량이 2,000kW 이상인 경우는 스폿 네트워크 배전선, 특고압전선로로의 연계가 가능하지만, 사례는 적으므로 생략한다.

● 사업용 전기공작물의 기술기준 적합 의무

법제38조에서 전기공작물은 일반용 전기공작물과 사업용 전기공작물로 구분되며, 사업용 전기공작물에 전기사업용으로 제공하는 전기공작물과 자가용 전기공작물이 포함된다.

이 때문에 자가용 전기공작물은 사업용 전기공작물의 기술기준에 적합해야 한다.

● 태양광발전시스템의 기술기준 적합 의무

● 일반용 전기공작물의 경우(표 8.3)

(a) 기술기준 적합 명령

일반용 전기공작물은 법제56조에 의해 전기설비기술기준에 준해야 하며, 벌칙 규정이 법제120조에 정해져 있다.

또 전기공사사법에 의해 일반용 전기공작물의 전기공사는 제1종 또는 제2종 전기공사사의 자격을 가진 사람에게만 허가되며, 전기설비기술기준에 입각한 전기공사를 의무화하고 있다.

(b) 조사 의무

전기공급자(전력회사)의 조사 의무를 법제57조에 따라 부과하고 있다.

표 8.3 일반용 전기공작물의 기술기준 적합 의무

법제56조	경제산업대신은 일반용 전기공작물이 경제산업성령으로 정한 기술기준에 적합하지 않다고 인정할 때는, 그 소유자 또는 점유자에 대해 그 기술기준에 적합하도록 일반용 전기공작물을 수리, 개선, 이전하고 또는 그 사용의 일시정지를 명하거나 그 사용을 제한할 수 있다.
법제57조	일반용 전기공작물에서 사용하는 전기를 공급하는 사람(전기공급자)은 경제산업성령에서 정한 부분에 의해, 그 공급하는 전기를 사용하는 일반용 전기공작물이 기술기준에 적합한지 아닌지를 조사해야 한다.
법제96조	일반용 전기공작물 조사는 4년에 한번의 빈도로 할 것(주 : 소출력 발전설비와 관련된 일반용 전기공작물은 전기공급자의 정기조사의 대상 외)
법제120조	다음의 각 호의 1에 해당하는 사람은 300만 원 이하의 벌금에 처한다. 9 제56조 제1항의 규정에 의한 명령 또는 처분을 위반한 사람

전기공급자의 조사의무가 발생하는 것은 전기공급자로부터 전기를 공급받아 사용하는 일반용 전기공작물에 대해서다. 따라서 소출력 발전설비로서 취급하는 태양광발전시스템은 일반용 전기공작물이지만, 전기를 사용하는 설비가 아니라 발전설비이므로 적합조사 대상에서 제외된다.

한편, 기술기준 적합 의무는 소출력 발전설비를 포함하는 일반용 전기공작물에도 당연히 관련된 것이며 자주점검을 추진하기 위해 보안협회 소개나 회사와 보수 계약을 맺는 등의 처치가 필요하다.

● 자가용 전기공작물의 경우(표 8.4)

표 8.4 사업용 전기공작물(자가용 전기공작물을 포함함)의 기술기준 적합 의무

법제39조	사업용 전기공작물을 설치하는 사람은 사업용 전기공작물을 경제산업성령으로 정한 기술기준에 적합하도록 유지해야 한다.
법제40조	경제산업대신은 사업용 전기공작물이 경제산업성령으로 정한 기술기준에 적합하지 않다고 인정할 때는 사업용 전기공작물을 설치하는 사람에 대해, 그 기술기준에 적합하도록 사업용 전기공작물을 수리하고, 개조 또는 이전하거나 그 사용을 일시정지해야 할 것을 명하거나 그 사용을 제한할 수 있다.
법제42조	사업용 전기공작물을 설치하는 사람은 사업용 전기공작물 공사, 유지 및 운용에 관한 보안을 확보하기 위해, 경제산업성령으로 정한 부분에 따라, 보안규정을 정하고 사업용 전기공작물 사용개시 전에 경제산업대신에게 신고해야 한다.
법제43조	사업용 전기공작물을 설치하는 사람은 사업용 전기공작물 공사, 유지 및 운용에 관한 보안 감독을 시키기 때문에, 경제산업성령으로 정한 부분에 의해 주임기술자 자격증 교부를 받고 있는 사람 중에서 주임기술자를 선임해야 한다. 2 자가용 전기공작물을 설치하는 사람은 전항의 규정에 관계없이, 경제산업대신의 허가를 받아 주임기술자 자격증 교부를 받지 않은 사람을 주임기술자로서 선임할 수 있다.
법제118조	다음의 각 호의 1에 해당하는 사람은 3,000만 원 이하의 벌금에 처한다. 7 제40조 규정에 의한 명령 또는 처분에 위반한 사람

(a) 전기공작물 유지

사업용 전기공작물(자가용 전기공작물을 포함)을 설치하는 사람은 법제39조에 의해 그것을 전기설비기술기준에 적합하도록 유지해야 한다.

(b) 기술기준 적합명령

사업용 전기공작물(자가용 전기공작물을 포함)은 그것을 전기설비기술기준에 적합하게 만들 것을 법제40조에서 요구하고 있으며 벌칙규정이 법제118조에 정해져 있다.

또 전기공사사법에 의해 500kW 미만의 자가용 전기공작물의 전기공사는 제1종 전기공사사의 자격을 가진 사람에게만 허가하며, 전기설비기술기준에 입각한 전기공사를 의무화하고 있다.

(c) 보안규정

자가용 전기공작물로서 태양광발전시스템을 설치·운용하는 경우는 법제42조로 자주보안체제 정비, 확립을 도모하기 위해 보안규정을 작성하고, 사용개시 전에 경제산업대신에게 신고해야 한다. 보안규정에는 주임기술자의 전기공사 보안업무분장, 지휘명령계통 등의 보안관리체제 및 보안업무의 기본적인 내용이 기재되어 있다. 보안규정 작성, 신고 등의 절차는 주임기술자(위탁의 경우는 전기보안협회 등)가 한다.

① 이미 다른 자가용 전기공작물이 설치되어 있는 경우에는 변경, 추가수속을 한다.
② 보안규정에 설비의 개요, 단선결선도, 명령·연락체제 등을 첨부하여 경제산업대신에게 신고한다.
③ 전력회사의 상용전력계통으로 연계하는 경우는 계통연계 기술요건에 대해 전력회사와 협의한 계통연계 기술요건 적합상황표 및 전력회사의 승낙을 받은 승낙서 등의 사본을 첨부한다.

태양광발전시스템이 설치된 후에는 주임기술자가 보안규정을 토대로 정기점검을 실시한다.

(d) 주임기술자

자가용 전기공작물로서 태양광발전시스템을 설치 및 운용하는 경우는 법제43조에서 보안확보라는 관점에서 주임기술자를 선임해야 한다. 하지만 출력이 1,000kW 미만인 경우에는 주임기술자는 선임하지 않아도 되며(불선임), 전기보안협회 등에 위탁할 수 있다.

계통연계 기술요건 가이드라인에 대해서

태양광발전시스템 도입에 있어서는 전력회사의 사용전력계통에 연계하여 운전하는 것이 유리한 경우가 많다고 생각할 수 있다. 하지만 연계운전하는 것으로 전력품질, 신뢰성, 보안 등의 면에서 다른 수요가나 계통 측으로 악영향을 미치는 일이 없도록, 설치자가 기술적으로 적절한 조치를 강구한 뒤에 연계해야 한다.

현재 상용전력계통에 연계하는 것에 대해서 전기사업법에는 특별히 정해진 규제는 없고, 전력회사와 발전설비 설치자와의 협의에 위임되어 있다. 이 협의에 있어서는 기술적인 요건을 판단하기 위한 기준으로서 「계통연계 기술요건 가이드라인」(이하, 당 가이드라인)이 통상산업성(현 경제산업성) 자원에너지청 공익사업부 전력기술과에 의해 1986년 8월에 제정되었다. 이 가이드라인은 그 후의 기술개발동향이나 전기사업법 개정 등에 입각하여 수차례에 걸쳐 개정했다. 1998년 3월에 개정한 저압배전선과의 주된 연계요건을 이하에 나타냈다.

① 저압배전선과의 연계인 경우, 보호협조를 위해 설치해야 할 계전기는 과전압(OVR), 부족전압(UVR), 주파수 상승(OFR), 주파수 저하(UFR)다.
② 상기 외에 2종류의 단독운전 검출기능, 자동적인 전압조정대책 등이 필요하다.
③ 전력품질을 유지하기 위해 역률이 규정되어 있다.

고주파에 대해서는 1998년 3월 개정으로 당 가이드라인에서는 삭제되어, 통상산업성(현 경제산업성) 자원에너지청 기술과·전기용품실이 1994년 9월에 제정한「고압 또는 특고압으로 수전한 수요가의 고조파 억제대책 가이드라인」 및「가전·범용품 고조파 억제대책 가이드라인」에 따르게 되었다.

또 2004년 10월에 당 가이드라인은 안전면과 품질유지의 내용을 분리하여, 안전면은 전기설비기술기준의 해석에 신조항(제273조~제293조)으로 추가되고, 품질유지는「전력품질 확보에 관련된 계통연계 기술요건 가이드라인」으로 다시 제정되었다.

● 계통연계용 파워컨디셔너(인버터) 등의 인증제도

일반가정 등에 설치된 출력이 20kW 미만(다수대 인정에 있어서는 6kW 이하인 것)의 태양광발전시스템용 계통연계 보호장치 및 계통연계용 파워컨디셔너(인버터) 등에 대해서, 계통연계 기술요건 가이드라인의 기술요건을 만족하고, 또한 장기간에 걸쳐 신뢰성을 갖춘 제품인 것을 증명하는 **임의 인증제도**가 1993년 7월에 제정되었다. 이 제도에 따라 (재)전기안전환경연구소(JET)에서 시험하여 합격한 기기에 대해서는 안전성 확보 및 전력회사와 절차의 간소화를 도모하게 된다.

① 대상이 되는 기기는 출력이 10kW 미만인 태양광발전시스템에서 사용하는 계통연계 보호기능부 파워컨디셔너(내장 타입) 및 파워컨디셔너(별치)와 계통연계 보호장치다.
② 인증시험은 회사 등의 신청으로 (재)전기안전환경연구소가 하며, 합격하면 인증라벨이 교부되어 기기에 라벨을 붙인 후에 판매된다.

● 태양전지 모듈의 인증제도(JETPV$_m$ 인증)

태양전지 모듈의 성능, 신뢰성 및 안전성을 확보하여, 소비자가 안심하고 구입 또는 사용할 수 있도록 태양전지 모듈의 인증제도가 2003년 10월에 제정되었다. 태양전지 모듈의 모델마다 제3자 기관인 (재)전기안전환경연구소가 인증시험, 공장의 품질관리체제 등의 확인을 하고, 인증시험기준으로의 적합성이 증명된 기기에 대해서는 인증라벨이 붙는다.

대상은 지상에 설치된 태양광발전시스템용으로 설계된 비집광형 모듈이며, 판매를 목적으로 한 결정계 태양전지 모듈 또는 박막계 태양전지 모듈이다.

인증의 유효기간은 5년이며 인증 후에는 적용된 규격·기준에 적합한 제품을 계속적으로 제조할 수 있는 능력을 유지관리하고 있는 것의 확인(정기공장조사)을 실시한다.

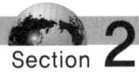

태양광발전시스템 설치 절차

태양광발전시스템을 설치할 때 필요한 여러 절차의 흐름을 그림 8.1에, 또 여러 절차를 표 8.5, 표 8.6에 나타냈다. 자가용 전기공작물이 되는 시스템의 경우에는 전기주임기술자 선임(전기보안협회에 위탁)과 전력회사와의 협의 등을 순서를 따라 진행해야 한다. 또 일반용 전기공작물로 취급되는 소출력 발전설비에 대해서는 전기주임기술자의 선임은 필요없지만 전력회사와의 협의는 필요하다.

표 8.5 태양광발전시스템의 법 절차

전기 공작물	출력 규모	공사계획	사용 전 검사	사용개시계	주임기술자	보안규정	신고처
자가용	1,000kW 이상	신고	실시	불필요*1	선임	신고	경제산업성 산업보안감독부
	500kW 이상 1,000kW 미만	신고	실시	불필요*1	불선임 승인	신고	경제산업성 산업보안감독부
	50kW 이상 500kW 미만	불필요	불필요	불필요	불선임 승인	신고	경제산업성 산업보안감독부
	50kW 미만*2	불필요	불필요	불필요	불선임 승인	신고	경제산업성 산업보안감독부
일반용	50kW 미만*3	불필요	불필요	불필요	불필요	불필요	

[주] *1 출력 500kW 이상의 전기공작물을 양도, 차용하는 경우에는 사용개시계가 필요
　　*2 고압연계 50kW 미만은 자가용 전기공작물
　　*3 저압연계 50kW 미만, 또는 독립형 시스템의 50kW 미만이 해당한다.

표 8.6 태양광발전시스템의 절차 순서

항목	개요	소요일수 기준
1. 설치계획과 설계	설치업자에게 설계의뢰와 계약	1~2개월
2. 전기주임기술자 선임*	전기보안협회에 위탁	1~2주간
3. 전력회사와의 협의	계통연계조건에 대해 검토	1~2개월 (병렬처리)
4. 전력회사에 신청과 계약	잉여전력 수급 계약 체결 계통연계에 관한 각서 체결	
5. 설치공사	설치업자에 의한 공사	규모에 의함
6. 경제산업대신에게 신고*	보안규정, 전기주임기술자 불선임 승인 신청	1일
7. 자주 준공 검사	시험운전, 성능검사	1주일 정도
8. 전력회사의 현지확인	전력회사에 따라 다르다	1일
9. 사용개시		

[주] *를 붙인 항목은 소출력 발전설비이며 일반용 전기공작물이 되는 경우에는 불필요

설치를 계획하고 나서 완전하게 운용을 개시하기까지 수개월을 필요로 하는 경우도 있으므로, 관계자와 잘 상담하여 원활하게 진행하는 것이 중요하다.

① 일반용 전기공작물(소출력 발전설비)의 경우

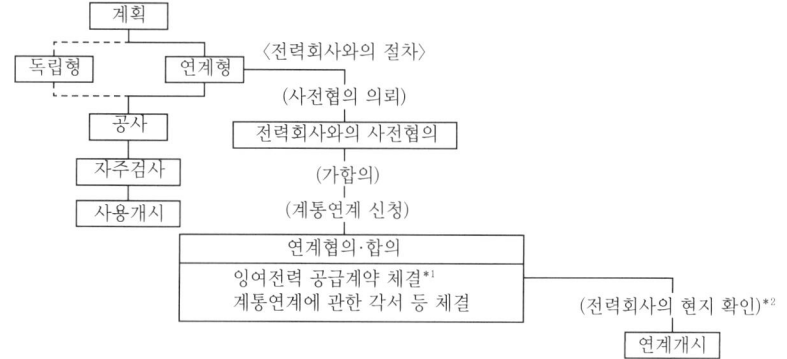

[주] *1 잉여전력 매매계약을 하는 경우로, 역조류하지 않는 경우는 필요 없다.
*2 전력회사에 따라 다른 경우가 있으므로 확인한다.
기타 : 일반용 전기공작물(저압연계의 50kW 미만이든지 50kW 미만의 독립형 시스템)에 대해서 보안규정신고, 주임기술자의 불선임 승인 등의 법적절차는 필요 없다. 단, 필요에 맞게 보안관리업무를 위탁하는 경우도 있다.

② 자가용 전기공작물의 경우

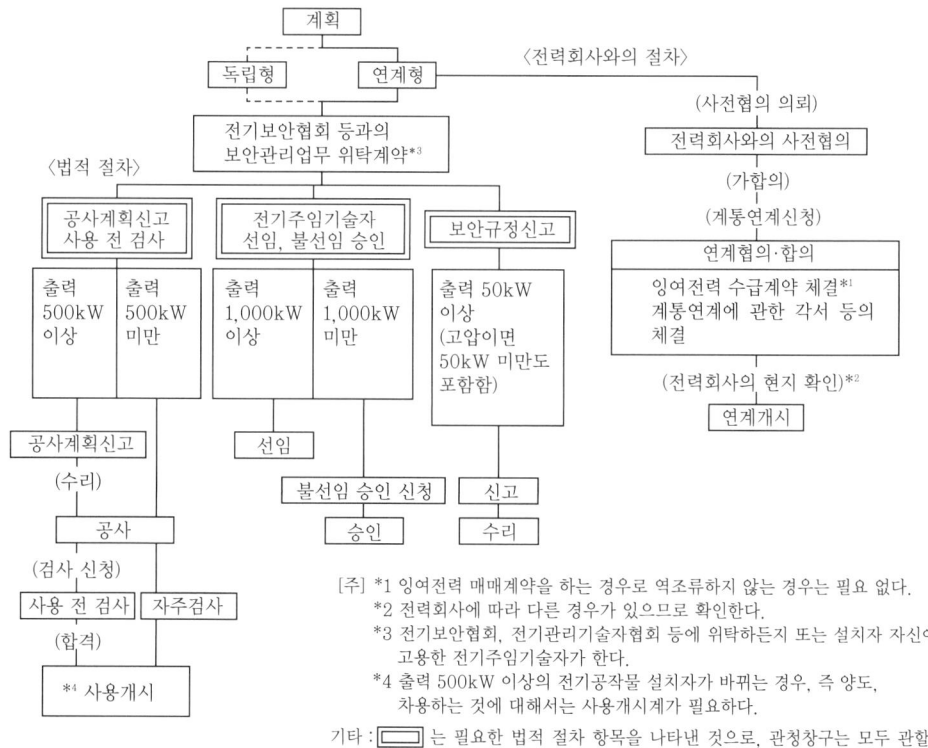

[주] *1 잉여전력 매매계약을 하는 경우로 역조류하지 않는 경우는 필요 없다.
*2 전력회사에 따라 다른 경우가 있으므로 확인한다.
*3 전기보안협회, 전기관리기술자협회 등에 위탁하든지 또는 설치자 자신이 고용한 전기주임기술자가 한다.
*4 출력 500kW 이상의 전기공작물 설치자가 바뀌는 경우, 즉 양도, 차용하는 것에 대해서는 사용개시계가 필요하다.
기타 : ☐ 는 필요한 법적 절차 항목을 나타낸 것으로, 관청창구는 모두 관할 경제산업성. 위 그림에 나타낸 법 절차는 1997년 9월 25일 전기사업법 시행규칙 개정을 포함한다

그림 8.1 태양광발전시스템의 절차 흐름

Section 3

전력회사와의 협의

● 전력회사와의 사전협의와 계약

 태양광발전시스템을 전력회사의 상용전력계통과 연계하는 경우에는 기존의 전력공급과 적절한 조정이 필요하기 때문에 사전에 전력회사와 충분히 협의해야 한다. 때에 따라서는 긴 검토기간을 필요로 하는 경우도 있으며 계획 전체에 악영향을 미칠 가능성도 있기 때문에 신속히 전력회사의 창구인 영업소 등에 상담하는 것이 상책이다. 상용전력계통으로 연계 신청할 때 전력회사에 제출할 자료의 예를 표 8.7에 나타냈다.

① 자료는 협의의 진전에 맞게 전력회사로 제출하지만 각각의 서식은 전력회사에 따라 다르므로 창구에서 잘 상담해야 한다.
② 수전설비를 새로 증설하는 경우는 수전신청서를 합쳐 제출해야 한다.

 또 이 일련의 협의는 설치자 대리로 설치업자나 회사, 전기보안협회 등이 대행하는 경우가 대부분이다.

 표 8.7에서 인증제도에 입각하여 (재)전기안전환경연구소의 인증시험에 합격한 인버터 등에 대해서는 6~12까지의 항목(*표)은 생략하고 전력회사의 기술검토를 간략화할 수 있는 경우가 있으며 협의에 필요한 시간을 단축할 수 있다.

 사전협의가 끝나면 전력회사에 연계신청서, 태양광발전시스템이 역조류하는 경우에는 잉여전력 구입의뢰를 함께 제출한다. 그 후에 「전력수급계약서」 및 「급전약정서」로 전력회사와 계약을 체결한다(표 8.8).

표 8.7 태양광발전시스템의 저압계통연계 협의에 필요한 자료 예

서류의 명칭	개요
1. 태양광발전설비의 저압연계 조회서	태양광발전시스템을 계통에 연계하는 것의 검토를 의뢰한다
2. 태양광발전설비의 저압연계 신청서	사전협의를 끝낸 후 정식으로 신청한다
3. 단선결선도	
4. 부근 겨냥도	설치장소의 근린을 포함하여 쉽게 도달할 수 있도록 표현할 것
5. 태양광발전설비의 기본사양	파워컨디셔너(인버터)의 사양을 설명하는 자료 당분간, 단독운전 검출기능에 대한 설명자료도 필요
6. 계통연계 보호협의 체크리스트	저압배전선용
7. 보호전기 조정치 일람표*	주 릴레이용과 타이머용 2종류 필요
8. 보호계전 블록도*	
9. 제어전원 회로도*	
10. 연계보호장치 시험성적서	
11. 발전장치의 사양서	자동전압조정, 역률조정, 운전조건 등
12. 고주파 전류 측정 결과*	
13. 연락체제자료	주임기술자, 설치자 성명, 연락방법을 기재할 것 (보안규정안 사본으로 대체 가능)
14. 기타 필요자료	참고로 시공계획서 등을 지참

[주] 1. 본 표는 관서전력으로의 신고 예를 나타내고 있으며, 다른 전력회사에서는 표현이나 취급이 다른 경우가 있다.
    2. *표를 붙인 항목은 인증제도에 입각해 인증시험에 합격한 파워컨디셔너(인버터) 등을 사용하는 경우는 불필요

표 8.8 태양광발전시스템 설치에 관한 전력회사와의 계약

항목	개요
1. 잉여전력구입 의뢰	잉여전력을 전력회사에 사들이는 경우에 제출
2. 연계 신청	첨부자료로 사전협의에 사용한 자료 일식이 필요
3. 계약 체결	전력수급 계약서
	급전약정서(필요에 맞게 체결)

[주] 본 표는 관서전력의 경우를 예시하고 있으며 다른 전력회사에서는 표현이 다른 경우가 있다.

Section 4

전기보안협회와 보안관리업무 위탁 계약

● 전기주임기술자의 선임과 신고

자가용 전기공작물로 취급되는 태양광발전시스템을 설치하는 데는 그 공사의 유지 및 운용에 관한 보안 감독을 수행하기 위해 주임기술자를 선임해야 한다. 하지만 출력 1,000kW 미만의 태양광발전시스템에서는 전기보안협회 등의 지정법인과 보안에 관한 업무를 위탁계약하는 것으로, 경제산업대신의 승인을 얻어 주임기술자를 선임하지 않는(불선임) 경우가 있다.

표 8.9 전기보안협회로의 보안관리 위탁

항목	내용
1. 위탁계약	설치자와 전기보안협회가 계약
2. 경제산업성 산업보안 감독부에게 신고	• 주임기술자 불선임 승인 신청서 • 위탁계약한 상대방의 집무에 관한 설명서 • 위탁계약서 사본 • 보안규정 신고서 • 보안규정 • 발전소설비의 개요 • 수요설비의 구내평면도와 입면도 • 단선결선도
3. 준공검사	태양광발전시스템의 완성 시 자주검사
4. 사고 대응	위탁자의 통지로 보안협회에서 출동하여 점검(그때마다 비용 발생)
5. 정기점검	정기적으로 보안협회가 점검을 실시(비용에 대해서는 개별 협의)

[주] 본 표는 관서전기보안협회의 경우를 나타내고 있으며, 다른 지역에서는 다른 경우가 있다.

소규모의 태양광발전시스템은 대부분 전기보안협회 등에 위탁하게 된다. 구체적으로는 판매자나 설치업자의 소개를 받아 전기보안협회와 「자가용 전기공작물 보안관리업무 위탁 계약신청서」로 계약한다(표 8.9).

① 이미 다른 자가용 발전설비가 설치되어 있는 등의 경우에는 변경 및 추가 절차로 대치할 수 있으며 새롭게 선임할 필요는 없다. 새롭게 선임하는 경우에는 원칙으로 전기주임기술자의 자격증 교부를 받고 있는 사람 중에서 선임하며 경제산업대신에게 신고한다.

② 주임기술자에 해당하는 자격증이 없는 경우에는 경제산업대신의 허가를 받는 것으로 전기주임기술자 자격증 교부를 받지 않는 사람이라도 학력·경험이 일정조건을 만족시키면 선임할 수 있

다. 예를 들면 출력 500kW 미만(비(非)항선용 전기설비는 출력 1,000kW 미만)의 태양광발전시스템만을 대상으로 하는 경우에는 제1종 전기공사사 자격을 가진 사람이 선임허가를 받을 수 있다.

● 전기보안협회에 보안관리 위탁

전기보안협회와 위탁계약을 맺으면 전기보안협회에서는 해당하는 태양광발전시스템에 대한 경제산업성 산업보안감독부에 보안규정신고, 준공검사, 정기점검 등을 한다(표 8.9 참조). 계약할 때나 점검할 때는 비용이 발생하지만 그 금액은 지역의 전기보안협회에 따라 다르므로 미리 조사해야 한다.

부록

section. 1 전력품질확보와 관련된 계통연계 기술요건 가이드라인 및
전기설비기술기준 해석
section. 2 한국의 주요지점 일사량 데이터
section. 3 태양전지 모듈의 폐기처리에 관한 법적 준수사항
section. 4 태양광발전 용어

Section 1

전력품질확보와 관련된 계통연계 기술요건 가이드라인 및 전기설비기술기준 해석

태양광발전시스템을 전력회사의 배전선에 접속하는 경우, 설치자와 전력회사와의 사이에서 접속 기술요건에 관한 협의를 해야 한다. 이때 기술지표로서 종래「계통연계 기술요건 가이드라인」이 적용되어 왔지만 2003년 10월에 변경되어, 안전에 관한 부분은「전기설비기술기준 해석」에, 품질에 관한 부분은「전력품질확보에 관련된 계통연계 기술요건 가이드라인」에 포함되어 있으며, 새롭게 발행되었다. 또「전기설비기술기준 해석」에 대해서는 2011년 7월에 개정되어 계통연계에 관한 내용도 약간 변경되어 있다.

「전력품질확보에 관련된 계통연계 기술요건 가이드라인」은 규제가 아니고 연계를 희망하는 발전설비의 설치예정자와 전력계통을 운용하는 전기사업자와의 사이에서 계통연계를 하는데 있어 표준적인 지표가 되는 것이다. 한편 안전에 관한 부분으로 전기설비기술기준에 포함되어 있는 내용은 법률이므로 엄수해야 한다.

다음에「전력품질확보에 관련된 계통연계 기술요건 가이드라인」의 목차를 나타냄과 동시에 연계에 필요한 기술요건 중, 저압배전선과의 연계 및 고압배전선과의 연계의 발췌와「전기설비기술기준 해석」중 태양광발전 연계에 관계된「제8장 분산형 전원의 계통연계설비」를 발췌한 것을 나타냈다.

● 전력품질확보에 관련된 계통연계 기술요건 가이드라인의 목차

제1장 총칙
제2장 연계에 필요한 기술요건
  제1절 공통사항
  제2절 저압배전선과의 연계
  제3절 고압배전선과의 연계
  제4절 스폿 네트워크 배전선과의 연계
  제5절 특별고압배전선과의 연계

계통연계 기술요건 가이드라인(발췌)

제1장 총칙

1. 가이드라인의 필요성

계통연계 기술요건 가이드라인의 정비는 코제너레이션(co-generation) 등의 분산형 전원을 전력계통에 연계하는 경우에 필요한 기술요건으로 1986년 8월에 책정되어 그 후 수차례 개정되었다. 같은 가이드라인은 분산형 전원의 도입에 대한 환경정비의 관점에서, 전력계통으로의 연계를 가능하게 하기 위한 상용전력계통(이하 '계통'이라 함) 측의 전기사업자와 발전설비 등 설치자 사이에서의 기술적 지표를 제시해온 것이다.

원래 발전설비 등의 계통연계에 대해서는 계통운용자인 일반 전기사업자의 송배전 부문과 발전설비 등 설치자의 양자 간에 그 조건에 대해서 개별로 협의를 하여 설정한다. 하지만

① 발전설비 등 설치자는 계통운용을 일상적으로 하고 있는 것은 아니므로 계통에 관련된 정보가 부족하기 쉬운 것

② 계통운용자에게는 계통을 운용하는 것과 계통 내 발전설비 등에 관련된 정보를 파악해야 할 것으로, 연계에 관련된 협의가 원활하게 진행되기 위해서는 계통연계에 관련된 정보의 투명성 및 공평성을 확보해야 한다.

이러한 관점에 입각하여 본 가이드라인은 계통연계를 가능하게 하기 위해 필요한 요건 중 전압, 주파수 등의 전력품질을 확보하기 위한 사항 및 연락체제 등에 대한 사고 방식을 정리한 것이다. 계통연계할 때의 일반 전기사업자 대응에 대한 사고방식에 대해서는 전기사업법에 입각한 송배전 등 업무지원기관에서도 일반 전기사업자가 규칙으로 정해야 할 사항으로, 계통이용자들 간의 의논도 참고하여 지침이 책정되지만 본 가이드라인은 해당 지침과도 더불어 분산형 전원 등의 계통연계에 관련된 환경정비를 도모하려고 하는 것이다.

2. 적용 범위

이 가이드라인은 일반 전기사업자가 그 공급구역 내에서 설치하는 발전설비 등의 이외에 포함된 발전설비 등을 계통과 연계하는 경우에 적용한다. 이 경우 계통연계 시간의 장단에 관계없이 원칙으로서 적용한다. 또 기설의 발전설비 등에서 계통과 연계하지 않고 운전하고 있던 것을 새롭게 개조하여 연계하는 경우에도 적용한다.

여기에서 계통과 발전설비 등과의 연계는 전기적으로 교류회로로 접속하고 있는 상태를 가리키며, 정류기 등을 통해 직류회로를 접속하는 상태는 제외된다. 단, 발전 자체는 하고 있지 않은 설비라도, 2차 전지 등에서 방전 시의 전기적 특성이 발전설비와 동등한 경우, 계통에 미치는 영향을 고려해야 하기 때문에 본 가이드라인의 적용범위에 포함된다.

또, 발전설비 등 계통으로의 연계에서는 감전 방지 등, 전기공작물의 안전에 관한 대응도 필요해진다. 이에 대해서는 전기사업법 제39조 및 제56조에 입각한 전기설비에 관한 기술기준을 정한 성

령(통상산업성 령제52호)에 의해, 공공의 안전 확보의 관점에서 설치자, 일반 전기사업자 그리고 도매 전기사업자가 준수해야 할 기준이 정해져 있다.

3. 용어 정리
(1) 계통의 종류
① 저압배전선
　저압수요가에게 전력을 공급하는 저압의 배전선을 말한다. 일반적으로 단상 2선식 : 100V, 단상 3선식 : 100V/200V, 3상 3선식 : 200V 및 3상 4선식 : 100/200V의 방식이 있다.
② 고압배전선
　고압수요가에게 전력을 공급하는 역할과 배전용 변전소에서 주상변압기 등을 통해 저압수요가에게 전력을 공급할 때까지의 송전역할을 겸비한 고압배전선을 말한다. 일반적으로는 3상 3선식 : 6.6kV. 또 특정한 수요가로서 전력공급을 목적으로 시설되는 전용선도 있다.
③ 스폿 네트워크 배전선
　2회선 이상의 22kV 또는 33kV 특별고압 지중전선로에서 수요가가 각각의 회선마다 시설한 변압기의 2차 측 모선으로 상시 병행 수전하는 배전선을 말한다.
④ 특별고압 전선로
　7kV를 넘는 특별고압의 전선로이며 특별고압 수요가에게 전력을 공급하는 역할과 변전소까지 전기를 송전하는 역할이 있다. 또 전압이 35kV 이하인 경우는 배전선 취급도 있다. 또 특정한 한 수요가로의 전력공급을 목적으로 실시되는 전용선도 있다.
(2) 계통의 상태 등
① 병렬
　발전설비 등을 계통에 접속하는 것. 또 본 가이드라인의 경우 발전설비 등을 계통에 접속하는 것을 교류회로로 하는 것에 대해 기술하고 있다.
② 해열
　발전설비 등을 계통에서 분리할 것
③ 연계
　발전설비 등이 계통에 병렬하는 시점부터 해열하는 시점까지의 상태
④ 역조류
　발전설비 등 설치자의 구내에서 계통 측으로 향하는 유효전력의 흐름(조류)
⑤ 단독운전
　발전설비 등이 연계하고 있는 계통에서 사고 등에 의해 계통전원과 분리된 상태로 연계하고 있는 발전설비 등의 운전만으로 발전을 계속하고, 선로부하에 전력을 공급하고 있는 상태
⑥ 재폐로
계통사고 등이 발생한 경우 배전용 발전소 등에서 보통 해당 계통을 계통전원에서 분리하지만, 조

기복구를 도모하기 위해 일정시간 경과 후에 자동적으로 해당계통과 계통전원을 접속하여 재송전하는 것을 말한다.

(3) 장치

① 역변환장치(인버터)

전력용 반도체 소자의 스위칭 작용을 이용하여 직류전력을 교류전력으로 변환하는 장치. 전류의 방법에 따라 전류전압이 인버터의 구성요소에서 주어지는 자여식과 인버터의 외부에서 주어지는 타여식이 있다.

② 전송차단장치

변전소 차단기의 차단신호를 전용통신로나 전기통신사업자의 전용회선으로 전송하고, 발전설비 등 설치자의 연계용 차단기를 작동시키는 장치

③ 자동 동기 점검 장치

동기 발전기 또는 역변환장치를 이용한 발전설비 등의 계통에 병렬 연결할 때, 계통 측과 발전설비 측과의 주파수, 전압 및 위상을 자동적으로 합쳐 투입하는 장치

④ 보안통신용 전화설비

전기공작물의 보안을 위해 발전설비 등 설치자와 계통운용자와의 사이 등에 시설되는 통신용 전화설비

⑤ 전용회선전화

통신사업자의 전화교환기를 통하지 않은 전화

⑥ 슈퍼비전

발전기의 운전정보, 차단기의 개폐정보, 보호계전기의 동작 등의 정보를 먼 곳으로 전송 및 표시하는 장치

⑦ 텔레미터

전압, 전류, 전력 등의 계측치를 먼 곳으로 전송 및 표시하는 장치

(4) 기능 및 방식

① 진상무효전력 제어기능

역변환장치를 사용하는 경우, 자동으로 발전설비 등의 전압을 조정하는 대책의 하나로 이용하는 기능. 발전장치에서 계통을 향해 전압보다 전류의 위상이 전진하는 무효전력(진상무효전력)을 제어하는 것으로, 자동으로 전압을 설정치로 조정하는 기능

② 출력제어기능

역변환장치를 이용하는 경우, 자동으로 발전설비 등의 전압을 조정하는 대책 중 하나로 이용할 수 있는 기능. 역조류가 있는 경우에는 발전장치의 출력을 제한하는 것으로 전압을 조정하는 기능을 한다. 역조류가 없는 경우에는 수전전력을 항상 감시하여, 발전장치의 출력을 자동으로 설정치로 제어하는 기능

③ 스폿 네트워크 수전방식

일반 전기사업자의 변전소에서 스폿 네트워크 배전선(통상 3회선의 22kV 또는 33kV 배전선)으로 수전하고, 각 회선에 설치된 수전변압기(네트워크 변압기를 말함)를 통해 2차 측을 네트워크 모선으로 병렬접속한 수전방식을 말한다.

전기방식에는 1차 측은 22kV(또는 33kV) 3상 3선식, 2차 측 200~400V급 3상 4선식(저압 스폿 네트워크 방식)과 2차 측 6.6kV 3상 3선식(고압 스폿 네트워크 방식)이 있다.

(5) 기타

① 발전설비 등의 설치자 한 명당 전력용량

수전전력의 용량 또는 계통연계에 관계된 발전설비 등의 출력용량 중 큰 쪽. 또 '수전전력의 용량'이란 계약전력이며, 계약전력은 언제나 계약전력과 예비 계약전력(자가발(自家發) 보급전력 등)의 합계를 말한다. 또 '발전설비 등의 출력용량'이란 교류발전설비를 이용한 경우에는 우선 그 정격출력을 가리키며, 직류발전설비 등으로 역변환장치를 이용한 경우에는 역변환장치의 정격출력을 말한다.

② 재폐로 시간

계통의 사고 등이 발생한 경우라서 사고가 신속하게 복구되기 위해 계통운용자 측이 차단기를 개방한 시점부터 해당 차단기를 자동투입(재폐로)할 때까지의 시간

③ 발전 억제

연계된 계통의 사고 시(예를 들면, 2회선 계통에서 1회선 사고 시)에 계통의 과부하를 위해, 계통 측 필요에 맞게 과부하검출장치를 설치하여 발전설비 등의 출력을 억제시키는 것

4. 연계 구분

(1) 저압배전선과의 연계

발전설비 등에서 설치자 한 명당의 전력용량이 원칙으로 50kW 미만의 발전설비 등은 제2장 제1절 및 제2절에 정한 기술요건을 만족시키는 경우, 저압배전선과 연계할 수 있다. 단 동기발전기·유도발전기를 이용한 발전설비 등의 연계(역변환장치를 통한 연계를 제외함)는 원칙으로 역조류가 없는 경우에 한한다.

(2) 고압배전선과의 연계

발전설비 등에서 설치자 한 명당의 전력용량이 원칙으로 2,000kW 미만의 발전설비 등은 제2장 제1절 및 제3절에 정한 기술요건을 만족시키는 경우에는 고압배전선과 연계할 수 있다.

(3) 스폿 네트워크 배전선과의 연계

발전설비 등에서 설치자 한 명당의 전력용량이 원칙으로 10,000kW 미만의 발전설비 등은 제2장 제1절 및 제4절에 정한 기술요건을 만족시키는 경우에는 스폿 네트워크 배전선과 스폿 네트워크 수전방식으로 연계할 수 있다.

(4) 특별고압 전선로와의 연계

제2장 제1절 및 제5절에 정한 기술요건을 만족시키는 경우에는 발전설비 등을 특별고압 전선로 ((3)에 정한 스폿 네트워크 배전선을 제외함)와 연계할 수 있다. 단 35kV 이하의 특별고압 전선로 중 배전선 취급의 전선로와 연계하는 경우에 한해, 고압배전선과의 연계에 관련된 기술요건에 준거할 수 있다. 또 이런 경우 연계할 수 있는 발전설비 등의 설치자 한 명당 전력용량은 원칙으로 10,000kW 미만으로 한다.

(5) 하위의 전압연계 구분에 준거한 연계

발전설비 등의 출력용량이 계약전력에 비해 극히 적은 경우에는, 계약전력에서 전압의 연계구분보다 하위 전압의 연계구분(한 단계 아래의 연계구분에 한정하는 것은 아님)에 준거하여 연계할 수 있다.

여기에서 발전설비 등의 출력용량이 계약전력에 비해 극히 적은 경우의 사고방식으로는 각각의 경우에 따라 다르기 때문에 경우마다 생각해야 하지만, 발전설비 등의 출력용량이 계약전력의 5% 정도 이하인 것이 일반적인 기준이라 생각할 수 있다.

5. 협의

이 가이드라인은 계통연계에서 전력품질을 확보하기 위한 기술요건에 대한 표준적인 지표이며, 실제 연계에 있어서는 발전설비 등의 설치자 및 계통 측 전기사업자는 성의를 다하여 협의해야 한다.

제2장 연계에 필요한 기술요건

제1절 공통사항

1. 전기방식

(1) 발전설비 등의 전기방식은 (2)에 정한 경우를 제외하고, 연계하는 계통의 전기방식과 동일하게 한다.

(2) 발전설비 등의 전기방식은 다음의 어느 것에라도 해당하는 경우, 연계하는 계통의 전기방식과 달라도 되는 것으로 한다.

① 최대 사용전력에 비해 발전설비 등의 용량이 매우 적으며, 서로 간의 불평형에 의한 영향이 실제로 문제가 되지 않는 경우

② 단상 3선식 계통에 단상 2선식 200V의 발전설비를 연계하는 경우이며, 수전점의 차단기를 개방했을 때 등에 부하의 불평형으로 생기는 과전압(중성선에 대한 양측의 전압을 감시하고, 그 어느 쪽이 120V를 넘는 경우를 말함)으로 역변환장치를 정지하는 대책 또는 발전설비 등을 해열하는 대책을 세우는 경우

제2절 저압배전선과의 연계

1. 역률

저압배전선과의 연계에 대해서는 아래와 같이 생각한다.

① 역조류가 없는 경우의 수전점 역률은 적정수치를 원칙적으로 85% 이상으로 하는 것과 함께 계통 측에서 보고 전진 역률(발전설비 등 측에서 본 지연 역률)은 되지 않도록 한다. 단, 역조류가 없는 발전설비들 가운데 역변환장치를 통해 연계하는 발전설비 등에 대해서 수전점에서의 역률 조정을 하기 위해, 발전설비 등의 설치자 전체의 부하, 가전기기의 증감에 대응한 무효전력 조정을 발전설비 등에 책임지게 하는 건 곤란하다. 따라서 발전설비 등 자체의 운전역률로 판단하는 것으로 하고, 역률을 계통 측에서 보고 지연 95% 이상으로 하면 되는 것으로 한다.

② 역조류가 있는 경우의 수전점 역률은 원칙적으로 적정수치를 85% 이상으로 함과 함께, 전압상승을 방지하기 위해 계통 측에서 보고 전진 역률(발전설비 등 측에서 본 지연 역률)이 되지 않도록 한다. 단, 다음의 어느 것에라도 해당하는 경우에는 수전점에서의 역률을 85% 이상으로 하지 않아도 되는 것으로 한다.

   가. 전압상승을 방지하기 위해 어쩔 수 없는 경우(이 경우, 수전점의 역률을 80%까지 제어할 수 있는 것으로 한다)

   나. 역변환장치를 이용하는 경우이며, 그 정격출력이 저압배전선과 연계하는 경우의 연계실적을 기준으로 단상 2선식에서는 2kVA 이하, 단상 3선식에서는 6kVA 이하, 3상 3선식에서는 15kVA 이하를 기준으로 한 소출력인 경우 또는 일반 주택의 부하와 같이 부하의 사용상태에 관계없이 부하역률이 1에 매우 가깝고, 발전설비 등을 연계하고 있는 상태에서도 수전점의 역률이 적정하다고 상정되는 경우(이 경우, 발전설비 등의 역률을 무효전력을 제어할 때에는 85% 이상, 무효전력을 제어하지 않을 때에는 95% 이상으로 해서 좋은 것과 한다)

2. 전압변동

(1) 상시 전압 변동 대책

발전설비 등을 저압배전 계통에 연계하는 경우에 있어서는 전기사업법 제26조 및 동법 시행규칙 제44조의 규정에 의해 저압수요가의 전압을 표준전압 100V에 대해서는 101±6V, 표준전압 200V에 대해서는 202±20V 이내로 유지해야 한다.

발전설비 등의 설치자에게서 역조류를 생기게 하는 것으로, 저압배선전 각 부의 전압이 상승하고 적정치를 일탈할 우려가 있는 경우에는 해당 발전설비 등의 설치자가 다른 수요가를 적정전압으로 유지하기 위한 대책을 실시해야 한다. 또 구내 부하기기에 미치는 영향을 고려하면 설치자 구내도 적정전압으로 유지하는 것이 바람직하며, 특히 일반 가정 등에 소출력 발전설비를 설치하는 경우에는 설치자의 전기보안에 관한 지식이 반드시 충분한 것은 아니기 때문에 전압규제점을 수전점으로 하는 것이 적절하다. 하지만 계통 측의 전압이 전압 상한치에 가까운 경우, 발전설비 등에서 역조류의 제한으로 발전전력량이 저하되는 것도 예상할 수 있으므로, 다른 수요가로의 공급전압이 적정치를 일탈할 우려가 없는 것을 조건으로 하여, 전압 규제점을 인입의 기준으로 해도 된다.

전압상승 대책은 각각의 연계마다 계통 측 조건과 발전설비 등, 조건의 양면에서 검토하는 것이 기본이지만, 개별협의기간 단축이나 비용절감의 관점에서 미리 대책에 대해 표준화해두는 것이 유효하다. 발전설비 등에서 역조류로 저압수요가의 전압이 적정치($101\pm6V$, $202\pm20V$)를 일탈할 우려가 있을 때는 발전설비 등 설치자에 있어서 진상무효전력제어기능 또는 출력제어기능을 자동으로 전압을 조정하는 대책을 세우는 것으로 한다. 또 이에 따라 대응할 수 없는 경우에는 배전선의 증강 등을 세우는 것으로 한다. 단, 단상 2선식 2kVA 이하, 단상 3선식 6kVA 이하 또는 3상 3선식 15kVA 이하의 소출력 변환장치에 대해서는 해당 진상무효전력제어기능 또는 출력제어기능을 생략할 수 있다.

(2) 순시 전압 변동 대책

발전설비 등의 연계 시, 검토에서는 발전설비 등의 병해열 때의 순시전압 저하는 컴퓨터, OA기기, 산업용 로봇 등의 정보기기가 정격전압 10% 이상의 순시전압 저하로 기기정지 등의 영향을 받는 경우가 있는 것도 감안하여, 상시전압의 10% 이내(100V계에서는 90V가 상한치)로 하는 것이 적절하다. 순시전압 저하대책을 적용하는 시간은 2초 정도까지 하는 것이 적당하다. 이것은 낙뢰 등으로 발생한 고장점을 제거할 때까지의 사이, 고장점을 중심으로 하여 전압이 저하하는 경우가 있지만, 배전계통에서 이 전압저하상태가 계속되는 시간은 일반적으로 0.3~2초 정도로 되어 있는 것을 고려한 것이다. 이 같은 전제 하에 아래와 같은 대책을 세운다.

① 자여식 역변환장치를 사용하는 경우에는 자동으로 동기를 얻을 수 있는 기능을 가진 것을 이용한다. 또 타여식 역변환장치를 이용하는 경우에 병렬 시의 순시전압저하로 계통의 전압이 상시전압에서 10%를 넘게 일탈할 우려가 있을 때는 발전설비 등, 설치자에게 있어서 한류리액터 등을 설치하는 것으로 한다. 이것으로 대응할 수 없는 경우에는 배전선을 증강하든지 자여식 역변환장치를 이용한다.

② 동기발전기를 이용하는 경우에는 제동 권선부의 것(제동 권선을 가지고 있는 것과 동등 이상의 난조방지효과를 가진 제어 권선부가 아닌 동기발전기를 포함)으로 하는 것과 함께 자동동기검정장치를 설치하는 것으로 한다. 또 유도발전기를 이용하는 경우에 병렬 시 순시전압 저하로 계통의 전압이 상시전압에서 10%를 넘어 일탈할 우려가 있을 때는 발전설비 등 설치자에게서 한류리액터 등을 설치하는 것으로 한다. 또 이에 따라 대응할 수 없는 경우에는 동기발전기를 이용한다.

③ 풍력발전설비 등을 연계하는 경우이며, 출력변동이나 빈번한 병해열에 의한 전압변동(플리커)으로 다른 사람에게 영향을 미칠 우려가 있을 때는 발전설비 등의 설치자에게 전압변동 억제나 병해열의 빈도를 낮추는 대책을 세운다. 또 이에 따라 대응할 수 없는 경우에는 배전선을 증강하거나 일반 배전선과의 연계를 전용선에 의한 연계로 한다.

3. 불요해열(不要解列) 방지

연계된 계통기 외의 단락사고나 루프 전환 시의 순시위상의 어긋남 등으로 인한 계통 측에서 순시전압 저하 등이 생기는 경우가 있지만, 이 경우에 가능한 불효해열(不要解列)을 방지하기 위해 전압저하시간이 부족전압계전기의 조정시한 이내의 경우는 발전설비 등은 해열하지 않고, 운전계속 또는 자동 복귀할 수 있는 시스템으로 한다. 계통의 전압저하의 계속시간이 부족전압계전기의 조정시한을 넘는 경우는 발전설비 등을 해열한다.

제3절 고압배전선과의 연계

1. 역률
고압배전선과의 연계 중, 역조류가 없는 경우의 수전점의 역률은 표준적인 역률에 준거하여 85% 이상으로 하며, 또 계통 측에서 보아 전진 역률이 되지 않는 것으로 한다. 역조류가 있는 경우의 수전점의 역률은 저압배전선과의 연계 경우와 마찬가지로 취급한다.

2. 자동부하 제한
발전설비 등의 탈락 시 연계된 배전선로나 배전용 변압기 등이 과부하가 될 우려가 있을 때는 발전설비 등 설치자가 자동으로 부하를 제한하는 대책을 세운다.

3. 역조류 제한
배전용 변전소에서의 뱅크 단위로 역조류가 발생하면, 계통운용자에게 계통 측의 전압관리면에서의 문제가 발생할 우려가 있는 점을 고려하여 역조류가 있는 발전설비 등의 설치에 따라서 해당 발전설비 등을 연계하는 배전용 변전소의 뱅크에서 항상 역조류가 발생하지 않도록 해야 한다.

4. 전압변동
(1) 상시전압변동대책

발전설비 등을 일반배전선에 연계하는 경우에서는 전기사업법 제26조 및 동법 시행규칙 제44조의 규정으로, 저압수요가의 전압을 표준전압 100V에 대해서는 101±6V, 표준전압 200V에 대해서는 202±20V 이내로 유지해야 한다.

하지만 발전설비 등이 연계된 경우에는 해열로 인한 전압저하 등으로 계통 측 전압을 적정치로 유지할 수 없게 되는 경우도 생각할 수 있다. 또 역조류가 있는 발전설비 등이 연계된 경우에는 계통 측의 전압이 상승하여 적정치를 유지할 수 없는 경우도 생각할 수 있다.

전압변동의 정도는 부하의 상황, 계통구성, 계통운용, 발전설비 등의 설치점이나 출력 등에 따라 다르기 때문에 개별로 검토하는 것이 적절하지만, 수요가로의 전기의 안정공급을 유지하기 위해, 전압변동대책이 필요한 경우에는 다음의 전압변동대책을 위한 장치를 발전설비 등 설치자가 설치하는 것으로 하며, 이에 따라 대응할 수 없는 경우에는 배전선 신설에 의한 부하분할 등의 배전선 증강을 하든지 전용선에 의한 연계를 한다.

① 일반배전선과의 연계이며 발전설비 등의 탈락 등으로 저압수요가의 전압이 적정치(101±6V, 202±20V)를 일탈할 우려가 있을 때는 발전설비 등 설치자에게서 자동으로 부하를 제한하는 대책을 세운다.

② 발전설비 등에서의 역조류로 저압수요가의 전압이 적정치(101±6V, 202±20V)를 일탈할 우려가 있을 때는 발전설비 등 설치자가 자동으로 전압을 조정하는 대책을 세운다.

(2) 순시전압변동대책

발전설비 등의 연계 시 검토에 있어서는 저압의 경우와 마찬가지로 발전설비 등의 병해열 시, 순시전압저하는 상시전압의 10% 이내로 하며, 순시전압저하대책을 적용하는 시간은 2초 정도까지로 하는 것이 적당한 것으로 전제하며 다음과 같은 대책을 세운다.

① 동기발전기를 이용하는 경우에는 제동 권선부의 것(제동 권선을 가지고 있는 것과 동등 이상의 난조방지효과를 가진 제어 권선부가 아닌 동기발전기를 포함)으로 함과 동시에 자동동기검정장치를 설치한다.

 또, 유도발전기를 이용하는 경우이며, 병렬 시 순시전압저하로 계통의 전압이 상시전압에서 10%를 넘어 일탈할 우려가 있을 때는 발전설비 등 설치자에게 한류리액터 등을 설치하는 것으로 한다. 또, 이에 따라 대응할 수 없는 경우에는 동기발전기를 이용하는 등의 대책을 세운다.

② 자여식 역변환장치를 이용하는 경우에는 그 구성(변압기, 필터 등)이나 병렬방법에 따라서는 변압기의 여자돌입전류가 흐르며, 또 계통과 역변환장치 출력이 동기하고 있지 않으면 병렬 시에 큰 돌입전류가 흐른다. 따라서 이 경우에는 자동으로 동기를 얻을 수 있는 기능을 가진 것을 이용한다. 또 타여식 역변환장치를 이용하는 경우에서는 역변환장치 자체에게 돌입전류를 억제하는 기능이 없다. 따라서 병렬 시의 순시전 압저하로 계통의 전압이 상시전압에서 10%를 넘어 일탈할 우려가 있을 때는 발전설비 등의 설치자에게 한류리액터 등을 설치한다. 또 이에 따라 대응할 수 없을 때는 자여식 역변환장치를 이용한다.

③ 풍력발전설비 등을 연계하는 경우이며 출력변동이나 빈번한 병해열에 의한 전압변동으로 다른 사람에게 영향을 미칠 우려가 있을 때는 발전설비 등의 설치자가 전압변동 억제나 병해열의 빈도를 낮추도록 대책을 세운다. 또 이에 따라 대응할 수 없는 경우에는 배전선의 증강 등을 하든지, 일반 배전선과의 연계를 전용선에 의한 연계로 하든지 한다.

5. 불요해열 방지

연계된 계통 이외의 단락사고 등으로 계통 측에서 순시전압 저하 등이 발생하는 경우가 있지만 연계된 계통 이외의 사고 시에는 발전설비 등은 해열되지 않도록 함과 동시에, 연계된 계통에서 발전설비 등이 해열되는 경우에는 역전력계전기, 부족전압계전기 등으로 인한 해열을 자동재폐로시간보다 짧은 시한 또는 과도적인 전력변동으로 인한 해당 발전설비 등의 불요한 차단을 회피할 수 있는 시한으로 시행한다. 여기에서 '불필요한 차단을 회피할 수 있는 시한'이란 발전설비 등을 계속적으로 안정 운전시키기 위해, 단독운전 시의 역조류와 단독운전 이외의 일시적인 역조류(구내의 급격한 부하변동이나 연계된 계통의 전압·주파수의 변동으로 일어나는 일시적인 역조류)를 판단할 수 있는 시한을 말한다.

6. 연락체제

발전설비 등 설치자의 구내사고 및 계통 측의 사고 등으로, 연계용 차단기가 동작한 경우 등에는 일반 전기사업자와 발전설비 등의 설치자와의 사이에서 신속하고 정확한 정보연락을 하며 신속하게 필요한 조치를 강구해야 한다. 이 때문에 계통 측 전기사업자의 영업소 등과 발전설비 등 설치자의 기술원 주재개소와의 사이에는 보안 통신용 전화설비를 설치하는 것으로 한다. 단 보안통신용 전화설비는 다음 중 아무것이나 이용할 수 있다.
① 전용보안통신용 전화설비
② 전기통신사업자의 전용회선전화
③ 다음의 조건을 모두 만족시키는 경우에는 일반 가입전화 또는 휴대전화 등
   가. 발전설비 등의 설치자 측이 교환기를 통하지 않고 직접 기술원과 통화가 가능한 방식(교환기를 통한 대표번호방식이 아니라 직접 기술원 주재개소로 연결하는 직접방식)이며, 발전설비 등의 보수 감시장소에 항상 설치되어 있을 것
   나. 대화 중에 끼어들기가 가능한 방식(통화 중 대기 등)일 것
   다. 정전 시에도 전화가 가능할 것
   라. 재해 시 등에 해당 전기사업자와 연락을 취할 수 없는 경우에는 해당 전기사업자와의 연락을 취할 수 있을 때까지 발전설비 등의 해열 또는 운전을 정지하도록 보안규정상 명기되어 있을 것

전기해석 : 제8장 분산형 전원의 계통연계설비(발췌) 2011년 7월 개정판

【분산형 전원의 계통연계설비에 관련된 용어 정의】(성령 제1조)

제220조 이 해석에서 이용되는 분산형 전원의 계통연계설비에 관한 용어이며, 다음의 각 호에 게재된 것의 정의는 해당 각 호에 의한다.

1. 발전설비등 : 발전설비 또는 전력저장장치이며, 상용전원의 정전 시 또는 전압저하 발생 시에만 사용하는 비상용 예비전원 이외인 것
2. 분산형전원 : 일반 전기사업자 및 도매 전기사업자 이외의 사람이 설치하는 발전설비 등이며, 일반 전기사업자가 운용하는 전력계통에 연계하는 것
3. 해열 : 전력계통에서부터의 분리
4. 역조류 : 분산형 전원 설치자의 구내로부터 일반 전기사업자가 운용하는 전력계통 측으로 향하는 유효전력의 흐름
5. 단독운전 : 분산형 전원을 연계하고 있는 전력계통이 사고 등으로 계통전원과 분리된 상태에서, 해당 분산형 전원이 발전을 계속하여, 선로부하에 유효전력을 공급하고 있는 상태
6. 역충전 : 분산형 전원을 연계하고 있는 전력계통이 사고 등에 따라서 계통전원과 분리된 상태에서, 분산형 전원만이 연계하고 있는 전력계통을 가압하고 또, 해당 전력계통으로 유효전력을 공급하고 있지 않은 상태
7. 자립운전 : 분산형 전원이 연계하고 있는 전력계통에서 해열된 상태로 해당 분산형 전원 설치자의 구내부하에만 전력을 공급하고 있는 상태
8. 선로 무전압 확인장치 : 전선로 전압의 유무를 확인하기 위한 장치

9. 전송차단장치 : 차단기의 차단신호를 통신회선으로 전송하고, 다른 구내에 설치된 차단기를 동작시키는 장치
10. 수동적 방식의 단독운전 검출장치 : 단독운전 이행 시에 생기는 전압위상 또는 주파수 등의 변화에 따라 단독운전상태를 검출하는 장치
11. 능동적 방식의 단독운전 검출장치 : 분산형 전원의 유효전력출력 또는 무효전력출력 등에 평상시부터 변동을 주고, 단독운전 이행 시에 해당 변동에 기인하여 생기는 주파수 등의 변화로 단독운전상태를 검출하는 장치
12. 스폿 네트워크 수전방식 : 2 이상의 특별고압배전선(스폿 네트워크 배전선)으로 수전하며, 각 회선에 설치한 수전변압기를 통해 2차 측 전로를 네트워크 모선으로 병렬접속한 수전방식
13. 2차 여자제어권선형 유도발전기 : 2차 권선 교류여자전류의 주파수를 제어하는 것으로 가변속운전을 하는 권선형 유도발전기

【직류유출방지 변압기 시설】(성령 제16조)
제221조 역변환장치를 이용해서 분산형 전원을 전력계통에 연계하는 경우는 역변환장치에서 직류가 전력계통으로 유출되는 것을 방지하기 위해, 수전점과 역변환장치와의 사이에 변압기(단권변압기를 제외)를 시설할 것. 단, 다음의 각 호에 적합한 경우는 이에 해당되지 않는다.
1. 역변환장치의 교류출력 측에서 직류를 검출하고 또, 직류검출 시에 교류출력을 정지하는 기능을 가질 것
2. 다음 중 하나에 적합할 것
   가. 역변환장치의 직류 측 전로가 비접지일 것
   나. 역변환장치에 고주파변압기를 이용할 것
두 개의 전항의 규정에 따라 설치하는 변압기는 직류유출방지 전용을 필요로 하지 않는다.

【한류리액터 등의 시설】(성령 제4조, 제20조)
제222조 분산형 전원의 연계로, 일반 전기사업자가 운용하는 전력계통의 단락용량이 해당 분산형 전원 설치자 이외의 사람이 설치하는 차단기의 차단용량 또는 전선의 순시허용전류 등을 상회할 우려가 있을 때는 분산형 전원 설치자에게 한류리액터 그 외의 단락전류를 제한하는 장치를 실시할 것. 단, 저압의 전력계통에 역변환장치를 이용해 분산형 전원을 연계하는 경우는 이에 해당되지 않는다.

【자동부하제한 실시】(성령 제18조 제1항)
제223조 고압 또는 특별고압의 전력계통에 분산형 전원을 연계하는 경우(스폿 네트워크 수전방식으로 연계하는 경우를 포함)에서 분산형 전원의 탈락 시 등에 연계하고 있는 전선로 등이 과부하가 될 우려가 있을 때는 분산형 전원 설치자가 자동으로 자신의 구내부하를 제한하는 대책을 세울 것

【재폐로 시의 사고방지】(성령 제4조, 제20조)

제224조 고압 또는 특별고압의 전력계통에 분산형 전원을 연계하는 경우(스폿 네트워크 수전방식으로 연계하는 경우를 제외)는 재폐로 시의 사고방지를 위해, 분산형 전원을 연계하는 변전소의 인출구에 선로무전압 확인장치를 시설할 것. 단, 다음의 각 호의 어느 것에라도 해당하는 경우는 이에 해당되지 않는다.

1. 역조류가 없는 경우이며 전력계통과의 연계에 관련된 보호 릴레이, 계기용 변류기, 계기용 변압기, 차단기 및 제어용 전원배선이 상호예비가 되도록 2계열화 되어 있을 때 단, 다음 중 어느 방법이라도 이용하여 간소화를 도모할 수 있다.
   가. 2계열의 보호 릴레이 중 1계열은 부족전력릴레이(2상에 설치하는 것에 한함)만으로 할 수 있다.
   나. 계기용 변류기는 부족전력 릴레이를 계기용 변류기의 말단에 배치하는 경우, 1계열째와 2계열째를 겸용할 수 있다.
   다. 계기용 변압기는 부족전압 릴레이를 계기용 변압기의 말단에 배치하는 경우, 1계열째와 2계열째를 겸용할 수 있다.
2. 고압의 전력계통에 분산형 전원을 연계하는 경우이며, 다음의 어느 것에라도 적합할 때
   가. 분산형 전원을 연계하고 있는 배전용 변전소의 차단기가 발한 차단신호를, 전력보안통신선 또는 전기통신사업자의 전용회선으로 전송하여, 분산형 전원을 해열할 수 있는 전송차단장치 및 능동적 방식의 단독운전 검출장치를 설치하고 또, 각각이 다른 차단기로 연계를 차단할 수 있을 것
   나. 2방식 이상의 단독운전 검출장치(능동적 방식을 1방식 이상 포함하는 것)를 설치하고 또, 각각이 다른 차단기로 연계를 차단할 수 있을 것
   다. 능동적 방식이 단독운전 검출장치 및 정정치가 분산형 전원의 운전 중에서의 배전선의 최저부하보다 작은 역전력 릴레이를 설치하고 또, 각각이 다른 차단기로 연계를 차단할 수 있을 것
   라. 분산형 전원 설치자가 전용선으로 연계하는 경우이며, 연계하고 있는 계통의 자동재폐로를 실시하지 않을 때

【일반 전기사업자와의 사이의 전화설비 시설】(성령 제4조, 제50조 제1항)

제225조 고압 또는 특별고압의 전력계통에 분산형 전원을 연계하는 경우(스폿 네트워크 수전방식으로 연계하는 경우를 포함)는 분산형 전원 설치자의 기술원 주재개소 등과 전력계통을 운용하는 일반 전기사업자의 영업소 등과의 사이에 다음 각 호의 어느 것이든 전화설비를 시설할 것

1. 전력보안통신용 전화설비
2. 전기통신사업자의 전용회선전화
3. 다음에 적합하는 경우는 일반 가입전화 또는 휴대전화 등

가. 고압 또는 35,000V 이하의 특별고압으로 연계하는 경우(스폿 네트워크 수전방식으로 연계하는 경우를 포함)일 것
나. 일반 가입전화 또는 휴대전화 등은 다음에 적합하는 것일 것
   (가) 분산형 전원 설치자 측의 교환기를 통하지 않고 직접 기술원과의 통화가 가능한 방식(교환기를 통한 대표번호방식이 아니라 직접 기술원 주재개소로 연결하는 단번방식)일 것
   (나) 대화 중에 끼어들기가 가능한 방식일 것
   (다) 정전 시에도 전화가 가능할 것
다. 재해 시 등에 통신기능 장해로 해당 일반 전기사업자와 연락을 취할 수 없는 경우에는, 해당 일반 전기사업자와의 연락을 취할 수 있을 때까지 분산형 전원 설치자가 발전설비 등의 해열 또는 운전을 정지할 것

【저압연계 시의 시설요건】(성령 제14조, 제20조)
제226조 단상 3선식의 저압 전력계통에 분산형 전원을 연계하는 경우에, 부하의 불평형으로 중성선에 최대전류가 생길 우려가 있을 때는 분산형 전원을 시설한 구내의 전로이며, 부하 및 분산형 전원의 병렬점보다도 계통 측으로 3극에 과전류 인외소자를 가진 차단기를 시설할 것
2 저압 전력계통에 역변환장치를 이용하지 않고 분산형 전원을 연계하는 경우는 역조류를 일으키지 않을 것

【저압연계 시의 계통연계용 보호장치】(성령 제14조, 제15조, 제20조, 제44조 제1항)
제227조 저압 전력계통에 분산형 전원을 연계하는 경우는, 다음의 각 호에 의해 이상 시에 분산형 전원을 자동으로 해열하기 위한 장치를 시설할 것
1. 다음에 게재한 이상을 보호 릴레이 등으로 검출하여, 분산형 전원을 자동으로 해열할 것
   가. 분산형 전원의 이상 또는 고장
   나. 연계하고 있는 전력계통의 단락사고, 지락사고 또는 고저압 혼촉 사고
   다. 분산형 전원의 단독운전 또는 역충전
2. 일반 전기사업자가 운용하는 전력계통에서 재폐로가 실시될 경우는, 해당 재폐로 시에 분산형 전원이 해당 전력계통에서 해열되어 있을 것
3. 보호 릴레이 등은 다음에 의할 것
   가. 227-1 표에 규정한 보호 릴레이 등을 수전점 그 밖의 이상검출이 가능한 장소에 설치할 것

227-1 표

보호 릴레이 등		역변환장치를 이용해서 연계하는 경우		역변화장치를 이용하지 않고 연계하는 경우
검출하는 이상	종류	역조류가 있는 경우	역조류가 없는 경우	역조류가 없는 경우
발전전압 이상 상승	과전압 릴레이	○※1	○※1	○※1
발전전압 이상 저하	부족전압 릴레이	○※1	○※1	○※1
계통 측 단락사고	부족전압 릴레이	○※2	○※2	○※5
	단락방향 릴레이			○※6
계통 측 지락사고·고저압 혼촉사고(간접)	단독운전 검출장치	○※3		○※7
단독운전 또는 역충전	단독운전 검출장치		○※4	
	역충전검출기능을 가진 장치			
	주파수 상승 릴레이	○		
	주파수 저하 릴레이	○	○	○
	역전력 릴레이		○	○※8
	부족전력 릴레이			○※9

※1 : 분산형 전원 자체의 보호용으로 설치하는 릴레이로 검출하고, 보호할 수 있는 경우는 생략할 수 있다.
※2 : 발전전압 이상저하 검출용 부족전압 릴레이로 검출하고, 보호할 수 있는 경우는 생략할 수 있다.
※3 : 수동적 방식 및 능동적 방식의 각각 1방식 이상을 포함한 것일 것. 계통 측 지락사고·고저압 혼촉사고(간접)에 대해서는 단독운전 검출용의 수동적 방식으로 보호할 것
※4 : 역조류가 있는 분산형 전원과 역조류가 없는 분산형 전원이 혼재하는 경우는, 단독운전 검출장치를 설치할 것. 역충전 검출기능을 가진 장치는 부족전압 검출기능 및 부족전력 검출기능의 조합 등으로 구성된 것, 단독운전 검출장치는 수동적 방식 및 능동적 방식의 각각 1방식 이상을 포함하는 것일 것. 계통 측 지락사고·고저압 혼촉사고(간접)에 대해서는 단독운전 검출용인 능동적 방식 등으로 보호할 것
※5 : 유도발전기를 이용하는 경우는 설치할 것. 발전전압 이상저하 검출용 부족전압 릴레이 또는 과전류 릴레이로 계통 측 지락사고를 검출하고, 보호할 수 있는 경우는 생략할 수 있다.
※6 : 동기발전기를 이용하는 경우는 설치할 것. 발전전압 이상저하 검출용 부족전압 릴레이 또는 과전류 릴레이로 계통 측 지락사고를 검출하고, 보호할 수 있는 경우는 생략할 수 있다.
※7 : 고속으로 단독운전을 검출하고, 분산형 전원을 해열할 수 있는 능동적 방식인 것에 한함.
※8 : ※7에 나타낸 장치로 단독운전을 검출하고, 보호할 수 있는 경우는 생략할 수 있다.
※9 : 분산형 전원의 출력이 구내의 부하보다 항상 작아, ※7에 나타낸 장치 및 역전력 릴레이로 단독운전을 검출하고, 보호할 수 있는 경우는 생략할 수 있다. 이 경우에 ※8은 생략할 수 없다.

(비고)
1. ○은 해당하는 것을 나타낸다.
2. 역조류가 없는 경우에도, 역조류가 있는 조건으로 보호 릴레이 등을 설치할 수 있다.

나. 가의 규정으로 설치하는 보호 릴레이의 설치상수는 227-2 표에 의할 것

227-2 표

보호 릴레이의 종류		보호 릴레이의 설치상수		
		단상 2선식으로 수전하는 경우	단상 3선식으로 수전하는 경우	3상 3선식으로 수전하는 경우
주파수 상승 릴레이		1	1	1
주파수 저하 릴레이				
역전력 릴레이				
과전압 릴레이		1	2 (중성선과 양 전압선 간)	2
부족전력 릴레이				3
부족전압 릴레이				3
단락방향 릴레이				3※
역충전 검출 기능을 가진 장치	부족전압 릴레이			2
	부족전력 릴레이			3

※ : 연계하고 있는 계통과 협조를 얻을 수 있는 경우는 2상으로 할 수 있다.

4. 분산형 전원의 해열은 다음에 의할 것
가. 다음 중 아무 것이나 가능한 것으로 해열할 것
  (가) 수전용 차단기
  (나) 분산형 전원의 출력단에 설치하는 차단기 또는 이것과 동등한 기능을 가진 장치
  (다) 분산형 전원의 연락용 차단기
나. 전호 나의 규정으로 복수의 상에 보호 릴레이를 설치하는 경우는 그 복수의 상 중 어느 것이라도 이상을 검출한 경우에 해열할 것
다. 해열용 차단장치는 계통의 정전 중 및 복전 후, 확실하게 복전했다고 간주할 때까지는 투입을 저지하고 분산형 전원을 계통으로 연계할 수 없는 것일 것
라. 역변환장치를 이용하여 연계하는 경우는 다음 중 하나에 의해 할 것. 단, 수동적 방식의 단독운전 검출장치 동작 시는 불요동작방지를 위해 역변환장치의 게이트 블록으로만 할 수 있다.
  (가) 2곳의 기계적 개폐개소를 개방할 것
  (나) 1곳의 기계적 개폐개소를 개방하고 또, 역변환장치의 게이트 블록을 실시할 것
마. 역변환장치를 이용하지 않고 연계하는 경우는 2곳의 기계적 개폐개소를 개방할 것
2 일반용 전기공작물에서 자립운전을 하는 경우는 2곳의 기계적 개폐개소를 개방하는 것으로, 분산형 전원을 해열한 상태로 실시할 것. 단, 역변환장치를 이용하여 연계하는 경우에서 다음의 각 호의 전부를 방지하는 장치를 시설하는 경우는 기계적 개폐개소를 1곳으로 만들 수 있다.
1. 계통정지 시의 오투입
2. 기계적 개폐개소 고장 시의 자립운전 이행
3. 연계 복귀 시의 비동기 투입

229-1 표

보호 릴레이 등		역변환장치를 이용해 연계하는 경우		역변환장치를 이용하지 않고 연계하는 경우	
검출하는 이상	종류	역조류가 있는 경우	역조류가 없는 경우	역조류가 있는 경우	역조류가 없는 경우
발전전압 이상 상승	과전압 릴레이	○※1	○※1	○※1	○※1
발전전압 이상 저하	부족전압 릴레이	○※1	○※1	○※1	○※1
계통 측 단락사고	부족전압 릴레이	○※2	○※2	○※9	○※9
	단락방향 릴레이			○※10	○※10
계통 측 지락사고	지락과전압 릴레이	○※3	○※3	○※11	○※11
단독운전	주파수 상승 릴레이	○※4		○※4	
	주파수 저하 릴레이	○	○※7	○	○※7
	역전력 릴레이		○※8		○
	전송차단장치 또는 단독운전 검출장치	○※5※6		○※5※6 ※12	

※1 : 분산형 전원 자체의 보호용에 설치하는 릴레이로 검출하고 보호할 수 있는 경우는 생략할 수 있다.
※2 : 발전전압 이상 저하 검출용 부족전압 릴레이로 검출하고 보호할 수 있는 경우는 생략할 수 있다.
※3 : 구내저압선에 연계하는 경우이며, 분산형 전원 출력이 수전전력에 비해 매우 작고, 단독운전 검출장치 등으로 고속으로 단독운전을 검출하며, 분산형 전원을 정지 또는 해열하는 경우 또는 지락방향 계전장치부 고압 교류 부하 개폐기에서 영상전압을 지락과전압 릴레이로 받아들이는 경우는 생략할 수 있다.
※4 : 전용선과 연계하는 경우는 생략할 수 있다.
※5 : 전송차단장치는 분산형 전원을 연계하고 있는 배전선의 배전용 변전소 차단기의 차단신호를 전력보안통신선 또는 전기통신사업자의 전용회선으로 전송하고, 분산형 전원을 해열할 수 있는 것일 것
※6 : 단독운전 검출장치는 능동적 방식을 1방식 이상 포함하는 것이며 다음을 만족시키는 것일 것
　　(1) 계통의 임피던스나 부하의 상태 등을 고려하여, 필요한 시간 내에 확실히 검출할 수 있을 것
　　(2) 빈번한 불요해열을 일으키지 않는 검출감도일 것
　　(3) 능동신호는 계통에 미치는 영향이 실태상 문제가 되지 않아야 할 것
※7 : 전용선에 의한 연계이며, 역전력 릴레이에 의해 단독운전을 고속으로 검출하고, 확보할 수 있는 경우는 생략할 수 있다.
※8 : 구내 저압선에 연계하는 경우이며, 분산형 전원 출력이 수전전력에 비해 매우 작고, 수동적 방식 및 능동적 방식의 각각 1방식 이상을 포함한 단독운전 검출장치 등으로 고속으로 단독운전을 검출하고, 분산형 전원을 정지 또는 해열하는 경우는 생략할 수 있다.
※9 : 유도발전기를 이용하는 경우는 설치할 것. 발전전압 이상저하 검출용 부족전압 릴레이로 검출하고, 보호할 수 있는 경우는 생략할 수 있다.
※10 : 동기발전기를 이용하는 경우는 설치할 것
※11 : 발전기 인출구에 설치하는 지락과전압 릴레이로, 계통 측 지락사고를 검지할 수 있는 경우 또는 지락방향 계전장치부 고압 교류 부하 개폐기에서 영상전압을 지락과전압 릴레이로 받아들이는 경우는 생략할 수 있다.
※12 : 유도발전기(2차 여자제어권선형 유도발전기를 제외함)를 이용한 풍력발전설비 그 밖의 출력변동이 큰 분산형 전원에서 주파수 상승 릴레이 및 주파수 저하 릴레이에 따라 단독운전을 고속 또는 확실하게 검출하며 보호할 수 있는 경우는 생략할 수 있다.

(비고)
1. ○는 해당하는 것을 나타낸다.
2. 역조류가 없는 경우라도 역조류가 있는 경우의 조건으로 보호 릴레이 등을 설치할 수 있다.

【고압연계 시의 시설요건】(성령 제18조 제1항, 제20조)
제228조 고압의 전력계통에 분산형 전원을 연계하는 경우는 분산형 전원을 연계하는 배전용 변전소의 배전용 변압기에서 항상 반대방향의 조류를 일으키지 않을 것

【고압연계 시의 계통연계용 보호장치】(성령 제14조, 제15조, 제20조, 제44조 제1항)
제229조 고압의 전력계통에 분산형 전원을 연계하는 경우는 다음의 각 호에 따라 이상 시에 분산형 전원을 자동으로 해열하기 위한 장치를 시설할 것
1. 다음에 게재하는 이상을 보호 릴레이 등으로 검출하고, 분산형 전원을 자동으로 해열할 것
   가. 분산형 전원의 이상 또는 고장
   나. 연계하고 있는 전력계통의 단락사고 또는 지락사고
   다. 분산형 전원의 단독운전
2. 일반 전기사업자가 운용하는 전력계통에서 재폐로가 실시되는 경우는, 해당 재폐로 시에 분산형 전원이 해당 전력계통에서 해열되어 있을 것
3. 보호 릴레이 등은 다음에 의할 것
   가. 229-1 표에 규정하는 보호 릴레이 등을 수전점 또는 그 밖의 고장 검출이 가능한 장소에 설치할 것
   나. 가의 규정으로 설치하는 보호 릴레이의 설치상수는 229-2 표에 의할 것

229-2 표

보호 릴레이의 종류	보호 릴레이의 설치 상의 수
지락과전압 릴레이	1(영상회로)
과전압 릴레이	1
주파수 저하 릴레이	
주파수 상승 릴레이	
역전력 릴레이	
단락방향 릴레이	3 ※ 1
부족전압 릴레이	3 ※ 2

※1 : 연계하고 있는 계통과 협조를 얻을 수 있는 경우는 2상으로 할 수 있다.
※2 : 동기발전기를 이용하는 경우이며 단락방향 릴레이와 협조를 얻을 수 있는 경우에는 1상으로 할 수 있다.

4. 분산형 전원의 해열은 다음에 의할 것
   가. 다음 중 어느 것으로든지 해열할 것
      (가) 수전용 차단기
      (나) 분산형 전원의 출력단에 설치하는 차단기 또는 이것과 동등한 기능을 가진 장치

(다) 분산형 전원의 연락용 차단기

(라) 모선연락용 차단기

나. 전호 (나)의 규정에 따라 복수의 상에 보호 릴레이를 설치하는 경우는 그 복수 중 어느 것이로든지 이상을 검출한 경우에 해열할 것

【특별고압 연계 시의 시설요건】(성령 제18조 제1항, 제42조)

제230조 특별고압의 전력계통에 분산형 전원을 연계하는 경우(스폿 네트워크 수전방식으로 연계하는 경우를 제외함)는 다음의 각 호에 따를 것

1. 일반 전기사업자가 운용하는 전선로 등의 사고 시 등에 다른 전선로 등이 과부하가 될 우려가 있을 때는 계통의 변전소 전선로 인출구 등에 과부하검출장치를 시설하고, 전선로 등이 과부하가 되었을 때는 동(同)장치에서의 정보에 입각하여 분산형 전원의 출력을 적절하게 억제할 것
2. 계통안정화 또는 조류제어 등의 이유로 운전제어가 필요한 경우는 필요한 운전제어장치를 분산형 전원에 시설할 것
3. 단독운전 시에 전선로의 지락사고로 이상전압이 발생할 우려 등이 있을 때는, 분산형 전원 설치자가 변압기의 중성점에 제19조 제2항 각 호의 규정에 준하여 접지공사를 할 것(관련 성령 제10조, 제11조)
4. 전호에 규정한 중성점 접지공사를 함에 따라 일반 전기사업자가 운용하는 전력계통 내에서 전자 유도 장해방지대책이나 지중 케이블의 방호대책 강화 등이 필요한 경우는 적절한 대책을 세울 것

【특별고압 연계 시의 계통연계용 보호장치】(성령 제14조, 제15조, 제20조, 제44조 제1항)

제231조 특별고압 전력계통에 분산형 전원을 연계하는 경우(스폿 네트워크 수전방식으로 연계하는 경우는 제외함)는 다음의 각 호에 따라 이상 시에 분산형 전원을 자동으로 해열하기 위한 장치를 시설할 것

1. 다음에 게재하는 이상을 보호 릴레이 등으로 검출하고, 분산형 전원을 자동으로 해열할 것

    가. 분산형 전원의 이상 또는 고장

    나. 연계하고 있는 전력계통의 단락사고 또는 지락사고. 단, 전력계통 측의 재폐로 방식 등으로 분산형 전원을 해열할 필요가 없는 경우를 제외한다.

2. 일반 전기사업자가 운용하는 전력계통에서 재폐로가 실시되는 경우는 해당 재폐로 시에 분산형 전원이 해당 전력계통에서 해열되어 있을 것
3. 보호 릴레이 등은 다음에 의할 것

    가. 231-1 표에 규정한 보호 릴레이를 수전점 그 밖의 고장 검출이 가능한 장소에 설치할 것

    나. 가의 규정으로 설치하는 보호 릴레이의 설치 상의 수는 231-2 표에 의할 것

4. 분산형 전원의 해열은 다음에 의할 것
   가. 다음의 어느 것으로든지 해열할 것
      (가) 수전용 차단기
      (나) 분산형 전원의 출력단에 설치하는 차단기 또는 이것과 동등한 기능을 가진 장치
      (다) 분산형 전원의 연락용 차단기
      (라) 모선연락용 차단기
   나. 전호 (나)의 규정에 따라 복수의 상에 보호 릴레이를 설치하는 경우는 그 여러 개의 상 중 어느 곳에든지 이상을 검출한 경우에 해열할 것
2 스폿 네트워크 수전방식으로 수전하는 사람이 분산형 전원을 연계하는 경우는, 다음의 각 호에 따라 이상 시에 분산형 전원을 자동으로 해열하기 위한 장치를 시설할 것

231-1 표

보호 릴레이		역변환장치를 이용하여 연계하는 경우	역변환장치를 이용하지 않고 연계하는 경우
검출하는 이상	종류		
발전전압 이상 상승	과전압 릴레이	○※1	○※1
발전전압 이상 저하	부족전압 릴레이	○※1	○※1
계통 측 단락사고	부족전압 릴레이	○※2	○※5
	단락방향 릴레이		○※6
계통 측 지락사고	전류차동 릴레이	○※3	○※3
	지락과전압 릴레이	○※4	○※4

(비고) ○은 해당하는 것을 나타낸다.
※1 : 분산형 전원 자체의 보호용으로 설치하는 릴레이에 따라 검출하고 보호할 수 있는 경우는 생략할 수 있다.
※2 : 발전전압 이상 저하 검출용 부족전압 릴레이에 따라 검출하고 보호할 수 있는 경우는 생략할 수 있다.
※3 : 연계하는 계통이 중성점 직접접지방식인 경우 설치한다.
※4 : 연계하는 계통이 중성점 직접접지방식 이외의 경우 설치한다. 지락과전압 릴레이가 유효하게 기능하지 않는 경우는 지락방향 릴레이, 전류차동 릴레이 또는 회선선택 릴레이를 설치할 것. 단, 다음의 어느 것이라도 만족시키면 지락과전압 릴레이를 설치하지 않을 수 있다.
  (1) 전류차동 릴레이가 설치되어 있는 경우
  (2) 발전기 인출구에 있는 지락과전압 릴레이에 따라 계통 측 지락사고를 검지할 수 있는 경우
  (3) 분산형 전원의 출력이 구내의 부하보다 적고 주파수 저하 릴레이에 따라 고속으로 단독운전을 검출하고 분산형 전원을 해열할 수 있는 경우
  (4) 역전력 릴레이, 부족전력 릴레이 또는 수동적 방식의 단독운전 검출장치에 따라 고속으로 단독운전을 검출하고, 분산형 전원을 해열할 수 있는 경우
※5 : 유도발전기를 이용한 경우 설치한다. 발전전압 이상 저하 검출용 부족전압 릴레이에 따라 검출하고 보호할 수 있는 경우는 생략할 수 있다.
※6 : 동기발전기를 이용하는 경우 설치한다. 전류차동 릴레이가 설치되어 있는 경우는 생략할 수 있다. 단락방향 릴레이가 유효하게 기능하지 않는 경우는 단락방향 거리 릴레이, 전류차동 릴레이 또는 회선선택 릴레이를 설치할 것

231-2 표

보호 릴레이의 종류	보호 릴레이의 설치 상의 수
지락과전압 릴레이	1(영상회로)
지락방향 릴레이	
지락검출용 전류차동 릴레이	
지락검출용 회선선택 릴레이	
과전압 릴레이	1
주파수 저하 릴레이	
역전력 릴레이	
부족전력 릴레이	2
단락방향 릴레이	3
부족전압 릴레이	
단락검출·지락검출 겸용 전류차동 릴레이	
단락검출용 전류차동 릴레이	
단락방향 거리 릴레이	
단락검출용 회선선택 릴레이	

1. 다음에 게재한 이상을 보호 릴레이 등에 따라 검출하고 분산형 전원을 자동으로 해열할 것
   가. 분산형 전원의 이상 또는 고장
   나. 스폿 네트워크 배전선의 전 회선의 전원을 상실한 경우에서의 분산형 전원의 단독운전
2. 231-3 표에 규정한 보호 릴레이를 네트워크 모선 또는 네트워크 변압기의 2차 측에서 고장 검출이 가능한 장소에 설치할 것

231-3 표

검출하는 이상	보호 릴레이의 종류	보호 릴레이의 설치 상의 수
발전전압 이상 상승	과전압 릴레이 ※1	1
발전전압 이상 저하	부족전압 릴레이 ※1	
단독운전	부족전압 릴레이	
	주파수 저하 릴레이	
	역전력 릴레이 ※2	3

※1 : 분산형 전원 자체의 보호용으로 설치하는 릴레이에 따라 검출하고 보호할 수 있는 경우에는 생략할 수 있다.
※2 : 역전력 릴레이 기능을 가진 네트워크 릴레이를 설치하는 경우는 생략할 수 있다.

3. 분산형 전원의 해열은 다음에 의할 것
   가. 다음의 방법 중 어느 것을 선택하든지 상관없이 해열할 것
     (가) 분산형 전원의 출력단에 설치하는 차단기 또는 이것과 동등한 기능을 가진 장치

(나) 모선연락용 차단기
　　(다) 프로텍터 차단기
나. 전호의 규정에 따라 복수의 상에 보호릴레이를 설치하는 경우는, 그 복수의 상 중 어느 곳에든지 이상을 검출한 경우에 해열할 것
다. 역전력 릴레이(네트워크 릴레이의 역전력 릴레이 기능으로 대용하는 경우를 포함)로, 전회선에서 역전력을 검출하는 것으로 사고회선의 프로텍터 차단기를 개방하고 건전회선과의 연계는 원칙으로 유지하여 분산형 전원은 해열하지 않을 것

【고압연계 및 특별고압연계에서의 예외】(성령 제4조)
제232조 고압의 전력계통에 분산형 전원을 연계하는 경우에서 분산형 전원의 출력이 수전전력에 비해 매우 적을 때는 고압의 전력계통에 연계하는 경우에 관련된 제222조, 제223조, 제224조, 제225조, 제228조 및 제229조의 규정에 의하지 않고, 저압의 전력계통에 연계하는 경우에 관련된 제222조, 제226조 제2항 및 제227조의 규정에 준할 수 있다.
2 특별고압 전력계통에 분산형 전원을 연계하는 경우(스폿 네트워크 수전방식으로 연계하는 경우를 제외함)에서 분산형 전원의 출력이 수전전력에 비해 매우 작을 때는 다음의 각 호에 어느 것에든지 의할 수 있다.
1. 특별고압의 전력계통에 연계하는 경우에 관련된 제222조, 제223조, 제224조, 제225조, 제230조 및 제231조의 규정에 의하지 않고, 저압의 전력계통에 연계하는 경우에 관련된 제222조, 제226조 제2항 및 제227조의 규정에 준할 것
2. 특별고압 전력계통에 연계하는 경우와 관련된 제224조, 제230조 및 제231조의 규정에 의하지 않고, 고압의 전력계통에 연계하는 경우와 관련된 제224조 및 제229조의 규정에 준할 것
3. 35,000V 이하의 배전선 취급의 특별고압의 전력계통에 분산형 전원을 연계하는 경우(스폿 네트워크 수전방식으로 연계하는 경우를 제외함)는 특별고압 전력계통에 연계하는 경우와 관련된 제224조, 제230조 및 제231조의 규정에 의하지 않고, 고압의 전력계통에 연계하는 경우와 관련된 제224조 및 제229조의 규정에 준할 수 있다.

Section 2
한국의 주요지점 일사량 데이터

법선면 직달일사량 (청명일 기준)

참조표준명	법선면 직달일사량 (청명일 기준)
참조표준 번호	KSRD.06.2010.001.001
참조표준 등급	유효 참조표준

측정값/ 확장불확도 (kcal/m^2/d)

No.	지역	1	2	3	4	5	6	7	8	9	10	11	12
1	춘천	4157 (480)	4882 (495)	5072 (487)	4250 (880)	5360 (592)	5552(612)	5969 (2091)	6073 (1114)	6113(599)	4846 (656)	4779 (477)	3846 (524)
2	강릉	4033 (547)	4338 (523)	4330 (492)	4674 (769)	4492 (607)	4812(683)	4662(975)	4152(686)	4567(638)	4155 (534)	4068 (517)	3714 (568)
3	서울	3894 (402)	4213 (513)	4341 (455)	4211 (404)	4601 (425)	4364(476)	5035(973)	4624(806)	3753(470)	4008 (532)	3914 (362)	3394 (362)
4	원주	3598 (579)	4437 (515)	4455 (512)	4565 (611)	4921 (625)	5078(992)	6468(427)	6303 (1314)	6023(728)	4644 (500)	4293 (526)	3822 (504)
5	서산	4269 (511)	4380 (499)	4282 (483)	4506 (443)	4596 (538)	4333 (1051)	3726 (1134)	4316(739)	4597(580)	4358 (530)	3831 (486)	3623 (535)
6	청주	4499 (483)	5031 (436)	4862 (550)	5154 (490)	5565 (633)	5658(726)	5345 (1731)	5858(679)	5657(606)	4767 (571)	4483 (362)	3912 (380)
7	대전	4893 (478)	5401 (488)	5119 (481)	5326 (546)	5760 (610)	5812(753)	5774 (1130)	6339(790)	5842(664)	5055 (506)	4810 (457)	4324 (456)
8	포항	4633 (500)	5014 (538)	4556 (525)	5085 (575)	5668 (682)	5418 (1216)	5103(754)	6045(925)	5749(704)	4556 (531)	4611 (493)	4379 (461)
9	대구	4210 (589)	4489 (690)	4082 (644)	4011 (499)	4086 (609)	4322 (1121)	3987 (1458)	3832(765)	4545(828)	3915 (560)	3752 (613)	3624 (599)
10	전주	4219 (502)	4654 (486)	4436 (457)	4686 (619)	5007 (511)	4204(745)	4304 (1071)	4976 (1360)	5264(430)	3999 (547)	3633 (522)	3841 (462)
11	광주	4371 (644)	4922 (606)	5027 (524)	5377 (526)	5777 (558)	5351(975)	5771(899)	6045(638)	5357(598)	4647 (526)	4337 (629)	4039 (547)
12	부산	4780 (436)	4887 (640)	4813 (559)	4651 (576)	5226 (753)	5212 (1062)	4494(833)	4598(961)	4822(743)	4425 (614)	4464 (445)	4396 (440)
13	목포	3413 (495)	3361 (561)	3664 (534)	3780 (530)	3861 (558)	3355(746)	2276(430)	3407 (1026)	3698(580)	3859 (460)	3794 (773)	3420 (674)
14	제주	3307 (519)	3743 (919)	4856 (477)	4609 (728)	5245 (806)	5459 (1239)	6317 (3309)	4243(662)	5073(734)	3874 (853)	3695 (452)	3749 (350)
15	진주	4409 (571)	4635 (575)	4700 (547)	4757 (519)	5262 (618)	4616(911)	4428(891)	5148 (1006)	5376(602)	4501 (685)	4423 (579)	4376 (482)
16	영주	4602 (606)	4520 (779)	4886 (630)	5258 (563)	5457 (739)	5647(957)	5533 (1473)	4415(291)	4937 (1026)	4623 (580)	4788 (508)	4442 (473)

수평면 전일사량

참조표준명	수평면 전일사량
참조표준 번호	KSRD.06.2010.001.002
참조표준 등급	검증 참조표준

측정값/ 확장불확도 (kcal/m²/d)

No.	지역	1	2	3	4	5	6	7	8	9	10	11	12
1	춘천	1801 (197)	2476 (260)	3182 (335)	3961 (383)	4332 (434)	4274 (455)	3481 (377)	3632 (390)	3238 (344)	2589 (275)	1795 (191)	1555 (169)
2	강릉	2025 (220)	2570 (271)	3154 (334)	3950 (397)	4291 (427)	3925 (420)	3407 (393)	3306 (351)	3052 (328)	2719 (271)	2057 (218)	1853 (187)
3	서울	1695 (187)	2390 (248)	3007 (312)	3757 (379)	4030 (413)	3743 (410)	2797 (309)	3095 (324)	3037 (322)	2610 (270)	1769 (183)	1484 (163)
4	원주	1813 (197)	2480 (253)	3124 (318)	3943 (395)	4298 (422)	4155 (436)	3413 (367)	3565 (374)	3235 (333)	2747 (270)	1889 (190)	1629 (175)
5	서산	1970 (202)	2723 (273)	3414 (342)	4185 (411)	4570 (456)	4284 (472)	3490 (366)	3766 (396)	3468 (359)	2968 (294)	1993 (202)	1705 (178)
6	청주	1939 (202)	2631 (282)	3209 (349)	4029 (405)	4435 (428)	4116 (421)	3502 (369)	3585 (379)	3271 (331)	2852 (280)	1970 (216)	1672 (179)
7	대전	1942 (212)	2692 (295)	3347 (335)	4166 (414)	4395 (454)	4042 (437)	3578 (403)	3711 (424)	3301 (346)	2924 (288)	2066 (220)	1758 (194)
8	포항	2114 (238)	2722 (327)	3260 (343)	4073 (400)	4379 (428)	4053 (430)	3535 (441)	3564 (383)	3018 (338)	2813 (288)	2224 (247)	1991 (206)
9	대구	1984 (239)	2623 (291)	3299 (354)	4040 (407)	4340 (425)	3998 (407)	3502 (379)	3425 (354)	3050 (311)	2803 (276)	2088 (215)	1860 (194)
10	전주	1803 (191)	2422 (251)	3096 (319)	3932 (392)	4207 (415)	3894 (409)	3378 (364)	3451 (373)	3168 (331)	2832 (283)	1951 (201)	1619 (167)
11	광주	1989 (204)	2690 (277)	3369 (340)	4138 (403)	4409 (433)	3956 (428)	3525 (384)	3677 (402)	3350 (369)	3042 (317)	2180 (229)	1802 (184)
12	부산	2211 (241)	2820 (320)	3303 (351)	3980 (396)	4307 (447)	3963 (433)	3623 (418)	3804 (431)	3120 (326)	2965 (297)	2324 (247)	2055 (216)
13	목포	1981 (207)	2721 (287)	3480 (354)	4302 (418)	4577 (453)	4214 (436)	3874 (418)	4214 (427)	3577 (362)	3215 (313)	2244 (225)	1795 (177)
14	제주	1242 (144)	2025 (253)	2921 (328)	3905 (391)	4322 (432)	4022 (408)	4231 (475)	3952 (420)	3213 (330)	2865 (287)	1915 (203)	1287 (158)
15	진주	2304 (241)	2937 (296)	3534 (354)	4197 (410)	4421 (433)	3963 (414)	3680 (416)	3732 (391)	3308 (335)	3164 (316)	2398 (237)	2161 (209)
16	영주	1939 (205)	2567 (270)	3266 (330)	4055 (411)	4441 (448)	4129 (481)	3492 (393)	3523 (397)	3249 (356)	2821 (276)	2032 (205)	1769 (176)

법선면 직달일사량 (전일 기준)

참조표준명	법선면 직달일사량 (전일 기준)
참조표준 번호	KSRD.06.2010.001.004
참조표준 등급	검증 참조표준

측정값/ 확장불확도 (kcal/m²/d)

No.	지역	1	2	3	4	5	6	7	8	9	10	11	12
1	춘천	2252 (324)	2812 (383)	2577 (304)	2520 (405)	2904 (383)	2224 (410)	1993 (437)	1999 (390)	2477 (368)	2368 (433)	2362 (425)	2295 (290)
2	강릉	2540 (448)	2574 (326)	2247 (335)	2229 (315)	2115 (327)	1807 (417)	1427 (401)	1468 (237)	2024 (428)	2300 (356)	2323 (368)	2512 (398)
3	서울	2105 (285)	2485 (271)	2182 (349)	2397 (352)	2430 (280)	1840 (367)	1088 (310)	1284 (279)	1802 (336)	2283 (347)	2149 (354)	1947 (251)
4	원주	2024 (288)	2483 (256)	2293 (307)	2436 (288)	2386 (311)	2017 (290)	1770 (355)	1839 (396)	2521 (403)	2697 (328)	2271 (274)	2178 (287)
5	서산	2031 (272)	2506 (272)	2361 (335)	2398 (278)	2493 (329)	1615 (312)	1322 (357)	1625 (291)	2084 (393)	2433 (315)	1952 (315)	1766 (329)
6	청주	2371 (295)	2876 (287)	2605 (312)	2807 (342)	2839 (257)	1979 (278)	1750 (371)	1920 (435)	2562 (365)	2791 (326)	2285 (257)	2243 (274)
7	대전	2443 (292)	3019 (299)	2735 (332)	2888 (386)	2918 (293)	2086 (335)	1689 (352)	2148 (433)	2583 (417)	3070 (324)	2547 (325)	2435 (298)
8	포항	2923 (530)	3002 (401)	2512 (403)	2751 (353)	2925 (426)	2245 (416)	1748 (530)	2204 (405)	2170 (337)	2707 (380)	2849 (414)	2971 (409)
9	대구	2481 (516)	2494 (495)	2211 (392)	2138 (388)	2252 (542)	1380 (371)	1734 (513)	1248 (320)	1945 (395)	1935 (458)	1934 (522)	2490 (407)
10	전주	2152 (261)	2436 (264)	2564 (435)	2522 (377)	2457 (357)	1629 (289)	1594 (421)	1812 (460)	2376 (521)	2288 (312)	2027 (362)	2125 (272)
11	광주	2039 (278)	2726 (316)	2558 (286)	2817 (357)	2889 (344)	2026 (389)	1753 (370)	2020 (359)	2568 (455)	2872 (374)	2337 (388)	2085 (315)
12	부산	3116 (389)	3107 (516)	2450 (400)	2562 (398)	2446 (359)	2027 (358)	1967 (402)	2321 (432)	2084 (327)	2668 (364)	2823 (410)	3133 (428)
13	목포	1467 (253)	1943 (279)	1877 (234)	1995 (264)	1779 (369)	1233 (259)	1176 (385)	1741 (479)	1820 (421)	2301 (417)	1897 (242)	1692 (304)
14	제주	721(169)	1551 (320)	1885 (393)	2239 (410)	2494 (555)	1876 (388)	2768 (753)	2322 (320)	2146 (421)	2224 (380)	1606 (206)	923(258)
15	진주	2890 (372)	3022 (408)	2687 (449)	2670 (327)	2648 (350)	1797 (305)	1699 (330)	1966 (322)	2318 (362)	2788 (377)	2951 (402)	2935 (390)
16	영주	2667 (463)	2996 (464)	2541 (395)	2799 (472)	2624 (382)	1961 (397)	1321 (412)	1516 (543)	2263 (288)	2865 (386)	2695 (351)	2749 (351)

대기권밖 일사량

참조표준명	대기권밖 일사량
참조표준 번호	KSRD.06.2010.001.007
참조표준 등급	검증 참조표준

측정값/ 확장불확도 (kcal/m²/d)

No.	지역	1	2	3	4	5	6	7	8	9	10	11	12
1	춘천	3910 (371)	5078 (493)	6704 (644)	8313 (779)	9412 (870)	9849 (906)	9609 (886)	8698 (811)	7238 (6894)	5547 (5398)	4163 (399)	3553 (328)
2	강릉	3932 (373)	5096 (494)	6719 (646)	8322 (780)	9414 (870)	9847 (906)	9610 (886)	8704 (811)	7251(690)	5565(541)	4184 (401)	3575 (330)
3	서울	3958 (375)	5120 (496)	6738 (647)	8332 (781)	9417 (870)	9846 (906)	9610 (886)	8711 (812)	7267(691)	5588(543)	4210 (403)	3602 (332)
4	원주	3992 (378)	5151 (499)	6762 (649)	8345 (781)	9420 (870)	9844 (906)	9610 (886)	8720 (812)	7287(692)	5617(545)	4243 (406)	3636 (335)
5	서산	4076 (386)	5228 (505)	6821 (653)	8378 (784)	9427 (871)	9837 (905)	9610 (886)	8742 (814)	7336(696)	5688(551)	4326 (413)	3721 (343)
6	청주	4119 (389)	5267 (508)	6851 (656)	8394 (785)	9430 (871)	9834 (905)	9610 (886)	8754 (815)	7362(698)	5724(554)	4368 (417)	3765 (347)
7	대전	4131 (390)	5278 (509)	6860 (656)	8399 (785)	9431 (871)	9833 (905)	9610 (886)	8757 (815)	7369(698)	5734(555)	4380 (418)	3777 (348)
8	포항	4179 (395)	5321 (513)	6893 (659)	8417 (787)	9434 (871)	9829 (904)	9609 (886)	8769 (816)	7396(701)	5775(558)	4426 (422)	3826 (353)
9	대구	4203 (397)	5343 (515)	6909 (660)	8426 (787)	9436 (871)	9827 (904)	9609 (886)	8775 (816)	7410(702)	5795(559)	4450 (424)	3850 (355)
10	전주	4210 (397)	5350 (515)	6914 (661)	8428 (788)	9436 (871)	9826 (904)	9609 (886)	8777 (816)	7414(702)	5801(560)	4457 (424)	3858 (355)
11	광주	4306 (406)	5436 (522)	6980 (666)	8463 (790)	9442 (872)	9817 (903)	9606 (885)	8800 (818)	7469(706)	5881(566)	4550 (433)	3955 (364)
12	부산	4313 (406)	5442 (523)	6985 (666)	8466 (790)	9442 (872)	9816 (903)	9606 (885)	8801 (818)	7473(706)	5886(567)	4557 (433)	3962 (365)
13	목포	4354 (410)	5479 (526)	7012 (668)	8480 (791)	9444 (872)	9812 (903)	9605 (885)	8811 (819)	7496(708)	5920(569)	4596 (437)	4003 (369)
14	제주	4539 (427)	5645 (540)	7136 (678)	8544 (796)	9451 (872)	9791 (901)	9597 (884)	8852 (822)	7598(716)	6073(582)	4777 (452)	4193 (386)
15	진주	4301 (405)	5432 (522)	6977 (665)	8461 (790)	9441 (872)	9818 (903)	9607 (885)	8799 (818)	7466(706)	5877(566)	4545 (432)	3950 (364)
16	영주	4059 (384)	5212 (504)	6809 (653)	8371 (783)	9425 (871)	9839 (905)	9610 (886)	8738 (814)	7326(695)	5674(550)	4309 (412)	3704 (341)

부록

청명 일사량

참조표준명	청명 일사량
참조표준 번호	KSRD.06.2010.001.008
참조표준 등급	검증 참조표준

측정값/ 확장불확도 (kcal/m²/d)

No.	지역	1	2	3	4	5	6	7	8	9	10	11	12
1	춘천	2320 (235)	3193 (314)	4140 (406)	4847 (562)	5778 (584)	5900 (580)	6124 (751)	5532 (532)	4649 (460)	3222 (318)	2539 (253)	2036(213)
2	강릉	2464 (240)	3204 (308)	4227 (412)	5382 (515)	5846 (600)	6211 (602)	5848 (593)	5648 (534)	4656 (471)	3432 (332)	2591 (253)	2195 (2251)
3	서울	2172 (212)	2925 (311)	3898 (383)	4714 (447)	5286 (509)	5349 (518)	5225 (593)	4936 (469)	3869 (397)	3052 (295)	2242 (215)	1825(176)
4	원주	2299 (235)	3085 (297)	4114 (413)	5047 (485)	5592 (537)	5889 (629)	6154 (566)	5617 (673)	4557 (469)	3408 (362)	2500 (248)	2073(198)
5	서산	2537 (285)	3276 (325)	4143 (404)	5176 (508)	5775 (580)	5999 (638)	5551 (553)	5279 (542)	4443 (420)	3421 (338)	2510 (251)	2114(213)
6	청주	2467 (262)	3221 (332)	4151 (417)	5010 (473)	5682 (552)	5768 (559)	5834 (800)	5341 (555)	4420 (439)	3340 (344)	2545 (269)	2132(222)
7	대전	2714 (275)	3546 (364)	4472 (424)	5463 (520)	6090 (579)	6239 (609)	6019 (651)	5714 (570)	4662 (473)	3600 (345)	2856 (298)	2269(230)
8	포항	2557 (256)	3399 (329)	4316 (418)	5346 (503)	5826 (575)	6039 (579)	5500 (513)	5491 (547)	4630 (462)	3385 (333)	2707 (263)	2264(222)
9	대구	2381 (258)	3130 (332)	4022 (421)	4990 (496)	5758 (569)	5928 (693)	5795 (715)	5277 (515)	4370 (454)	3444 (420)	2510 (299)	2086(216)
10	전주	2308 (254)	2939 (282)	3820 (409)	4719 (489)	5182 (518)	5241 (594)	5144 (544)	4947 (580)	4112 (417)	3085 (311)	2367 (241)	2025(211)
11	광주	2647 (274)	3372 (342)	4309 (418)	5296 (507)	5949 (583)	5906 (583)	5947 (616)	5505 (594)	4481 (445)	3519 (336)	2752 (294)	2270(223)
12	부산	2601 (252)	3381 (343)	4251 (416)	5192 (487)	5949 (567)	5927 (570)	5641 (552)	5253 (579)	4517 (444)	3465 (331)	2713 (262)	2272(237)
13	목포	2721 (319)	3447 (335)	4514 (448)	5490 (542)	5991 (739)	6252 (744)	5861 (711)	5670 (587)	4649 (473)	3778 (391)	2813 (301)	2365(284)
14	제주	2415 (376)	2981 (484)	4012 (467)	4978 (510)	5606 (561)	5790 (576)	5740 (846)	5189 (957)	4219 (510)	3615 (424)	2803 (308)	2353(242)
15	진주	2755 (275)	3426 (374)	4428 (422)	5181 (524)	5840 (591)	5940 (593)	5378 (549)	5120 (522)	4675 (459)	3754 (383)	2881 (291)	2528(245)
16	영주	2546 (251)	3304 (403)	4283 (421)	5341 (523)	6074 (589)	6377 (627)	6212 (762)	5550 (511)	4568 (477)	3351 (315)	2719 (262)	2264(223)

● 강릉(측정기간 1982~2010)

관측지점	년	월	수평면전일사량 (kWh/㎡/day)	법선면직달일사량 (청명일기준) (kWh/㎡/day)	일조율 (0.10%)	운량 (1/10)	일사율 (청명일기준) (%)	청명일수 (Clear Day)	습도 (%)	기온 (0.1℃)	풍속 (0.1m/s)	선택
강릉	2010	1	2.59	5.12	650	28	70	19	45	-8	26	☐
강릉	2010	2	2.82	5.17	476	53	71	9	58	17	21	☐
강릉	2010	3	2.98	5.45	326	69	73	3	68	33	21	☐
강릉	2010	4	4.78	6.07	469	56	71	8	52	92	25	☐
강릉	2010	5	5.38	5.44	470	59	71	7	60	164	24	☐
강릉	2010	6	6.30	6.32	587	47	73	7	68	207	19	☐
강릉	2010	7	4.59	-	342	73	-	0	72	218	24	☐
강릉	2010	8	3.51	-	276	75	-	2	80	257	16	☐
강릉	2010	9	3.58	5.21	387	66	71	4	79	198	16	☐
강릉	2010	10	3.19	4.99	497	49	71	9	72	143	19	☐
강릉	2010	11	3.07	4.83	775	21	72	20	78	85	26	☐
강릉	2010	12	2.34	4.85	651	30	68	17	44	24	29	☐
강릉	2009	1	2.69	5.07	711	25	69	19	44	-2	27	☐
강릉	2009	2	2.92	6.03	466	52	80	8	56	41	23	☐
강릉	2009	3	3.92	5.05	506	49	69	9	57	64	25	☐
강릉	2009	4	5.42	5.53	624	38	68	12	53	124	26	☐

● 대전(측정기간 1982~2010)

관측지점	년	월	수평면전일사량 (kWh/㎡/day)	법선면직달일사량 (청명일기준) (kWh/㎡/day)	일조율 (0.10%)	운량 (1/10)	일사율 (청명일기준) (%)	청명일수 (Clear Day)	습도 (%)	기온 (0.1℃)	풍속 (0.1m/s)	선택
대전	2010	1	2.53	5.98	548	41	71	9	66	-27	15	☐
대전	2010	2	2.82	6.09	449	50	68	8	63	21	17	☐
대전	2010	3	3.07	7.78	343	62	79	8	62	53	23	☐
대전	2010	4	4.66	6.47	464	49	67	9	55	100	23	☐
대전	2010	5	5.56	7.80	502	51	69	7	60	178	20	☐
대전	2010	6	5.89	9.02	487	56	71	4	62	234	18	☐
대전	2010	7	4.49	-	292	70	-	0	75	257	18	☐
대전	2010	8	4.03	-	284	71	-	1	80	271	14	☐
대전	2010	9	3.92	7.00	409	55	69	7	77	219	15	☐
대전	2010	10	3.50	5.70	495	38	64	12	71	142	14	☐
대전	2010	11	2.84	5.88	642	29	69	15	60	69	16	☐
대전	2010	12	2.25	5.32	541	38	64	8	67	1	15	☐
대전	2009	1	2.58	6.28	539	38	74	10	60	-17	16	☐
대전	2009	2	2.81	7.07	409	58	79	5	61	35	16	☐
대전	2009	3	4.36	6.36	554	48	71	5	54	67	23	☐
대전	2009	4	5.11	6.95	561	42	70	13	52	127	20	☐

부산(측정기간 1982~2010)

관측지점	년	월	수평면전일사량 (kWh/㎡/day)	법선면직달일사량 (청명일기준) (kWh/㎡/day)	일조율 (0.10%)	운량 (1/10)	일사율 (청명일기준) (%)	청명일수 (Clear Day)	습도 (%)	기온 (0.1℃)	풍속 (0.1m/s)	선택
부산	2010	1	2.89	5.89	710	24	68	19	41	30	33	☐
부산	2010	2	2.86	6.30	468	52	69	9	56	58	32	☐
부산	2010	3	3.15	6.19	316	66	78	6	62	78	41	☐
부산	2010	4	4.46	7.30	426	57	71	7	60	115	34	☐
부산	2010	5	5.29	6.81	470	55	69	7	67	172	32	☐
부산	2010	6	5.50	-	464	59	71	2	68	220	25	☐
부산	2010	7	4.89	-	373	71	-	0	83	252	33	☐
부산	2010	8	5.14	6.61	509	55	65	6	81	279	35	☐
부산	2010	9	4.39	6.70	517	53	69	7	72	241	31	☐
부산	2010	10	3.74	5.80	551	50	71	8	63	182	31	☐
부산	2010	11	3.19	5.57	735	22	70	18	46	113	31	☐
부산	2010	12	2.46	5.89	667	27	65	19	47	52	35	☐
부산	2009	1	2.86	6.06	623	25	74	17	44	35	34	☐
부산	2009	2	3.03	5.97	491	48	70	10	59	83	32	☐
부산	2009	3	4.36	5.19	536	47	70	8	55	98	37	☐
부산	2009	4	5.61	6.64	598	38	68	14	58	143	33	☐

서산(측정기간 1982~2010)

관측지점	년	월	수평면전일사량 (kWh/㎡/day)	법선면직달일사량 (청명일기준) (kWh/㎡/day)	일조율 (0.10%)	운량 (1/10)	일사율 (청명일기준) (%)	청명일수 (Clear Day)	습도 (%)	기온 (0.1℃)	풍속 (0.1m/s)	선택
서산	2010	1	2.27	5.17	444	50	64	5	73	-27	24	☐
서산	2010	2	2.75	5.63	463	52	67	7	72	11	26	☐
서산	2010	3	3.26	7.42	353	63	80	5	69	43	34	☐
서산	2010	4	4.67	5.69	470	53	69	7	66	84	30	☐
서산	2010	5	5.07	5.98	439	56	65	7	73	152	31	☐
서산	2010	6	5.41	6.92	468	56	67	5	73	210	22	☐
서산	2010	7	4.55	-	326	69	-	0	84	244	30	☐
서산	2010	8	4.00	-	351	69	-	1	84	257	26	☐
서산	2010	9	3.98	5.40	458	57	66	8	81	213	26	☐
서산	2010	10	3.57	4.93	570	39	63	10	73	137	24	☐
서산	2010	11	2.65	3.78	580	36	68	12	69	70	29	☐
서산	2010	12	2.15	4.08	500	50	61	6	70	8	34	☐
서산	2009	1	2.47	5.70	516	37	70	12	68	-15	25	☐
서산	2009	2	2.58	6.28	386	57	75	3	72	26	24	☐
서산	2009	3	4.17	5.95	557	45	70	6	66	56	34	☐
서산	2009	4	5.06	4.94	568	39	66	12	68	109	26	☐

서울(측정기간 1982~2010)

관측지점	년	월	수평면전일사량 (kWh/㎡/day)	법선면직달일사량 (청명일기준) (kWh/㎡/day)	일조율 (0.10%)	운량 (1/10)	일사율 (청명일기준) (%)	청명일수 (Clear Day)	습도 (%)	기온 (0.1℃)	풍속 (0.1m/s)	선택
서울	2010	1	2.59	5.12	547	37	66	13	65	-45	23	☐
서울	2010	2	2.79	5.99	467	48	66	10	59	14	24	☐
서울	2010	3	3.15	6.55	359	62	76	5	59	43	29	☐
서울	2010	4	4.24	6.19	421	52	67	9	54	95	29	☐
서울	2010	5	4.80	6.98	406	54	66	7	62	172	26	☐
서울	2010	6	5.38	2.93	459	50	65	7	62	234	21	☐
서울	2010	7	3.68	-	200	74	-	0	74	258	25	☐
서울	2010	8	3.27	-	229	76	-	1	78	265	24	☐
서울	2010	9	3.46	7.01	392	59	67	6	72	218	23	☐
서울	2010	10	3.42	5.50	558	39	64	13	61	145	22	☐
서울	2010	11	2.59	4.73	590	34	71	12	55	65	28	☐
서울	2010	12	1.99	1.86	528	41	66	11	56	-13	30	☐
서울	2009	1	2.36	4.48	685	25	57	19	50	-20	25	☐
서울	2009	2	2.36	6.94	415	53	73	5	57	29	25	☐
서울	2009	3	3.81	6.06	546	44	67	10	52	60	31	☐
서울	2009	4	4.81	5.80	517	41	64	12	54	127	26	☐

제주(측정기간 1982~2010)

관측지점	년	월	수평면전일사량 (kWh/㎡/day)	법선면직달일사량 (청명일기준) (kWh/㎡/day)	일조율 (0.10%)	운량 (1/10)	일사율 (청명일기준) (%)	청명일수 (Clear Day)	습도 (%)	기온 (0.1℃)	풍속 (0.1m/s)	선택
제주	2010	1	1.75	-	251	66	-	2	63	53	34	☐
제주	2010	2	2.43	-	292	67	77	3	66	73	42	☐
제주	2010	3	3.01	-	304	68	-	4	65	93	42	☐
제주	2010	4	4.28	-	390	63	73	5	62	118	35	☐
제주	2010	5	5.78	7.37	485	53	68	9	66	173	29	☐
제주	2010	6	4.68	-	306	72	-	0	75	212	22	☐
제주	2010	7	5.15	-	366	73	-	0	76	259	23	☐
제주	2010	8	5.48	-	563	57	-	1	71	288	26	☐
제주	2010	9	4.19	6.41	448	62	72	3	71	242	27	☐
제주	2010	10	3.29	5.50	375	60	64	3	65	176	32	☐
제주	2010	11	2.68	3.86	399	41	71	8	56	117	33	☐
제주	2010	12	1.75	-	286	60	77	6	62	71	47	☐
제주	2009	1	1.44	-	149	77	-	0	60	55	46	☐
제주	2009	2	2.61	-	331	72	-	0	62	87	35	☐
제주	2009	3	3.89	-	401	62	78	3	54	98	36	☐
제주	2009	4	5.33	-	559	44	73	12	57	101	33	☐

부록

● 청주(측정기간 1982~2010)

관측지점	년	월	수평면전일사량 (kWh/㎡/day)	법선면직달일사량 (청명일기준) (kWh/㎡/day)	일조율 (0.10%)	운량 (1/10)	일사율 (청명일기준) (%)	청명일수 (Clear Day)	습도 (%)	기온 (0.1℃)	풍속 (0.1m/s)	선택
청주	2010	1	1.56	3.40	528	42	50	10	69	-32	12	☐
청주	2010	2	2.69	5.66	448	51	65	9	67	21	14	☐
청주	2010	3	3.00	7.06	336	63	74	7	64	53	19	☐
청주	2010	4	4.48	6.05	444	53	64	6	61	104	18	☐
청주	2010	5	5.32	7.40	480	51	65	7	65	185	17	☐
청주	2010	6	5.36	7.78	435	54	67	5	70	240	16	☐
청주	2010	7	4.20	-	271	73	-	0	81	266	16	☐
청주	2010	8	3.74	-	269	74	-	1	82	280	15	☐
청주	2010	9	3.70	6.14	382	59	63	6	73	228	14	☐
청주	2010	10	3.23	5.30	471	39	62	11	68	148	12	☐
청주	2010	11	2.67	4.90	586	32	64	11	60	70	12	☐
청주	2010	12	2.14	4.66	553	40	60	10	64	0	13	☐
청주	2009	1	2.42	5.64	563	39	64	11	67	-27	13	☐
청주	2009	2	2.50	6.44	386	59	74	3	64	28	13	☐
청주	2009	3	4.11	6.24	545	50	69	7	58	63	18	☐
청주	2009	4	4.83	-	524	45	65	12	55	125	16	☐

● 춘천(측정기간 1982~2010)

관측지점	년	월	수평면전일사량 (kWh/㎡/day)	법선면직달일사량 (청명일기준) (kWh/㎡/day)	일조율 (0.10%)	운량 (1/10)	일사율 (청명일기준) (%)	청명일수 (Clear Day)	습도 (%)	기온 (0.1℃)	풍속 (0.1m/s)	선택
춘천	2010	1	2.34	6.05	502	45	72	9	71	-65	8	☐
춘천	2010	2	2.87	6.08	449	51	68	7	66	-1	9	☐
춘천	2010	3	3.36	-	365	66	81	5	65	38	15	☐
춘천	2010	4	4.49	6.62	440	57	67	7	57	92	14	☐
춘천	2010	5	5.29	7.70	442	56	70	7	63	172	13	☐
춘천	2010	6	5.77	9.02	496	51	71	8	68	229	10	☐
춘천	2010	7	4.23	-	265	77	-	0	77	255	10	☐
춘천	2010	8	3.68	-	247	79	-	0	82	260	9	☐
춘천	2010	9	3.69	7.73	379	65	70	3	80	203	9	☐
춘천	2010	10	3.36	5.52	494	47	66	7	76	126	8	☐
춘천	2010	11	2.60	4.35	530	40	74	10	67	42	9	☐
춘천	2010	12	1.90	5.36	444	45	67	11	68	-32	10	☐
춘천	2009	1	2.53	4.85	582	30	63	15	66	-47	8	☐
춘천	2009	2	2.78	6.70	416	54	76	7	66	15	8	☐
춘천	2009	3	4.00	6.45	491	45	69	10	59	55	13	☐
춘천	2009	4	4.81	5.91	520	43	65	11	59	116	12	☐

일사량 데이터 출처(자료제공) : 신재생에너지 데이터센터
더 자세한 정보는 홈페이지 참조 바람 (http://kredc.kier.re.kr)

태양전지 모듈의 폐기처리에 관한 법적 준수사항

태양광발전시스템의 보급이 확대됨에 따라 최근 각 방면에서 적절한 태양광발전시스템의 폐기 방법에 대한 질문이 증가하고 있다.

이 같은 질문을 받았을 때에 간단하게 설명할 수 있도록, 태양광발전협회가 2004년 4월에 「태양전지 모듈의 폐기처리에 관한 법적 준수사항」을 발행했다. 발췌한 것을 여기에 나타낸다.

폐기물은 '폐기물 처리 및 청소에 관한 법률(통칭, '폐기물처리법')'에 따라 적정하게 처리해야 한다. 태양전지 모듈을 폐기물처리법에 따라 처리할 때 알아두어야 할 기초사항을 이하에 열기한다.

1. 일반 가정에 설치된 태양전지 모듈을 폐기하는 경우(부도 1 참조)

(1) 태양전지 모듈 분리를 청부공사업자에게 위탁하는 경우 → (부도 1 #1)

일반 가정의 소유자가 태양전지 모듈의 분리를 청부공사업자(해체업자를 포함)에게 위탁한 경우, 청부공사업자가 폐기물 배출자가 되며, 분리한 태양전지 모듈은 '산업폐기물'이 된다.

(2) 태양전지 모듈의 소유자가 스스로 분리하는 경우 → (부도 1 #2)

일반 가정에서 태양전지 모듈을 스스로 분리하여 폐기하는 경우, 분리 후의 태양전지 모듈은 '일반폐기물'이 된다.

일반 가정에서 배출된 일반폐기물은 보통 시군구가 수집·처분하지만, 태양전지 모듈은 시군구에서 처리하기가 곤란하다는 것을 이유로 수집하는 않는 경우도 있어, 그 경우에는 일반폐기물 처분업 허가를 받은 업자에게 운반을 위탁해야 한다.

또 운반할 때 폐기물을 일반폐기물 처분업자의 시설까지 스스로 운반하지 않는 경우에는 '일반폐기물 수집운반업' 허가를 받은 업자에게 운반을 위탁해야 한다.

2. 빌딩 등에 설치된 태양전지 모듈을 폐기하는 경우(부도 2 참조)

빌딩 등에서 배출된 태양전지 모듈은 '산업폐기물'이 된다.

(1) 태양전지 모듈 분리를 청부공사업자에게 위탁하는 경우 → (부도 2 #3)

빌딩 등의 시설소유자가 태양전지의 분리를 청부공사업자(해체업자를 포함)에게 위탁한 경우에는 청부공사업자가 산업폐기물(태양전지)의 배출사업자가 되며, 스스로 처분 또는 태양전지를 처분할 수 있는 허가(금속 쓰레기 외)를 취득한 산업폐기물 처분업자에게 처분을 위탁해야 한다.

(2) 빌딩 등의 시설소유자가 스스로 분리하는 경우 → (부도 2 #4)

빌딩 등의 시설소유자가 스스로 산업폐기물(태양전지)의 운반이나 처리를 할 때에는 폐기물처리법의 허가는 필요 없지만, 폐기물처리법으로 정해진 운반이나 처분의 기준을 준수해야 한다.

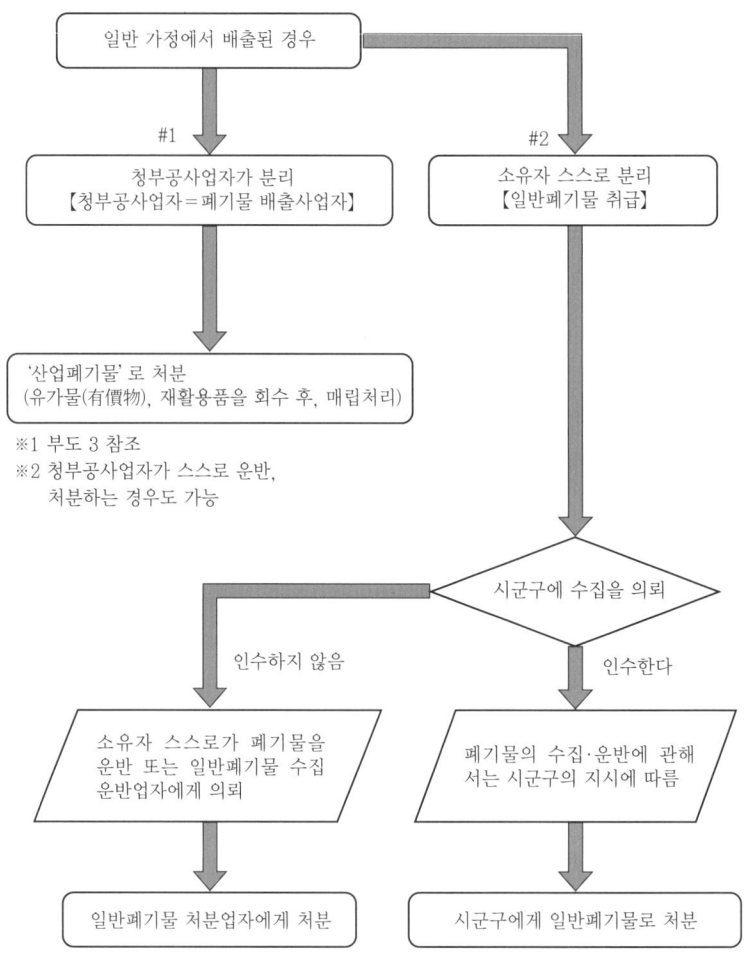

부도 1 폐기 시 처리 흐름(일반가정용의 경우)

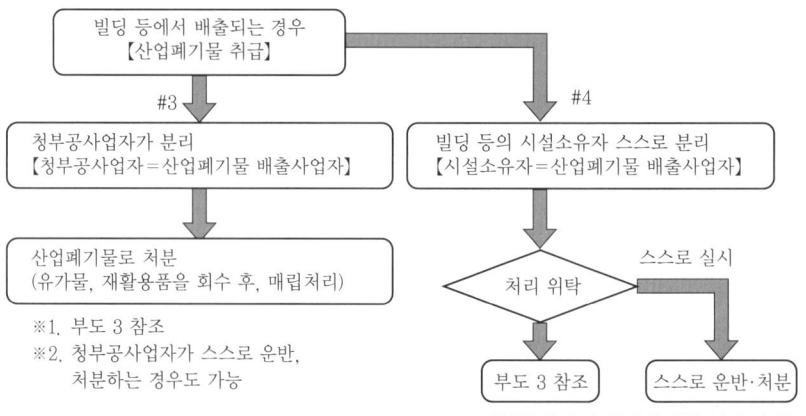

부도 2 폐기 시 처리 흐름(빌딩 등의 경우)

단, 스스로 산업폐기물 처리시설을 설치하여 소각, 파쇄 등의 중간처리, 최종 처분을 할 때에는 사전에 '처리시설 설치허가'를 받아야 된다.

또 운반할 때 산업폐기물을 산업폐기물 처분업자의 시설까지 스스로 운반하지 않는 경우에는 '산업폐기물 수집운반업'의 허가를 받은 업자에게 운반을 위탁해야 한다.

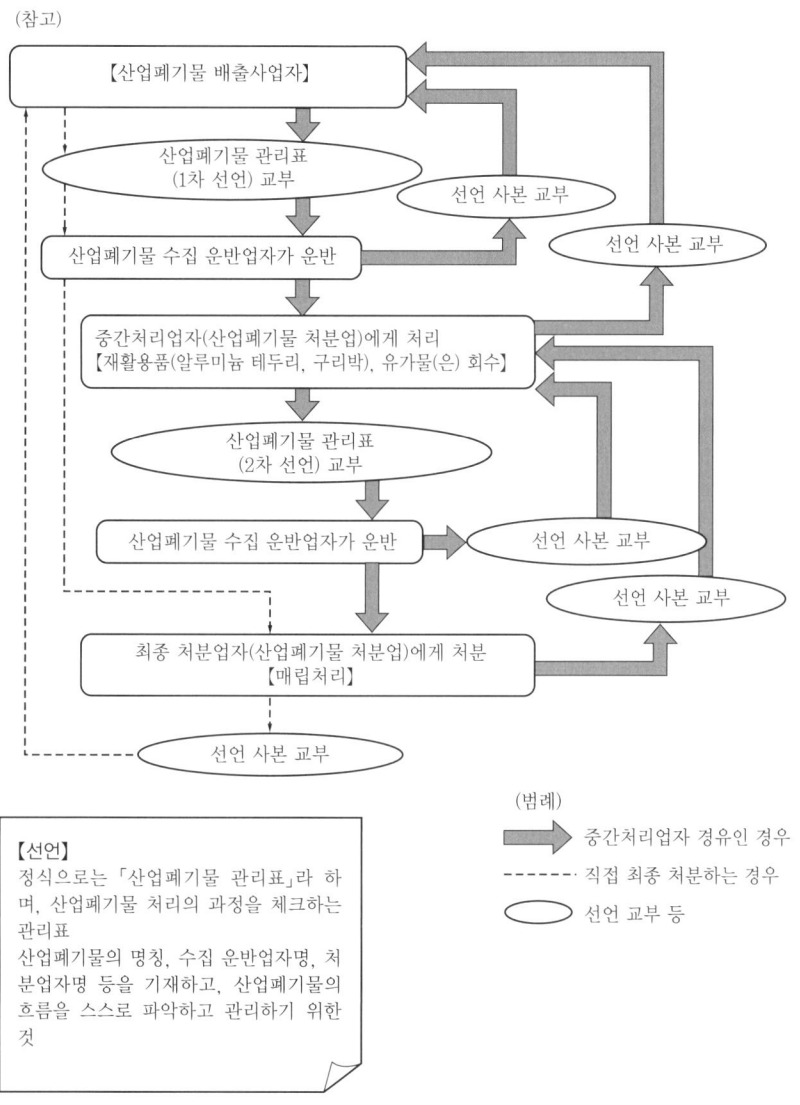

부도 3 산업폐기물 처리를 위탁하는 경우의 처리 흐름
(산업폐기물의 배출사업자는 폐기물 처리법에 따른 처리가 필요)

Section 4

태양광발전 용어

태양광발전시스템은 종래의 발전방식과는 달리 전문용어를 많이 이용하고 있다.
JIS C 8960 : 2004에 태양광발전용어가 수록되어 있어 그 중에서 태양광발전시스템을 이해하는 데 필요하다고 생각되는 용어를 발췌하여 나타냈다.

용어	정의	대응 영어
태양광발전	태양광의 에너지를 직접 전기에너지로 변환하는 발전 방식. 광기전력효과를 이용한 태양전지를 사용하는 것이 일반적이다.	photovoltaic power generation
태양전지	태양광 등의 빛의 조사를 받아 그 에너지를 직접 전기에너지로 바꾸는 반도체 장치. 광기전력효과를 이용한 광전변환소자의 일종. 태양전지 셀, 태양전지 모듈, 태양전지 패널, 태양전지 어레이 등의 총칭으로 이용하는 경우도 있다.	cell photovoltaic cell
에어 매스	지구 대기에 입사하는 직달 태양광이 통과하는 노정에 표준상태의 대기(표준기압 1,013hPa)에 수직으로 입사한 경우의 노정에 대한 비. AM이라 약기되어 있는 경우가 많다.	air mass(AM)
태양전지 셀	태양광발전에 이용하는 태양전지의 구성요소 최소단위	cell photovoltaic cell
태양전지 모듈	태양전지 셀 또는 태양전지 서브 모듈을, 내환경성을 위해 외위기(外圍器)에 봉입하고 또 규정된 출력을 가진 최소 단위의 발전 단위	module photovoltaic module
단결정	결정재료 전체를 구성하는 원자의 배열이 규칙적으로 단일 결정축을 선택할 수 있는 결정물질의 일반 호칭	single crystal monocrystal
다결정	다수의 단결정이 여러 결정방위를 가지고 집합하여 생긴 결정	multicrystal polycrystal
아몰퍼스	원자배열에 장거리 질서를 가지지 않은 고체의 준안정 상태	amorphous
반사 방지막	태양전지 셀 표면에서의 빛의 반사손실을 감소시키기 위해 형성하는 막	antireflective coating(AR coating) antireflection coating antireflecive film(AR film)
단락전류	태양전지 셀 또는 태양전지 모듈(이하, 태양전지 셀·모듈이라 함)의 출력단자를 단락했을 때의 양단자 간에 흐르는 전류. 단위면적당 단락전류를 특히 J_{sc}로 나타내는 경우도 있다. $I_{sc}(A)$	short circuit current
개방전압	태양전지 셀·모듈의 출력단자를 개방했을 때의 양단자 간의 전압. $V_{oc}(V)$	open circuit voltage

용어	정의	대응 영어
곡선인자	최대출력을 개방전압과 단락전류와의 곱으로 산출한 수치. 다음 식으로 나타낸다. $$FF = \frac{P_{max}}{V_{oc} \times I_{sc}}$$ 여기에, FF : 곡선인자 　　　　P_{max} : 최대출력 　　　　V_{oc} : 개방전압 　　　　I_{sc} : 단락전류 태양전지의 특성을 나타내는 파라미터 중 하나로, 주로 내부 직렬저항, 병렬저항 및 다이오드 인자로 좌우된다. FF라고도 한다.	fill factor(FF)
최대출력	태양전지 셀·모듈의 전류전압 특성곡선 상에서 전류와 전압과의 곱이 최대가 되는 점에서의 출력 P_{max} 또는 P_m(W)	maximum power(peak power)
변환효율	최대출력(P_{max})을 태양전지 셀·모듈 면적(A)과 방사조도(G)와의 곱에서 제거한 수치. 통상 백분율(%)로 나타낸다. η 자세한 것은 다음의 2가지 정의가 있다. 통상은 '실효변환효율'을 가리킨다. '진성변환효율'은 태양전지소자 자체의 평가를 위해 이용한다.	conversion efficiency
	a) 실효변환효율(η_t) $$\eta_t = \frac{P_{max}}{A_t \times G}$$ 여기에, η_t : 실효변환효율 　　　　A_t : 태양전지 셀·모듈의 전면적 　　　　P_{max} : 최대출력 　　　　G : 방사조도	total area conversion efficiency
	b) 진성변환효율(η_a) $$\eta_a = \frac{P_{max}}{A_e \times G}$$ 여기에, η_a : 진성변환효율 　　　　A_e : 태양전지 셀·모듈의 개구면적 또는 지정 조사 면적 　　　　P_{max} : 최대출력 　　　　G : 방사조도	active area conversion efficiency
최대출력 동작전류	최대출력점에서의 전류치 I_{Pmax} 또는 I_{Pm}(A)	maximum power current
최대출력 동작전압	최대출력점에서의 전압치 V_{Pmax} 또는 V_{Pm}(V)	maximum power voltage
파워컨디셔너	주간제어 감시장치, 직류 컨디셔너, 인버터, 직류/직류 인터페이스, 교류/교류 인터페이스, 교류계통 인터페이스 등의 일부 또는 모두로 구성되어, 태양전지 어레이 출력을 소정의 전력으로 변환하는 기능을 갖춘 장치	power conditioner(PC) power conditioning subsystem(PCS) power conditioner unit(PCU)
태양광발전시스템	광기전력효과에 따라 태양에너지를 전기에너지로 변환하여, 부하에 적합한 전력을 공급하기 위해 구성된 장치 및 이에 부속하는 장치의 총체	photovoltaic system photovoltaic power system photovoltaic power generating system

용어	정의	대응 영어
독립형 태양광발전시스템	상용전력계통에서 독립하여 전력공급하는 태양광발전시스템 비고 : 부하의 요구를 만족시키기 위해 다른 발전장치에서 전력을 공급하는 경우가 있다.	stand-alone photovoltaic system
계통연계형 태양광발전시스템	상용전력계통과 병렬로 접속하고, 전력의 송출 및 수취를 담당하는 태양광발전시스템	grid-connected photovoltaic system utility connected photovoltaic system utility interactive photovoltaic system
태양전지 패널	현장 장착이 가능하도록 여러 개의 태양전지 모듈을 기계적으로 접합하여 결선하는 경우	photovoltaic panel
태양전지 어레이	태양전지 가대 및 기초, 그 밖의 공작물을 가지고 태양전지 모듈 또는 태양전지 패널을 기계적으로 일체화하고 결선한 집합체. 태양광발전시스템의 일부를 형성한다.	photovoltaic array
태양전지 가대	태양전지 모듈 또는 태양전지 패널을 설치하기 위한 지지물	support structure for photovoltaic panel/module
역류방지 소자	태양전지 모듈, 태양전지 패널, 태양전지 서브 어레이 또는 태양전지 어레이로의 전류의 역류를 방지하기 위해 직렬로 삽입된 소자	blocking device
바이패스 소자	부분적인 그늘, 태양전지 모듈 내의 트러블에 의한 태양전지 어레이 전체 출력저하, 태양전지 모듈 등의 발열 또는 소손 방지를 위해, 1개 또는 여러 개의 태양전지 모듈에 대해 병렬로 접속하고, 접속된 태양전지 모듈을 바이패스하는 소자	bypass device
독립운전	상용전력계통과 접속되어 있지 않은 부하에 전력공급하고 있는 상태	stand-alone operation
계통연계운전	자가용 발전설비를 상용전력계통에 병렬로 접속하고 운전하고 있는 상태 비고 : 연계하고 있는 상용전력계통의 전압계급 및 형태에 따라 저압연계, 고압연계, 특별고압연계, 스폿 네트워크 연계 등으로 구분하는 경우도 있다.	grid-connected operation utility connected operation
단독운전	자가용 발전설비가 접속된 일부의 전력계통이 계통전원과 분리된 상태에서, 자가용 발전설비에서 선로부하에 전력공급 또는 전압을 인가하고 있는 상태	islanding operation
자립운전	계통연계한 자가용 발전설비가 전력계통에서 해열된 상태로 수요가 구내 단독으로 운전하는 상태	isolated operation
역조류	수요가 구내에서 전력계통 측으로 향하는 전력조류	reverse power flow
표준시험조건	일사강도 1,000W/m^2, 에어매스 1.5 및 어레이 대표온도 25±2℃의 시험조건	standard test conditions(STC)
표준 태양전지 어레이 출력	표준시험조건 상태로 환산한 태양전지 어레이의 최대출력점에서의 출력(W)	STC photovoltaic array maximum power
표준 태양전지 어레이 개방전압	표준시험조건에서의 태양전지 어레이의 개방전압(V)	STC photovoltaic array open-circuit voltage
표준 태양전지 어레이 출력전압	표준시험조건에서의 태양전지 어레이의 최대출력점의 출력전압(V)	STC photovoltaic array maximum power voltage

참고문헌

全章共通
［1］ 太陽光発電協会：設計者向け 太陽光発電システム手引書 基礎編，2010
［2］ 新エネルギー・産業技術総合開発機構：太陽光発電導入ガイドブック 2000年改訂版，2000
［3］ 新エネルギー・産業技術総合開発機構：太陽光発電フィールドテスト事業に関するガイドライン 太陽光発電の効果的な導入のために，2010
［4］ 日本太陽エネルギー学会：新太陽エネルギー利用ハンドブック，2001

Chapter 1
ソーラーシステム振興協会：太陽光発電をわが家に，通商産業調査会，1993

Chapter 2
［1］ JIS C 8917：結晶系太陽電池モジュールの環境試験方法および耐久性試験方法
［2］ JIS C 8938：アモルファス太陽電池モジュールの環境試験方法および耐久性試験方法
［3］ JIS C 8990：地上設置の結晶シリコン太陽電池（PV）モジュール—設計適格性確認および形式認証のための要求事項
［4］ JIS C 8991：地上設置の薄膜太陽電池（PV）モジュール—設計適格性確認および形式認証のための要求事項

Chapter 3
［1］ 資源エネルギー庁：電力品質確保に係る系統連系技術要件ガイドライン
［2］ オーム社編：2011年改正版 電気設備技術基準・解釈，オーム社，2011
［3］ 甲斐，藤本：太陽光・風力発電と系統連系技術，オーム社，2010
［4］ 環境省：太陽光発電システムの賢い使い方—停電・災害時の自立運転コンセントの活用

Chapter 4
［1］ 太陽光発電協会：太陽光発電の最新設計支援セミナー資料，蓄電池利用システム設計のポイント，2007
［2］ 電池工業会：電池工業会規格 SBA S0601-2001，据置蓄電池の容量算出法，2006
［3］ 消防庁編：改正火災予防条例準則の運用について，消防予第206号

Chapter 5
［1］ JIS C 8907：太陽光発電システムの発電電力推定方法
［2］ 伊藤克二：日照関係図表の見方・使い方，オーム社，1979
［3］ JIS C 8955：太陽電池アレイ用支持物設計標準
［4］ 日本建築学会：鋼構造設計規準—許容応力度設計法—
［5］ 日本建築学会：建築物荷重指針・同解説，2004
［6］ 住宅用太陽光発電システム施工品質向上委員会：住宅用太陽光発電システム設計・施工指針，2007
［7］ 住宅用太陽光発電システム施工品質向上委員会：住宅用太陽光発電システム設計・施工指針補足，2007

Chapter 6

[1] 日本電機工業会：JEM-TR246 建設用電気設備の接地工事指針, 2010
[2] ALC協会：ALCパネル構造設計指針・同解説
[3] 日本電気協会：内線規程
[4] 国土交通省総合政策局監修：建設業者のための施工管理関係法令集
[5] JIS C 3605：600Vポリエチレンケーブル
[6] JIS C 8954：太陽電池アレイ用電気回路設計標準

Chapter 7

日本電気工業会技術資料：JEM-TR228 小出力太陽光発電システムの保守・点検ガイドライン

付　録

[1] JIS C 8960：太陽光発電用語
[2] 太陽光発電協会：太陽電池モジュールの廃棄処理に関する法的な順守事項, 2004

찾아보기

▶영문◀

A종 접지공사	159
B종 접지공사	159
C종 접지공사	159
CIS/CIGS 광조사 효과	25
CIS/CIGS 태양전지	14, 20
D종 접지공사	159
FRT	53
$I-V$ 특성	18
JETPVm 인증	199
JIS에 의한 발전량 산출	89
JPEA 방식에 의한 발전량 산출	88
MONSOLA98(801)	88
MPPT 제어	45
MSE형 축전지	71
NEDO	88
OFR	51
OVGR	51
OVR	51
PV 시스템	2
PWM	42
SPD	79
UFR	51
UVR	51

▶ㄱ◀

가대	12
가대의 재질	114
간주 저압연계	138
감전방지	145
개방전압	18, 242
개방전압 측정	179
건물철골의 접지극	161
검출기	186
겨울번개	77
결정 실리콘 태양전지	14, 19
경사면 일사계	190
경사지붕식 가대	151
계측 시스템	186
계통안정화 대응형	68
계통연계 보호장치	51
계통연계 보호장치 시험	185
계통연계 시스템	2, 4
계통연계기술요건 가이드라인	198
계통연계운전	244
계통연계형 태양광발전시스템	244
고압연계시스템	4
고정하중	118
고주파	42, 199
고주파 변압기 절연방식	41
곡선인자	243
과전압 계전기	51
광열화	25
구배계수	123
구배지붕식 가대	151
균시차	84
기기설치 공사	153
기본 설계계수 계산 시트	90
기상계측	189
기술기준 적합 명령	196
기억장치	187
기초공사	148

▶ ㄴ ◀

낙뢰 서지 대책	78
남중	84
내뢰 트랜스	81
내뢰 트랜스	81
내뢰대책	77
뇌해대책	162

▶ ㄷ ◀

다결정	13, 242
다결정 실리콘 태양전지	16
다입력 파워컨디셔너	58
단결정	13, 242
단결정 실리콘 태양전지	16
단독운전	244
단독운전	46
단독운전 방지기능	46
단락전류	13, 242
단자함	16
독립 푸팅 기초	133
독립운전	244
독립형 시스템	4, 6
독립형 전원시스템용 축전지	73
독립형 태양광발전시스템	244
동지의 태양위치도	98
등전위화	163

▶ ㄹ ◀

리드선	17

▶ ㅁ ◀

말뚝기초	133
매설 케이블의 보호방법	158
모듈 설치	116, 172
무효전력 변동방식	47

▶ ㅂ ◀

바이패스	163
바이패스 다이오드	21
박막 실리콘 타입	14
박막 태양전지	16
반사 방지막	242
반입작업	147
발전량 산출	88
방재 대응형	68
방재 대응형용 축전지	69
방화구조	111
방화구획 관통부	159
방화대책	108
배관·배선공사	157
변환효율	243
보안관리업무 위탁 계약	201
보안규정	198
복합 푸팅 기초	133
부재의 녹방지	116
부족전압 계전기	51
부하 평준화 대응형	68
부하변동방식	47
분광감도특성	20
분산형 전원의 계통연계설비	218
분전반	2, 64
불연재료	111

▶ ㅅ ◀

사업용 전기공작물의 기술기준 적합 의무	196
사전조사	102
산란일사량	86
산업용 3상 파워컨디셔너	55
산업용 접속함	61
산업용 태양광발전시스템	30, 144
산업용 파워컨디셔너	55, 57
상용주파 변압기 절연방식	40
서브스트레이트 타입	14
서지 앱소버	79
설계용 기준풍속	130
설계용 속도압	130

설계용 수평진도	125
설계용 풍압	130
설치기초	149
설치방법 지침	108
소형 전동차용 연축전지	67
소형 제어변식 연축전지	67
수광장해	112
슈퍼스트레이트 타입	14
스트링	8
시각	84
시공 관련 기준	167
시운전조정	165
시험연구용 시스템	188
신에너지·산업기술총합개발기술	88
신호변환기	187

▶ㅇ◀

아몰퍼스	13, 246
아몰퍼스 실리콘 태양전지	19
안전대책	144
앵커 볼트	149
양생·방호	146
어닐링 효과	25
어레이 가대공사	150
어레이의 경사각	115
어레이의 출력전압	117
여름번개	77
역류방지소자	27, 244
역조류	244
연산장치	187
온도(기온)계	191
외관검사	178
용도계수	120
운전상황 확인	179
유도뢰	77
유효전력 변동방식	47
인버터	9, 42
일사계측	189

일사량	86
일사량 데이터	230
일상점검	176
임의 인증제도	199

▶ㅈ◀

자동운전 정지기능	45
자동전압 조정기능	48
자동차용 납축전지	67
자립운전시스템	50
저압연계시스템	4
적산 전력량계	64
적설량	123
적설하중	118, 123
적위	85
전국 일사관련 데이터맵	88
전기공사	173
전기공작물	194
전기배선공사	156
전기보안협회	205
전기사업법 관계법령	194, 195
전기설비기술기준 해석	208
전기주임기술자	204
전력품질확보와 관련된 계통연계기술요건 가이드라인	208
전류전압특성	18
전압 방호 레벨	80
전압위상 도약검출 방식	47
전천일사량	86
전통기와용 지지기구	169
절연내압 시험	184
절연내압 측정	183
절연저항 측정	183
접속함	2, 61
접지공사	159
접지극	162
접지등급	117
접지저항 측정	162, 184
접촉부식	113

정기점검	176
제3차 고조파 전압 급증 검출방식	47
제어변식 거치 연축전지	67
조류접근방지철물	116
주임기술자	198
주택용 단상 파워컨디셔너	54, 56
주택용 시스템 설계	102
주택용 시스템 시공	168
주택용 접속함	60
주택용 태양광발전시스템	2
주파수 변화율 검출방식	47
주파수 상승 계전기	51
주파수 시프트 방식	47
주파수 저하 계전기	51
준공검사	165
준내화구조	110
중기(견인차) 규격	147
지락과전압 계전기	51
지붕의 형상	103
지역별 일조도	91
지중배선 시공	158
지진하중	119, 125
직격뢰	77
직달 일사량	86
직류검출기능	48
직류지락검출	117
직류지락검출기능	49
직접기초	133
진상무효전력제어	48

▶ㅊ◀

최대 방전 전류	80
최대 연속 사용전압	80
최대사용전압	184
최대전력 추종제어	45
최대출력	18, 243
최대출력 동작전류	18, 243
최대출력 동작전압	243

추락 방지	144
축전지	66
축전지 설비의 설치기준	76
축전지부 계통연계시스템	68
출력제어	48
치수 공차	117

▶ㅌ◀

태양광 스펙트럼	86, 189
태양광발전	242
태양광발전시스템	2, 243
태양광발전시스템 기술기준 적합 의무	198
태양광발전시스템 보수점검	176
태양위치도	96
태양의 궤도	84
태양의 좌표	85
태양전지	242
태양전지 가대	244
태양전지 모듈	7, 14, 242
태양전지 모듈 설치	105
태양전지 모듈의 강도	29
태양전지 모듈의 규격	30
태양전지 모듈의 그늘	22
태양전지 모듈의 인증제도	31, 199
태양전지 모듈의 폐기처리	239
태양전지 셀	7, 13, 242
태양전지 어레이	7, 244
태양전지 어레이용 지지물 설계표준	118
태양전지 어레이의 그늘	24
태양전지 패널	244
트랜스리스 방식	41
특별고압연계시스템	4

▶ㅍ◀

파워컨디셔너	2, 9, 45, 243
파워컨디셔너 회로	183
평지붕	112
평지붕식 가대	148, 150

평판기와용 지지기구	170	▶ ㅎ ◀	
표시장치	191	핫스폿	21, 113
표준 태양전지 어레이 개방전압	244	허용 압축 응력도	126
표준 태양전지 어레이 출력	244	허용 응력도	126
표준 태양전지 어레이 출력전압	244	허용 인장 응력도	126
표준시험조건	244	허용 전단 응력도	126
풍력계수	119	허용 지압 응력도	126
풍압하중	118	허용 휨 응력도	126
풍향풍속계	191	헤테로 접합 태양전지	16
프런트 커버	15	현지조사	102
프레임	16	화장 슬레이트용 기구	171
피뢰설비의 설치기준	163	환경계수	120
피뢰소자	79		

태양광 발전시스템 설계 및 시공

2013. 5. 6. 초 판 1쇄 발행
2013. 9. 30. 초 판 2쇄 발행
2015. 8. 20. 초 판 3쇄 발행
2017. 3. 17. 초 판 4쇄 발행
2017. 8. 16. 초 판 5쇄 발행
2018. 4. 20. 초 판 6쇄 발행

지은이 | 일본태양광발전협회
옮긴이 | 김광호
펴낸이 | 이종춘
펴낸곳 | BM 주식회사 성안당
주소 | 04032 서울시 마포구 양화로 127 첨단빌딩 5층(출판기획 R&D 센터)
　　　 10881 경기도 파주시 문발로 112 출판문화정보산업단지(제작 및 물류)
전화 | 02) 3142-0036
　　　 031) 950-6300
팩스 | 031) 955-0510
등록 | 1973. 2. 1. 제406-2005-000046호
출판사 홈페이지 | www.cyber.co.kr
ISBN | 978-89-315-8070-9 (13560)
정가 | 30,000원

이 책을 만든 사람들
책임 | 최옥현
교정·교열 | 김용숙
전산편집 | 김인환
표지 디자인 | 정희선
홍보 | 박연주
국제부 | 이선민, 조혜란, 김해영
마케팅 | 구본철, 차정욱, 나진호, 이동후, 강호묵
제작 | 김유석

■ 도서 A/S 안내

성안당에서 발행하는 모든 도서는 저자와 출판사, 그리고 독자가 함께 만들어 나갑니다.
좋은 책을 펴내기 위해 많은 노력을 기울이고 있습니다. 혹시라도 내용상의 오류나 오탈자 등이 발견되면 "좋은 책은 나라의 보배"로서 우리 모두가 함께 만들어 간다는 마음으로 연락주시기 바랍니다. 수정 보완하여 더 나은 책이 되도록 최선을 다하겠습니다.
성안당은 늘 독자 여러분들의 소중한 의견을 기다리고 있습니다. 좋은 의견을 보내주시는 분께는 성안당 쇼핑몰의 포인트(3,000포인트)를 적립해 드립니다.

잘못 만들어진 책이나 부록 등이 파손된 경우에는 교환해 드립니다.